黄砂の越境マネジメント

深尾葉子

Global management of Asian dust

Yoko Fukao

黄土・植林・援助を問いなおす

HANDAI Livre
064
大阪大学出版会

カバー写真
（表）黄土高原の村。山頂は雨乞いの神様、龍王廟。
（裏）2月、春節を終えた早朝、羊の糞を畑に入れに行く老夫婦。

はじめに

環境問題は、技術的な問題、法律的に解決すべき問題、あるいは「責任論」で問いただすべきものである、と考えられがちである。しかし、「環境問題」は人間の問題であり、集団としての人間の精神の作動の問題である。そこに解決の困難さもあり、また解決の糸口もある。

環境問題は、人間が限定された認識の範囲の学習から、自らの行動をつくりだし、その物質的影響が周囲におよぶ時に発生する結果に対して、フィードバック回路が閉ざされているとき、深刻化する。すなわち人間の認識が捉える範囲を逸脱した問題について、学習回路が開かれていないとき、それは「環境問題」としてわれわれの前に立ち現れるのである。

もう一つの重要なことは、環境問題は境界を越えて発生するということである。そもそも物質も生物も常に、空間的な拡散と移動を前提としている。われわれをとりまく環境は、陸も海も空も明確な境界などなく、すべてが連続した空間である。人間は、地球上の空間を切り分けて境界をつくりだし、ルールを設け、自らの生産や消費や採掘や採取といった経済活動を展開する。地球環境で暮らす生物のなかで人間のみが空間を区切ってルールを決め、所有や権利といった形で資源に対してアプローチし、因果関係を限定しようとする。それは自己の「欲求」

を満足させるためであり、システムの中で得られる利益をもくろむためであったり、単に無自覚や無知のまま、行動を積み重ねた結果であったりする。

しかし物質や生物は、その境界を越えて移動し、拡散する。環境問題への対処は、常に境界を越え、自らの知見や領域を越えて他者と協働し、問題を乗り越える新たな解決策を探り、自分自身の在り方を変更する、という不断のプロセスを含んでいる。

本書で取り扱う「黄砂」はまさに「越境する」環境問題の一つである。中国内陸部で舞い上がった黄砂は大気の流れに沿って東に向かって移動し、数日後には日本に到達する。その際途中で汚染物質を吸着し、さまざまな被害をもたらす。黄砂問題への対処は、「境界を越えて」中国内陸部の社会や人々と向き合うことが必要とされる。

しかし冒頭に述べたように、環境問題が「技術的問題」あるいは「技術的対処」が可能な問題であると認識されている場合、この「社会」や「人々」との対話という重要な視点が見落とされる。そこに暮らす人々の生活との相互作用や、人々が与える意味の体系に目を向けることぬきには「黄砂対策」はありえない。

さらにもう一つ、環境問題に対処するには、学問分野やそれぞれの「立場」「国境」「業界」といった「境界」を越えることがきわめて重要である。特定の学問分野から問題を眺め、その問題の外に目を向ける視点が失われる時、そこには往々にして思いもかけない盲点が潜んでいる。われわれが直近で経験した福島第一原子力発電所の事故は、まさにそのことをわれわれにつきつけている。

専門的な分析の精度を高めるために、視野を絞り込み、方法論を絞り込むのは科学的手法としては不可避である。しかしその結果、その「フレーム」のすぐ外側にある事象に目を向けることが少なくなり、あたかも「見えないこと」であるかのように「無視」したり、無関心になったりといったことが起こる。これが学問研究の「盲点」となる。

特定の学問分野に身を置き、そこに忠実であろうとすればするほど、視野が狭められ、見えるはずのものが見えなくなるという皮肉な事態が発生する。本書で論ずるさまざまな「誤解」や認識の誤りは、そうした見る側の目線、学問的なアプローチの特異性によってもたらされているといってもよい。

本書では、こういった「枠組み」や視野を狭める認識の作動を「フレーミング」と呼んでいる。「フレーミング」とはカメラのファインダーをのぞき空間を「フレーム」で囲うことから生まれた用語であるが、普遍的に、対象を認識する際の「切り取り方」全般を指す語としても用いられている。

アメリカの社会生態学者、グレゴリー・ベイトソン（一九〇四〜一九八〇）はその著書 *Steps to an Ecology of Mind* で次のように述べている。

認識の枠組みを狭めて、「自分の関心は自分にあり、自分の組織にあり、自分の種にある」という前提で物を考える時、自身のシステムを支える直接の因果関係のループ以外の関係への配慮はすべて切り落とされる。そして人間の営みがもたらす副産物を、すべてどこかへ捨ててしまおうとする。その際エリー湖はその恰好の捨て場所となる。しかしそこで忘れ去られているのは、エリー湖という生態系が、われわれを取り囲むより大きな生態系の一部であり、認識において、エリー湖を狂気のうちに打ち捨てるならば、われわれの思考と経験は、より大きなシステムにおける狂気へとみちびかれてゆくということである。（著者訳）

(Bateson Gregory (1972) *Steps to an Ecology of Mind*, The University of Chicago Press., p.492)

エリー湖とは、アメリカの五大湖の一つで、一九六〇年代から七〇年代にかけて、周辺の工業廃水や家庭排水で深刻な汚染に見舞われた。それは物理的な「捨て場所」であったと同時に、自己の認識の外側へ向けての、都合の悪いものの「捨て場所」、すなわち認識的な「捨て場所」でもあった。すなわち、人々が「経済的利益」や「利己的行動」をとった結果、都合の悪い問題が、認識の外であるエリー湖へと持ち込まれた。その結果、エリー湖は取り返しのつかないほどの汚染に見舞われ、同時に、その汚染はエリー湖だけではなく、自らを含むより大きなエコシステムの歪みをもたらした。そこでベイトソンは環境問題を「認識論」（エピステモロジー）としてとらえることを提唱したのである。

狭義の「合理的行動」や「利己的判断」により、より大きな環境を破壊に導く狂気は、まさに「枠組み」の外への無関心、状況からのフィードバックの欠如、によってもたらされている。

筆者はこれまで、「魂の植民地化／脱植民地化」という言葉を用いて、人間の認識や行動が、本来の自己の欲求や感覚から遠ざかり、その結果自らの存続や再生産を阻害し、いわば自己疎外するプロセスについて考えを巡らせてきた。「魂」という一見したところ非科学的と見える用語を用いたのは、「学習によって形成された意識的自我」だけでなく、無意識的な行動欲求や生存本能による自己をも含めたかったためである。さらにそうした「本源的自己」の欲求を歪める意識的、無意識的制約を「呪縛」と呼び、それらが複合的に作動することによって人間の本来的な生存能力や欲求が阻害され、疎外されるプロセスを問いたかったためである。

人間は社会に適応し、生存能力を高めようと努力する中で、さまざまな外的規範を身につけ、集団の論理を自己の内部に取り込もうとする。しかしそれによって、本来の自己の欲求や感覚とかけ離れた行動を日常的にとる、というある種の自己矛盾をしばしば常態化させることとなる。つまりそのような人間は、「何者かに囚われ」「外的規範」によって自己を律することで、自分自身が何者であるかについての把握を喪失した行動をとりがちであり、その際、「フレーミング」のもとでの行動選択は、容易に「操作」され、「誘導」され、単純化され図式化されたパターンにしたがう傾向があると考えられる。そういった「呪縛された主体」による行為の蓄積と、社会的に規範化された自己破壊的集団行動の結果、さまざまな問題が引き起こされる。自己の生存欲求の充足、あるいは利益獲得行動であると考えて行われる行動が、より広いコンテキストでは、自己の生存基盤の破壊や、自らが依って立つエコシステムの変容をもたらす、という構図は、環境問題が持つ自己破壊的な側面と一致する。なぜそのような行動に駆り立てられるのか、なぜ人々は自己破壊的行動に向かうのか、さらにはその自己破壊的な連鎖から脱出するにはどうすればよいのか。こうした「行動のコンテキスト（文脈）的把握」が、真の意味での「合理的行動」からの逸脱の理解には不可欠ではないか。これが本稿を貫く思考である。

本書は二つの部分から構成されている。前半は黄砂問題に関する「科学者の誤認」や「外部者の誤解」がつくりだす環境への関与の歪みについて、後半は地域社会や人々のコミュニケーションと環境回復がどのように関わるのか、言い換えれば地域の人々の「認識」と「行動」がどのようにつながっているのか、それに対して外部者の参与はどのような作用をもたらすのか、についてである。

環境回復のためにと思ってとられた対策が、まったく予想もしない効果を生んでしまったり、逆にひょんなことから始まった動きが、予期せぬ結果を生み出したり、といったことを読み解くうちに、意図されたことと結果は必ずしも直線的につながるものではないことが明らかになる。環境や地域社会といった複雑な因果関係によって織りなされる世界に働きかける時、「計画的」で「目標達成型」のタスクは必ずしも予定通りにはゆかない。対象の予期せぬ反応や、思いがけない出来事に翻弄され、そうしたフィードバックから意味を読み取る作業を続けるうち、意外なところに答えを見出すことができたりする。そうした試行錯誤の結果得られた知見が本書の内容を構成している。さきのベイトソンの言葉を借りるなら、「自己の因果関係のループの外側にある因果関係」に思いを馳せ、そこから「既知」の枠組みを問い直す作業が必要とされているのである。

本書が、自己のフレーム（枠組み）を問い直し、フレーム（枠組み）の外に思いを馳せ、自己の世界観や行動を問い直すための一つの練習題となることを期待している。

目次

第1部

黄砂・黄土・植林をめぐるバイアス

「エコ」は地球にやさしいのか？

地球環境がさまざまな面で危機的状況に直面しており、その解決は人類にとって、そして他の生物にとって喫緊の課題であることは論をまたない。しかし、複雑に絡み合った因果関係を解きほぐすことは難しく、状況を解決しようとして取り組んだことがかえって状況を悪化させたり、また別の、より困難な問題を引き起こしたりといった「意図せぬ結果」を招くこともしばしばである。

また、「エコ」や「地球にやさしい」「CO_2削減」「地球を緑に」「地球温暖化対策」をうたっていても、実は別の目的を達成するためのカムフラージュであったり、別の重大な負荷を環境に与えていたりする。エコカーといわれるハイブリッド車が、実はレアアースなど環境に著しく負荷を与える物質を使用しており、「クリーンな発電」「CO_2削減」をうたい文句にしていた原子力発電は人類と地球に、数万年にもわたるとりかえしのつかない災禍をもたらすものであることが明らかになっている。

「地球にやさしい」「エコ」をうたうものが、実はより大きな破壊性を持っていることはしばしばで、字面に踊らされ、表面上のうたい文句を鵜呑みにしないためのリテラシーが、これほど必要とされている時代はないといっても過言ではない。

環境問題について語るとき、それが真に問題の解決につながるのか、他の深刻な問題を引き起こしていないか、名目上の目的とは裏腹にまったく違う利益追求や利権追及になっていないか、一部の人にとって都合がよく、他の生物や大多数の人々にとって、著しく都合の悪い事態を引き起こしていないか、これらを見きわめ、適切に判断するには、幅広い知識と判断力が必要とされる。

しかもその知識とは必ずしも「専門的」知識ではなく、往々にしてないがしろにされがちな、地域の風土や生態に根ざした生活者の知識や知恵であったり、直感力であったりする。しかもそれは、しばしば「専門家的データ」や、「エビデンス（根拠や証拠）」を欠いていることから、価値がないものとして顧みられず、軽視されがちである。

一方、専門家の知識とされるものは、あるフレーム（枠組み）の中における再現可能性によって科学的だと認定されているものではあるが、「専門家」「科学者」はこのフレームが機能することにより、既存の知的枠組みの制約をより強く受け、柔軟性を欠いている場合が多い。

また、長期計画に基づく硬直的なプロジェクトは、計画時と実行時にすでに大きな状況変化が起き、また予測されない事態が発生するなどして、齟齬が生じており、計画自体の必要性も有用性も過去のものとなることを回避することは難しい。これは、柔軟な試行錯誤が、旧来の評価基準に適合しないために引き起こされている。

計画から実行まで数十年を必要とするダム建設や大規模開発計画などは、そういった問題をつねに抱えている。計画した当初は必要性があると思われていても、数十年が経過するうちに、時代や技術や社会状況が変化して、もはや無用の長物となっていても、すでにプロジェクトは動き出し、さまざまな利害関係が発生しているために、止めることは困難な状況にある。専門的で、計画的なアプローチは、ある一定の「フレーム」で区切ることを前提としているため、フレーム外に生じた問題や、変化に対し、しばしば無力で、有効性を失う。このため長期にわたって硬直化された計画は大きなリスクを伴う。

それに対し、試行錯誤を経て行われた対応に関しては、「いきあたりばったり」で、「計画性がない」といった評価を与えられがちであるが、逆に適切なフィードバックが反映され、フレームがその都度更新されている側面もあり、「形式的整合性」や「計画通りの達成」がなされている場合には落とし穴が潜んでいると疑ってかかる必要がある。

本書が主題とするのは、地球規模で生起する環境問題のなかでも、主として東アジアで深刻化している黄砂と大規模な砂漠化をめぐる問題である。

黄砂は国境を越えて拡散し、さまざまな地域に恩恵とともに被害をもたらしている。その解決においても、さまざまな地域の人々が、国境や民族や地域を越えて力を出し合い、解決に取り組んでいる。しかし、一方で、その活動の多くは誤解や一方的理解や硬直的な目的志向によって動機づけられ、結果として地域の生態系を悪化させることもある。さらに、黄砂研究や、砂漠化対策においても、因果関係を単純化し、都合の良いストーリーを構築して、原因を究明し、対策を講じようとする結果、実際の黄砂発生メカニズムとはかけ離れた描像を描くこととなり、有効ではない手だてを講ずることにつながることがある。これらは、一見科学的であるように見えるが、実際には状況認識を歪め、「境界の向こう」へのアプローチを不可能にする。しかも、その誤解に基づいたアプローチが、あたかも砂漠化対策の救世主であるかのように語られ、美化され、結果として善意に基づく加害活動が行われるという皮肉な結果を招いている。

では、黄砂をめぐる誤解とはいったいどんなものか、どうしてそんな誤解が発生するのか、どうすればよいのか、まずは第一部において、日本における黄砂情報と黄砂研究がどういった「予見」というフレームにとらわれていたのかを検証する。

第1章

日本の黄砂情報と黄砂をめぐる誤解

黄土高原の一般的農家とその前庭。

春になると日本にも飛来する黄砂。洗濯物や車を汚したり、視界を悪くしたり、とその悪影響が報じられる。日本の国立環境研究所によれば「中国内陸部で発生する黄砂は、平均で年間五〇〇万トンも日本に飛来し、その三分の一から半分が（日本）国内に降下している」（二〇〇九年四月一七日）という。また、近年では、中国大陸で車の排気や火力発電所、工場などから排出されるばい煙を吸着して飛来するため、鼻がムズムズし、目が痒くなったり、様々なアレルギー疾患を引き起こす。そればかりか、㎛（マイクロメートル）単位（千分の一ミリメートル）の微粒子が肺の奥深く肺胞にまで達し、炎症を引き起こし、ぜんそくや肺がんなどを引き起こすともいわれている。中国各地の大都市で、このＰＭ2.5の値が極端に高くなり、人々の健康不安と被害を引き起こしている。中国大陸由来の硫黄酸化物が原因となる酸性雨に加え、近年ではこの黄砂とＰＭ2.5の飛来が関心事となっている。

では、この黄砂は一体どこから、どのようにして飛来し、どんな影響を与えているのか。われわれの生活とも直結する黄砂について、その実相は意外に知られておらず、また多くの誤解を含んだ情報が流布している。以下に、現在日本で報じられている黄砂情報と、その誤謬《ごびゅう》について検証する。

1 日本に飛来する黄砂

日本に飛来する黄砂の月別観測日数平均値をみると、春の三月から五月頃までに集中し、夏場はまったく観測されず、一一月頃から再び観察されている。以下の図1-1は、気象庁が公表しているもので、日本国内の五九箇所の気象官署における目視観測で黄砂が観測された日数を月別に集計し、一九八一年から二〇一〇年の三〇年で平均した値である。それをみると黄砂の飛来は圧倒的に三月、四月に集中している。黄砂が春の風物詩といわれるゆえんである。

黄砂の被害は、中国国内で七千億円相当とも言われ、交通や健康、農作物など広範囲におよんでいる。日本でも、三月から五月にかけては、黄砂による視界不良のほか、近年では汚染物質の付着によるアレル

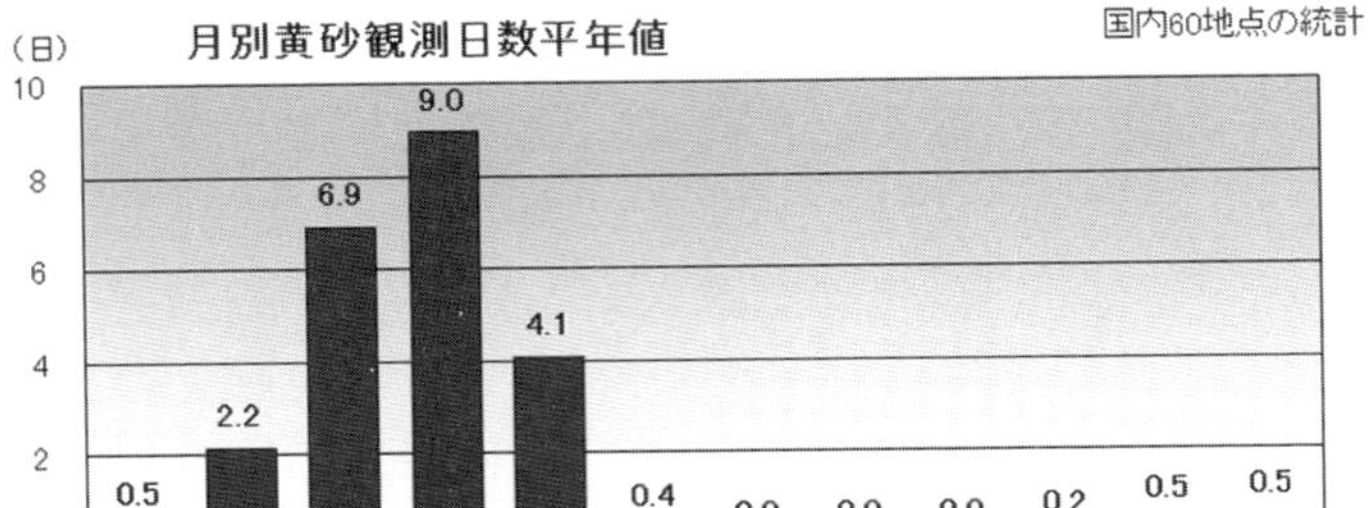

図1-1 月別黄砂観測日数平年値

気象庁ホームページ。「各種データ・資料」のうちの「地球環境・気候」の項目にある「黄砂観測日数の経年変化」より転載(2017年12月1日確認)http://www.data.jma.go.jp/gmd/env/kosahp/kosa_shindan.htm
30年間の平均データであるため、現在でも2010年のものが最新である。

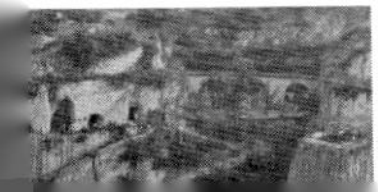

ギー反応、粘膜などへの刺激、洗濯物や車の汚れなどといった被害がしばしば報じられるようになった。今では、気象庁のほか、環境省、国立環境研究所からも黄砂飛来情報が毎日配信されるようになり、花粉情報とともに日本の天気予報の重要な一項目となっている(1)。

図1－2は環境省が日本国内の四箇所（富山、島根、長崎、新潟）に設置し、国立環境研究所が北京の日中友好環境保全センターや日本全国に設置したライダーの観測をもとに、数時間おきにデータが更新され、ホームページで公開しているものである。ライダー（LIDAR：Light Detection and Ranging）とは地上から上空に向けてレーザー光線を放射し、その光線が大気中の浮遊物質によって散乱し、反射する光を測定することにより、上空数キロメートルにわ

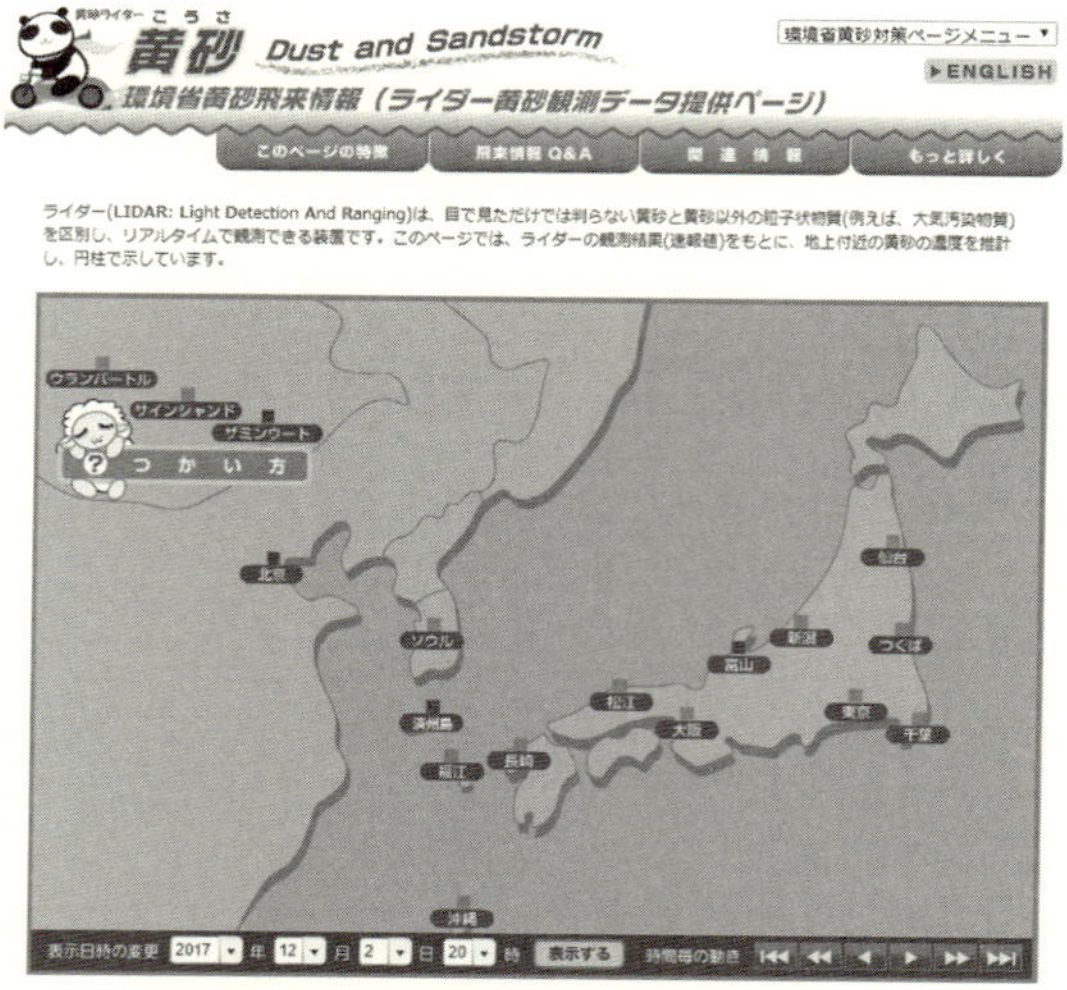

図1－2　環境省の黄砂飛来情報

環境省ホームページにある環境省黄砂飛来情報（Dust and Sandstorm）。ライダー黄砂観測データ提供ページより（2017年12月1日）
http://soramame.taiki.go.jp/dss/kosa/

たって浮遊する物質を観測することのできる装置である。国立環境研究所が開発したライダーはNIES-LIDARと呼ばれ、地上付近だけでなく上空の大気の浮遊物を把握することができ、またエアロゾルと呼ばれる粒子状の大気汚染物質と黄砂とを見分けることも可能にした。現在、この機器を用いて、日中韓の北東アジアにおけるモニタリングネットワークの構築が進められている[2]。

なかでも九州大学と国立環境研究所による黄砂拡散分布に関する予測は、地上付近から上空五キロメートルの四地点での予測を発表しており（図1－3）、黄砂以外にも、硫酸塩

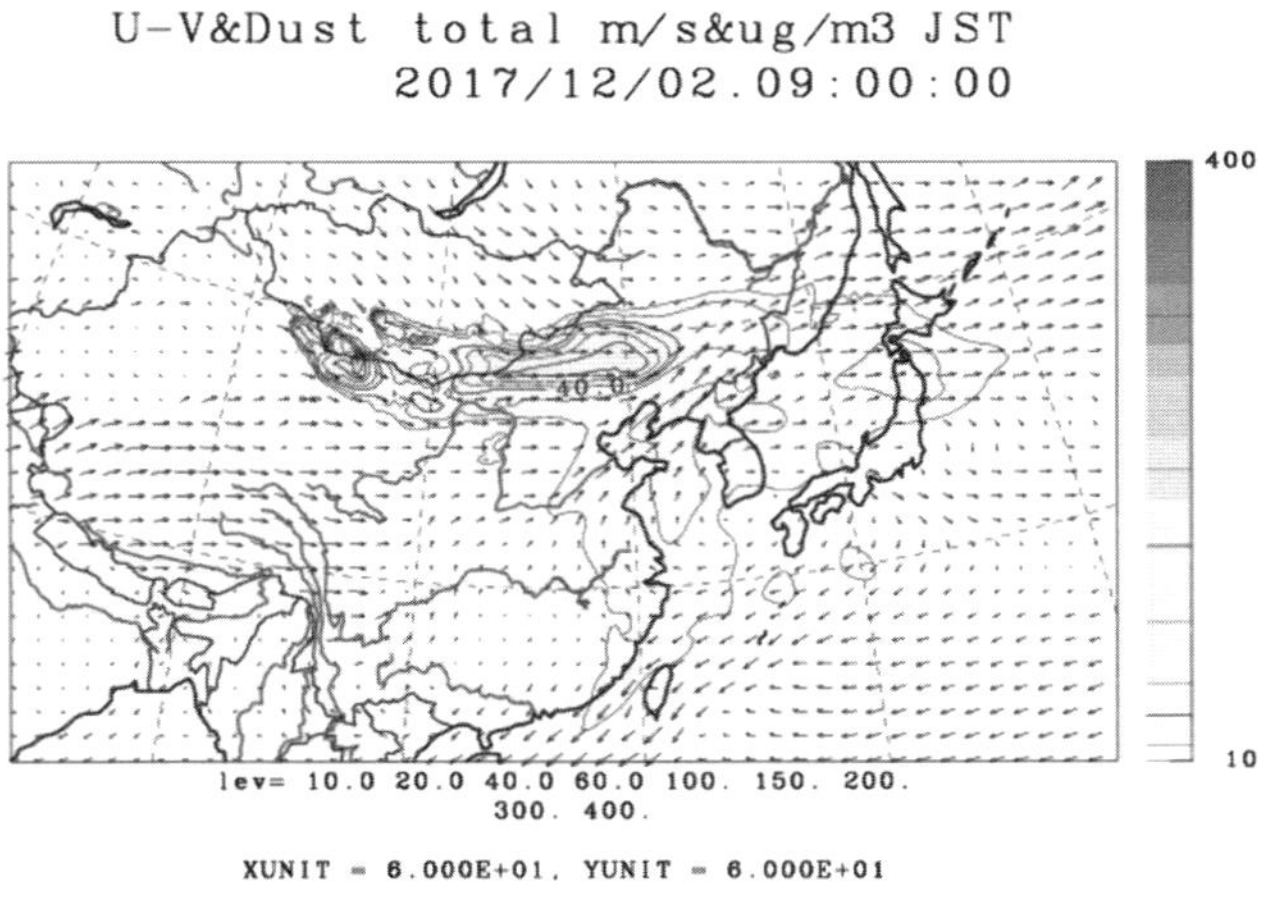

©九州大学応用力学研究所(RIAM)/国立環境研究所(NIES)

図1－3　九州大学と国立環境研究所による土壌性エアロゾルの拡散予想分布（高度0～1km 平均値）

東アジア域の黄砂・大気汚染物質分布予測。九州大学・国立環境研究所による化学天気予報システム（CFORS）による記載日から3日後までの予測データを地図上に示したもの（2017年12月1日）
http://www-cfors.nies.go.jp/~cfors/index-j.html

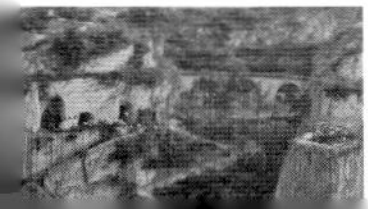

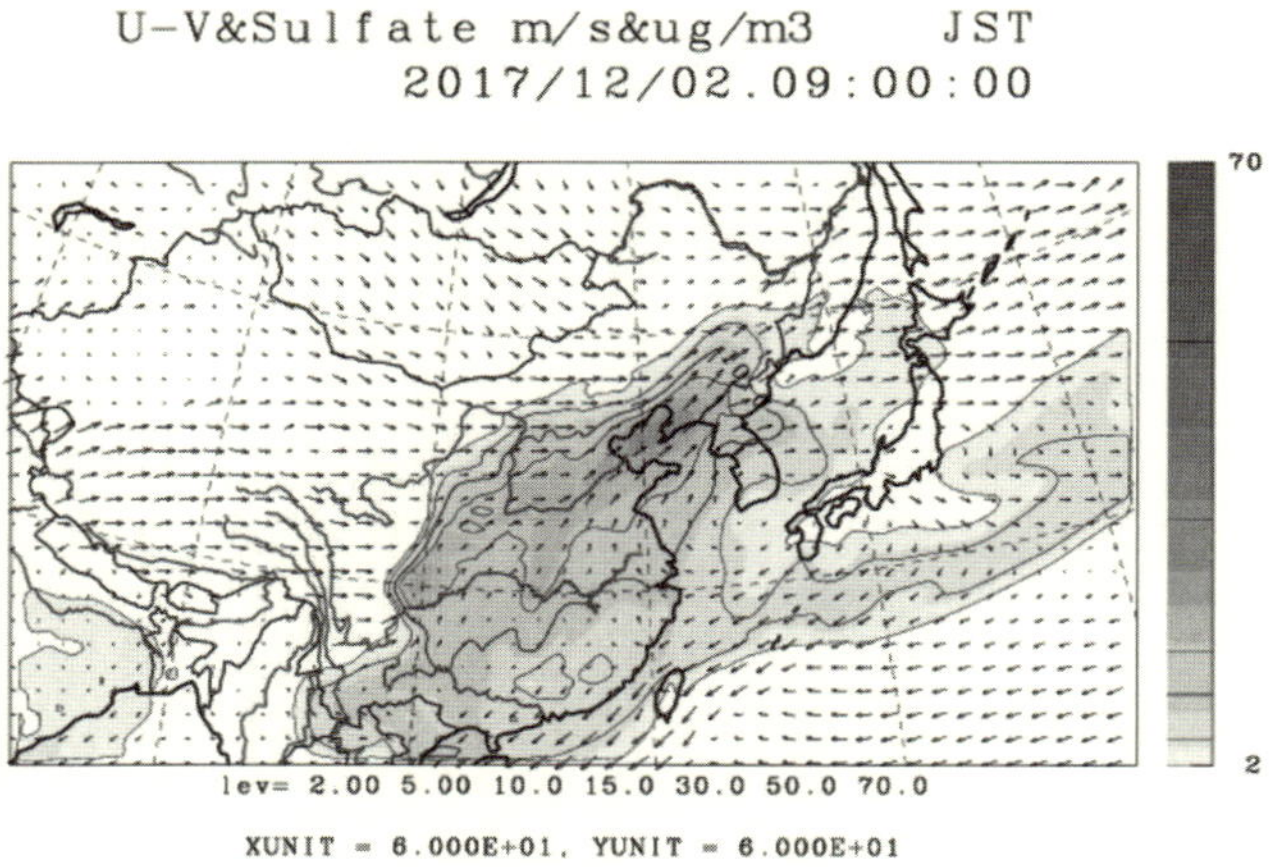

©九州大学応用力学研究所(RIAM)/国立環境研究所(NIES)

図1-4　九州大学と国立環境研究所による硫酸塩エアロゾル（大気汚染物質）の拡散予想分布（高度0～1km 平均値）

（2017 年 12 月 1 日確認）http://www-cfors.nies.go.jp/~cfors/index-j.html

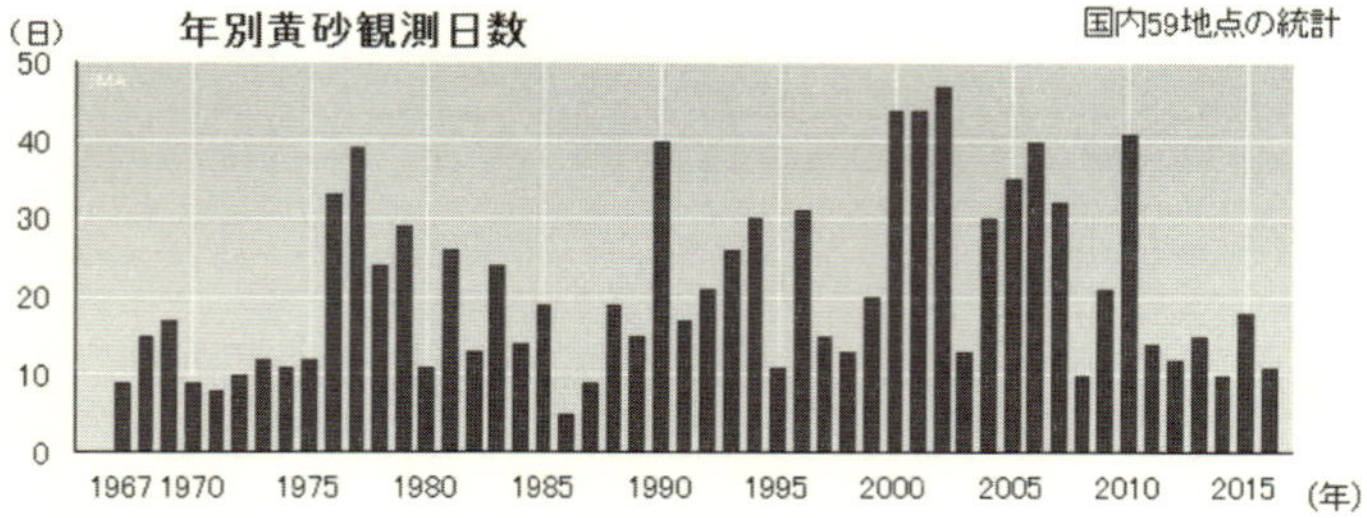

図1-5　年別黄砂観測日数（日本国内）とのべ日数

気象庁ホームページ。「各種データ・資料」のうちの「地球環境・気候」の項目にある、「黄砂観測日数の経年変化」より転載。（2017 年 12 月 1 日確認）
http://www.data.jma.go.jp/gmd/env/kosahp/kosa_shindan.html
国内のいずれかの気象官署で黄砂を観測した日数目視観測を行っている 59 地点について集計。

エアロゾル（図1－4）、オゾン、微小粒子などの拡散予報も日々数時間おきに更新されている。日本において、これらの汚染物質によって体調変化をきたす人が少なからず存在するため、こうした予報情報は健康管理上、重要な手がかりとなっている。

図1－5は国内のいずれかの気象官署で黄砂が観測された日数を三〇年あまりにわたって集計したものの平均値であるが、二〇〇〇年以降、年間観測日数が三〇日を越える日が増加傾向にあるものの、過去数十年の黄砂の観測日数の増減に一貫した傾向を読み取ることは困難だ。近年はピーク時に比べると、減少を見せてはいる。[3]

しかし近年では日本でも、航空機の運行障害、半導体工場のフィルターの目詰まりといった影響が、人々の関心を集めるようになった。また、輸送途中に吸着する汚染物質、ウイルス[4]などの影響にも注目が集まっているほか、砂塵の長期の吸引により家畜に塵肺症の一種が見られたり、免疫などに悪影響が見られることなども報告されている。[5]

黄砂発生メカニズムと発生地域について、日本では以下のようなモデルが提示されている。

図1－6で示されているのは、中国内陸部で巻き上げられた黄砂が、偏西風に乗って東に移動する際、大気汚染物質を吸着し、やがて雨滴となって落下したり、大気の移動にともなって、韓国や日本、遠くは北米にまで運ばれて、さまざまな被害をもたらす、という輸送モデルである。舞い上がりの条件としては、「雪・氷が解けて乾燥、または樹木がない」といった自

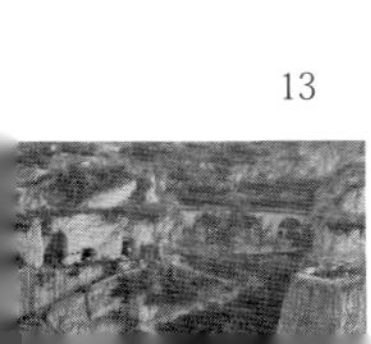

然的気候条件や地理条件が、発生機序については「より大きな粒子が周辺のより小さな粒子にぶつかって舞い上がらせる」、といった説明がなされているが、こうした条件以外に、人間の関与も発生に大きな影響を与えている。

図1-7は黄砂の発生地域に関する同じく環境省パンフレットに記載されている図である。

これを見ると、黄砂はまるで、タクラマカン砂漠、ゴビ砂漠、黄土高原から等しく飛んできているかのように見える。ただ、よく見ると、発生源地予想濃度という図中の円錐は、ゴビ砂漠と黄土高原

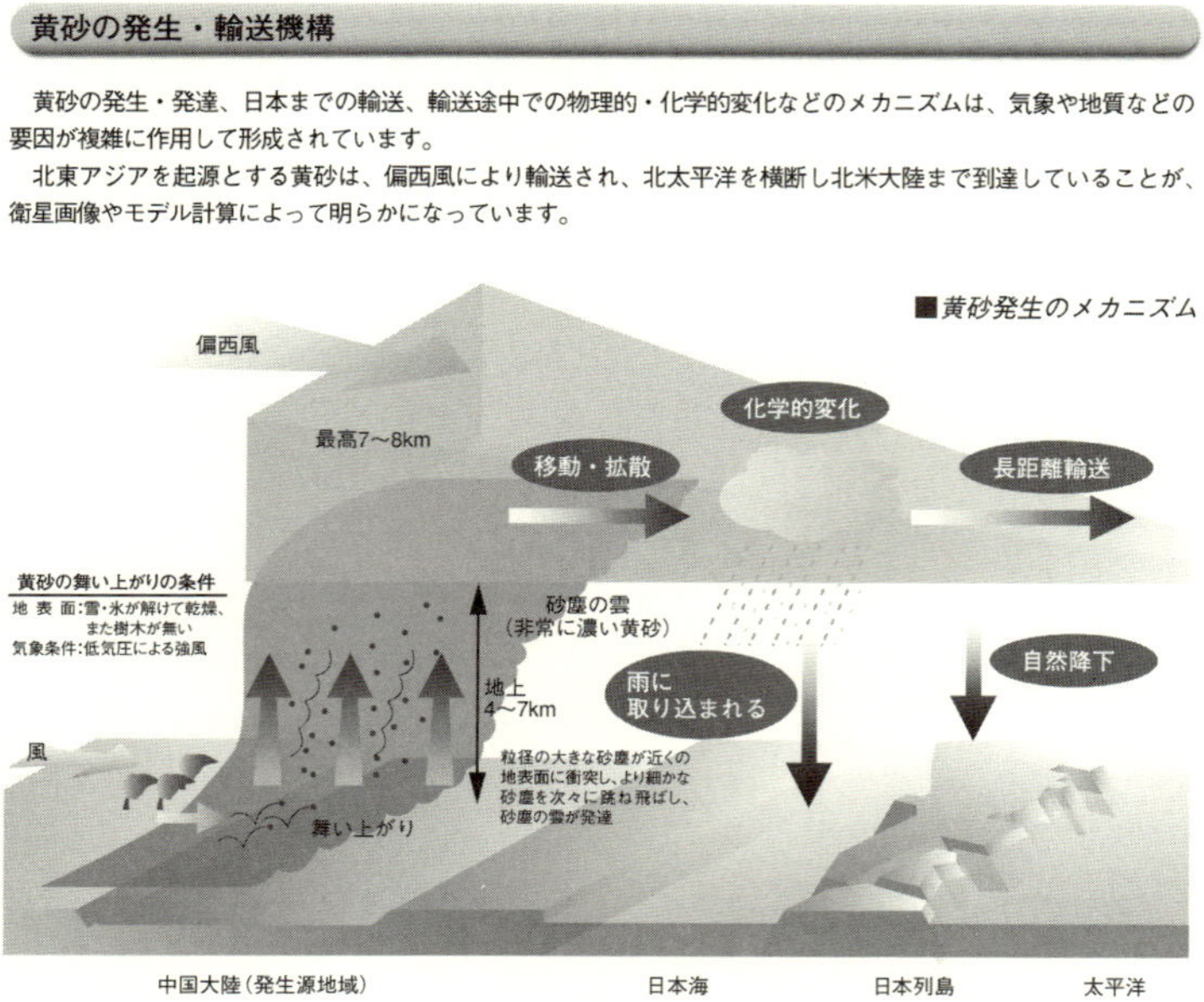

図1-6　黄砂発生と輸送機序に関する環境省のパンフレットに記載された図
https://www.env.go.jp/air/dss/pamph/03.html　（2017年12月2日確認）

とその途中の華北一帯のみになっており、タクラマカン砂漠には描かれていない。これは、日本に飛来する黄砂が、タクラマカン砂漠由来ではなく、中国内モンゴルのゴビ砂漠や黄土高原からのものであるという認識が広まったことと関係していると考えられる。

当初日本の研究者は、サハラダスト（アフリカ大陸のサハラ砂漠から舞い上がる砂粒子の移送）研究をモデルとして念頭においていたため、黄砂は中国内陸部の主として新疆ウイグル自治区の砂漠から飛来すると考えていた。その影響で、日本人の多くは今に至るまで、黄砂はタクラマカン砂漠が発生源であるとイメージしている。しかし、さまざまなモニタリングシステムの構築や、中国との合作研究により、砂漠で舞い上がる砂嵐は、日本に飛来する黄砂とは直接の関係を有しておらず、主として中国・内モンゴル自治区（以下内モンゴル）のゴビ砂漠、黄土高原、中国北方の農地から舞い上がる黄土が主体であることが明らかになった。

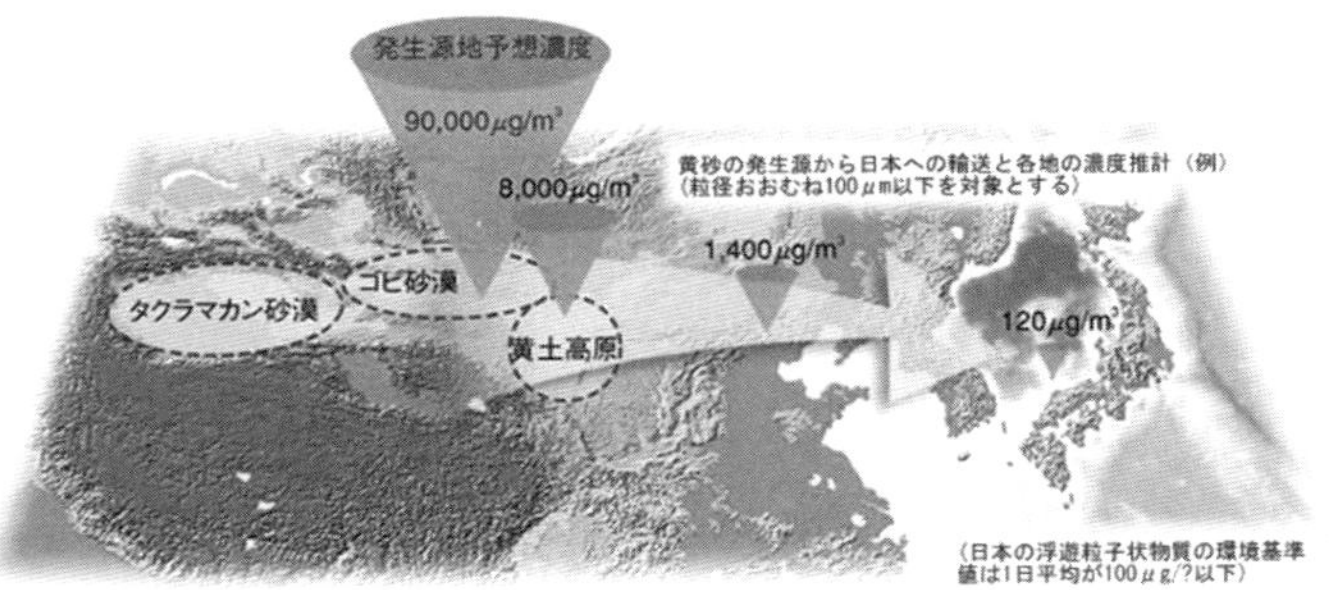

図１-７　環境省パンフレット「黄砂」が示す黄砂発生源地域
https://www.env.go.jp/air/dss/pamph/　（2017 年 12 月 2 日確認）

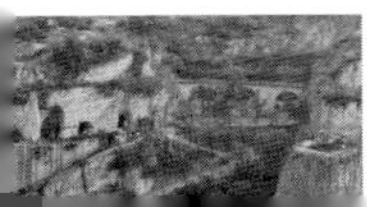

近年では黄砂発生地域に関する地図は、概ね以下のような図（図1－8）が用いられる。

この図で見ると、春の黄砂の時期に舞い上がるダストは、最も多いのがモンゴル、内モンゴル一帯、それに続いて新疆ウイグル自治区となっている。しかし新疆ウイグルから舞い上がるとはいえ、それが砂漠起源であることを意味するわけではない。本書でのちに説明するように、日中共同の調査によれば、黄砂舞い上がりは砂漠周辺の耕地やオアシス、道路などからで、砂漠そのものではない、ということも明らかになっている。ひとくちに「黄砂」といっても、広域に拡散する土壌性エアロゾルと局地的に被害をもたらすダストストーム（砂嵐）との間には隔たりがあり、発生源も発生機序も飛散する土壌粒子のサイズも異なる。

実は、近年の黄砂予測情報は精度を上げており、ピンポイントでどこから飛来が予想されるかが逐次公表されている。これは九州大学と国立環境研究所が二〇〇九年よりスタートさせた

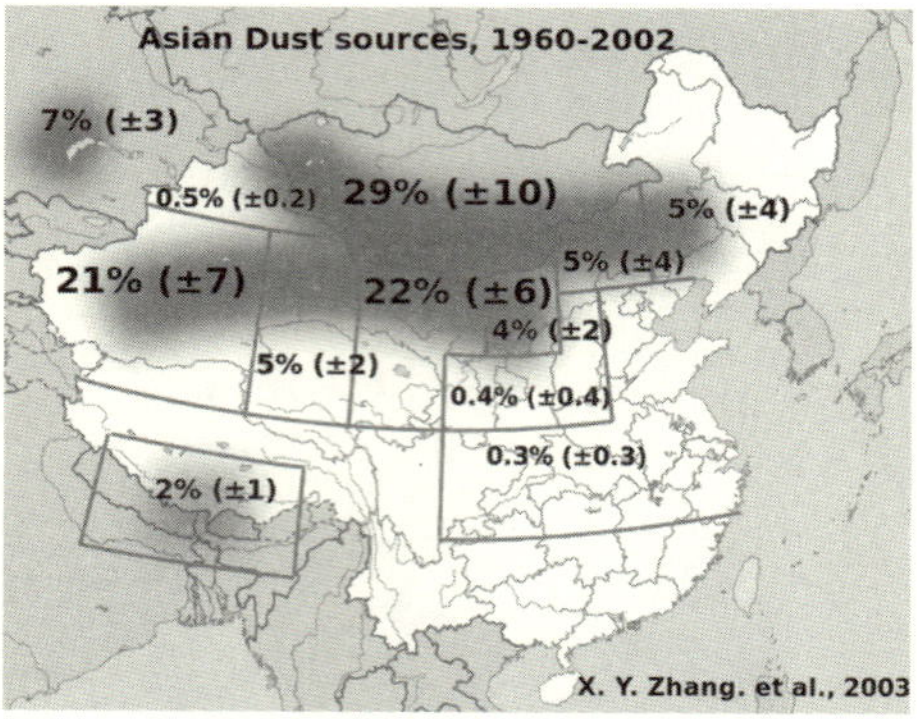

図1－8　中国周辺の黄砂の発生源地図

（1960～2002年春季合計）2015年4月28日 Map: China edcp location map.svg, Data: Zhang, Xiao-Ye, et al.（2003）“Sources of Asian dust and role of climate change versus desertification in Asian dust emission.” Geophysical Research Letters Vol.30 No.24. DOI:10.1029/2003GL018206

「化学天気予報システム」で、これによって先の黄砂情報および硫酸塩エアロゾルなどの三日後までの拡散予測が公開されている。[6] 以下の図1－9～1－11は、二〇一四年三月の黄砂予想データであるが、特に春の黄砂発生時期のデータを継続的に見ると、現在発生している黄砂がどこから飛来しているかを、あくまで予測ではあるが、知ることができる。[7]

図1－9は二〇一四年三月六日の高度五〇〇〇メートル上空付近における黄砂予測図である。近年、黄砂はその第一波が二月に観測されることも多く、その発生地は、この図にあるように、内モンゴルの阿拉善《アラシャン》であった。

これは、通常、黄砂第一波が日本に到着する三月六日前後のもので、モンゴル国境に近い内モンゴルの阿拉善盟（盟は行政区分を示す）から飛散し、日本列島を通過する。そして二〇一四年三月一六日になると、さらに規

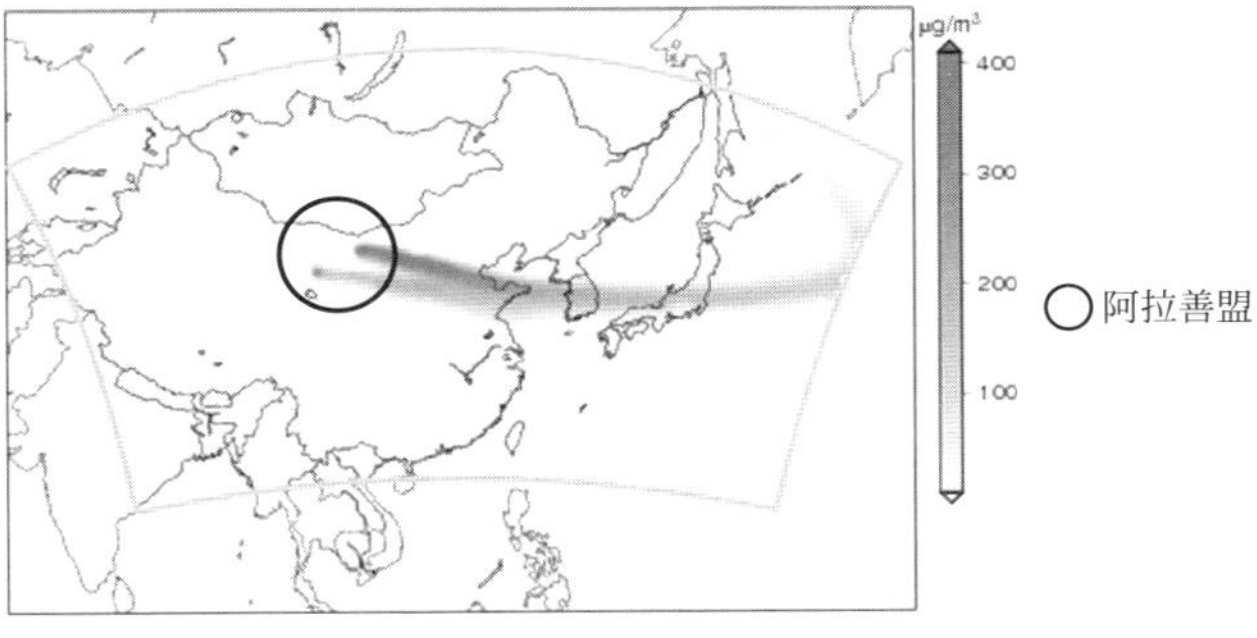

図1－9　2014年3月6日高度5000メートル上空付近黄砂予測図

九州大学応用力学研究所・国立環境研究所「黄砂飛散予測図」。クリエイティブ・コモンズ 表示 4.0 国際ライセンスのもとで転載。（以下図 2-6 から 2-9 まで同じ）

模と面積が拡大する（図1-10）。

　次に、図1-11をみると、新疆からも黄砂が舞い上がっているように見えるが、実は、これは地上付近のみで、上に挙げた高度五〇〇〇メートル上空付近ではまったく見られない。つまり、局地的な砂嵐である可能性が高い。このあたりは、オアシス農地が広がる地域で、酒泉、張掖、とシルクロード沿線の大規模な穀物生産、野菜生産基地が続く。さらに西に進むと砂漠地帯に入るが、そこもやはり哈密瓜《ハミウリ》で有名な哈密をはじめとした農業地帯がある。つまり、黄砂ないし砂嵐の舞い上がりの主たる源泉は砂

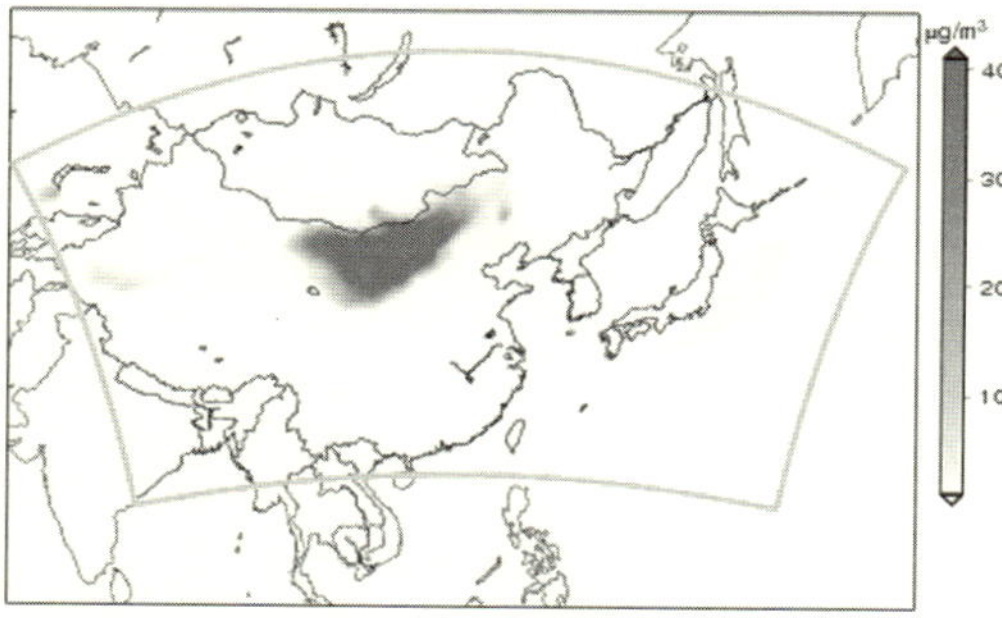

図1-10　2014年3月16日地上付近（高度2000メートル）の黄砂予測図

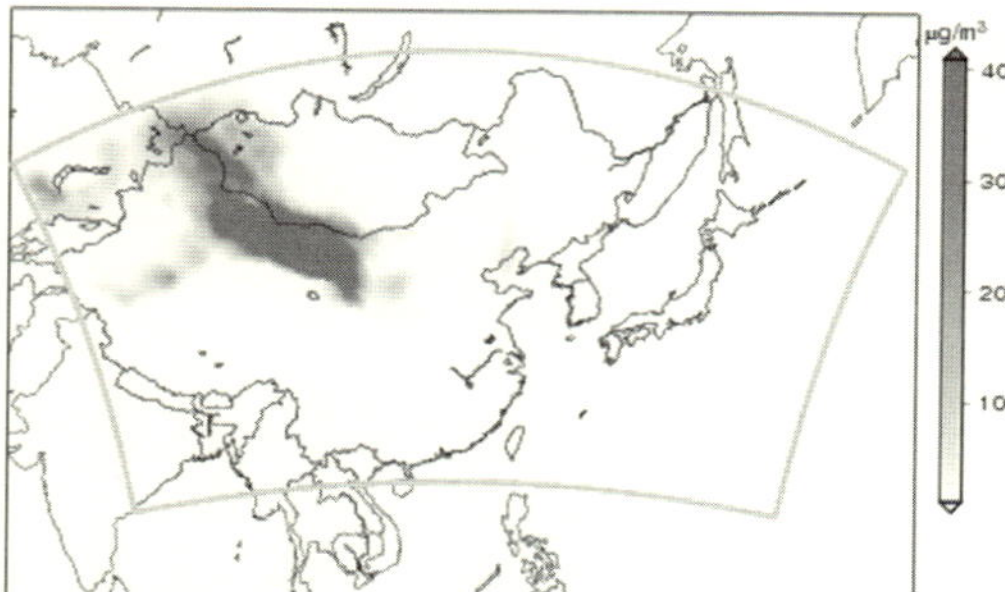

図1-11　2014年4月3日地上付近（高度2000メートル）の黄砂予測図

再び、黄砂が舞い上がるが、こんどは、阿拉善からさらに内陸部、新疆ウイグル自治区、いわゆるシルクロード、天山北路に沿って発生している。しかしこれは地上付近のみに見られ、上空ではまったく見られない。

漠に客土し、灌漑した農地からであると考えられる。

また、注意すべきは、この地域の砂塵ないし黄砂は、東に流れるというよりは、地形に阻まれて、域内でとどまったり、あるいは北向きの風で拡散する傾向があると見られることだ。図1－12は、新疆からの舞い上がりが予測された四月三日の高度五〇〇〇メートル上空付近の予測図であるが、阿拉善からの舞い上がりのみで、新疆からは、ほとんど黄砂の飛散は見られない。

このことから、新疆では地表面付近を中心とした砂嵐が主流で、三〇〇〇メートル上空を超える舞い上がりは少なく、後者（阿拉善起源のもの）では五〇〇〇メートル上空付近でも砂塵が観測できることがうかがえる。[8] ここに黄砂と局地的な砂嵐の違いがあると考えられる。

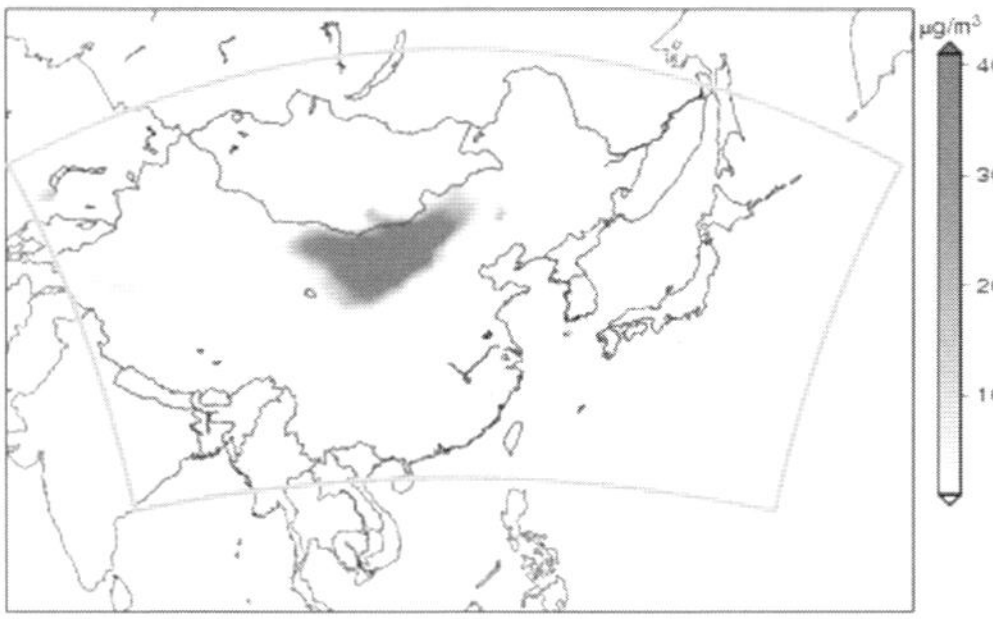

図1－12　2014年4月3日高度5000メートル上空付近黄砂予測図

また、発生時期については、二月に第一波の黄砂が確認された二〇一四年に、大阪大学で教鞭をとる内モンゴル出身のスチンフ（思沁夫）特任准教授（現・大阪大学グローバルイニシアティブ・センター）を訪ね、現地に、黄砂発生原因について電話で問い合わせてもらったとこ

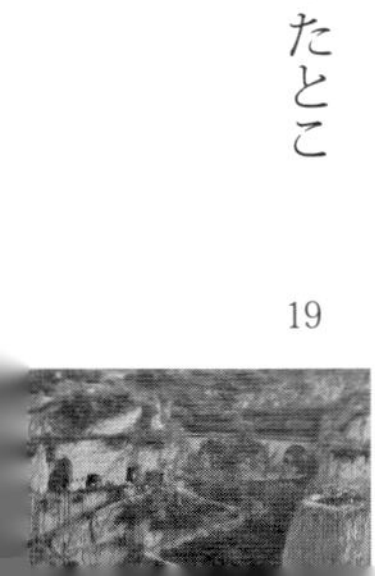

ろ、「通常二月には起こらなかった。今年は異例に早い」とのことであった。また発生地である阿拉善北部はどういう状況にあるのかと質問すると、「その地域は、人口が極めて希少であること、[9]国境に近いことから、一九五〇年代から秘密裏に核実験が繰り返され、住民の強制移住が行われた地域で、牧民の関与がない場所である」という。阿拉善北部に広大な無人地帯が形成され、そこが近年の地下資源開発などで荒らされ、砂塵の舞い上がる原因地域になっている、という推測も可能だ。いずれにせよ、阿拉善から酒泉にかけての地域は、中国の国境警備の要衝でもあり、ミサイル基地を含む軍事基地がある。[10]近年そういったところで黄砂舞い上がりが起きているのである。

また最近のデータとして二〇一七年三月一日の地上付近の予測画像を見てみるとやはり同じく内モンゴル阿拉善一帯から飛散しているのがわかる。ここに掲げたのは高度二〇〇〇メートル上空のものであるが、他の高度でも同じように飛散が予測されている（図１－13）。

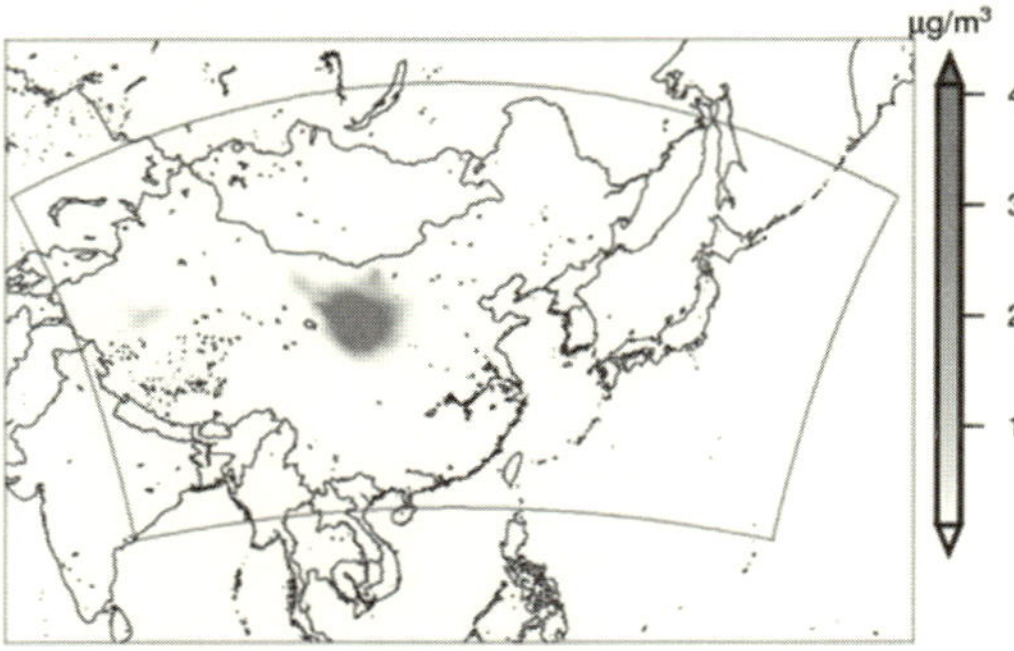

図１-13　2017 年 3 月 1 日地上付近（高度 2000 メートル）の黄砂予測図

図1－14は、阿拉善のゴビ（砂礫の広がるステップおよび地表面植生が破壊された砂漠）を中心とした砂漠地帯のグーグルマップからの画像であるが、丸で囲った部分が阿拉善の砂漠で図1－13の発生地域とほぼ一致する。阿拉善は建国後および改革開放後に急速な砂漠化が進み、かつて草原であった部分が大規模に砂漠化した(11)。草原の植被が剥がされたあとは、黄土のような細かなシルト（粒径四～六〇マイクロメートルの砕屑粒子を主成分とする鉱物粒）で覆われていることが多く、上空高く舞い上がる黄砂となる。ちなみに、この写真の右寄りに、帯状の緑地帯（図内点線）が見えるが、これが寧夏《ねいか》、内モンゴルの黄河流域に開かれた大規模な灌漑農業地帯で、それより東（右手）側が、オルドスといわれるかつて草原であった地域である。このあたりの黄河はシルクハット状に湾曲しており、その内側に広がるのが黄土高原であるが、そこもかつて二〇〇〇年前には森と草原に覆われていた。黄砂の発生源となっているのは多くこうした環境の「遷移帯」である。

このように、近年日本に飛来する黄砂の主要な発生源

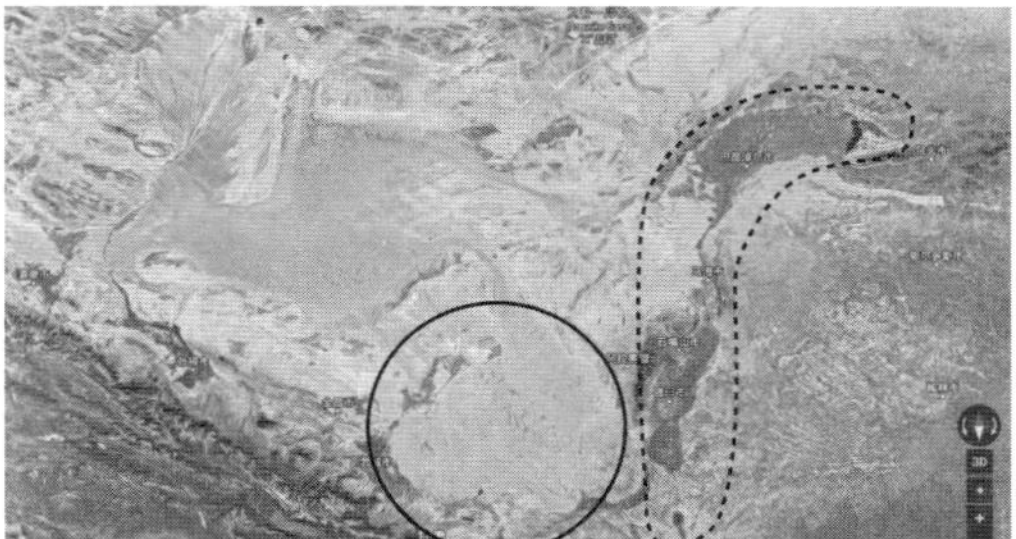

図1－14　阿拉善のゴビを中心とした砂漠地帯
Google Maps（2017年12月2日）

は、主として黄河中上流の内モンゴル阿拉善一帯およびモンゴルの草原地帯であることがわかる。しかもこのことは近年明らかになったのではなく、黄砂舞い上がりのプロセスを砂漠の砂の移動プロセスと混同することがなければ、過去数十年にわたって一貫して見られた現象で、その研究や対策が行われてこなかったことに問題があったというべきであろう。

2 「黄砂」という名称がもたらした誤解

「黄砂」という言葉はその発生源中国では用いられず、主として日本と、さらに日本統治時代の影響で気象学用語として用いられるようになった韓国でのみ使われている。[12]その起源は、二〇世紀初頭日本気象学会の機関誌に、中国および朝鮮半島における現象を記述するものとして用いられたことに始まるという。[13]ただし、その当時は、「黄砂」ではなく「黄沙」という漢字が当てられていた。その後「沙」が一時常用漢字から外れたために、「黄砂」と記されるようになったという。[14]

一方、中国においては黄砂現象をさす場合、必ず「沙（shā）」という文字が現在も使われており、「砂（shā）」が用いられることはない。中国では砂漠も「沙漠」と記され、砂塵の舞い上がりは「揚沙（yángshā）」、砂塵嵐そして広義の「黄砂」は「沙塵暴（shāchénbào）」と表

記される。ただし、中国でも現代の気象用語が用いられる前は、黄砂現象に対し、「雨土（yǔtǔ）」「土霾（tǔmái）」といった言葉が用いられており、現在用いられているのはあくまで「気象関係の専門用語」としてのちに定められた言葉である。[15] ちなみに中国語では「砂」は「沙」よりも粒の大きいものを指すことが多い。

日本の「黄砂」研究が本格的に始まったのは一九八〇年代半ばであるが、当時は「黄砂」が何を意味するのかさえ明確ではなく、その発生地についても、多分にオリエンタリズム的憧憬と思い込みから、[16]「シルクロードのタクラマカン砂漠が発生源である」という仮説をたて、研究者は敦煌や和田《ホータン》へと観測に赴いた。その背景となったのは、二〇世紀初頭の大谷光瑞や井上靖の著作の影響によると考えられる。現に岩崎（二〇〇六）は、日本人にとって月とシルクロードの組み合わせは限りなくロマンを掻き立てるものである、と書いている。[17]

一方、気象学者の間では、世界の主要なダストが、サハラ砂漠とタクラマカン・ゴビ砂漠を起源とするものである、という認識があった。そこで日本上空に飛来する「黄砂」問題を理解するにあたって、サハラ砂漠のダスト発生モデルをそのまま当てはめようとしたのだが、それがさまざまな誤解と誤謬を生むことになった。

日本の研究者が国際的に通用する用語として定着させた「黄砂」は、そのままＫＯＳＡとローマ字表記されて使われることもある。しかし、国際学会などでまれに英語訳されて

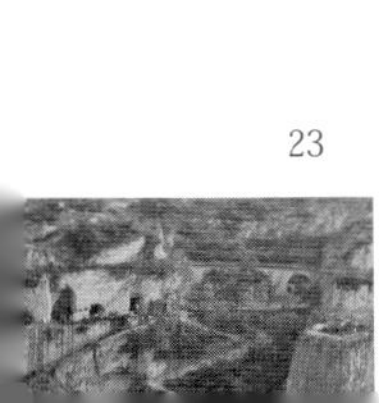

yellow sand と呼ばれることがあるとこれもまた大きな混乱を引き起こす。[18] 実際には、日本に春先に飛来する「黄砂」や、全球規模で自由対流圏を移動する粒子は sand《サンド》 ではなく loess《レス》（黄土 中国大陸などの陸成堆積物をレスと呼ぶ）や dust《ダスト》（塵）であるため、近年では、mineral dust や Asian dust あるいは soil dust airozol などと呼び分けられるようになっている。しかし「黄砂」（ＫＯＳＡ）という日本語由来の呼称に引きずられて、yellow sand と訳されたために、しばしば混乱を引き起こすこととなった。岩坂は、アラスカ大学の教授が、一九八〇年代にアラスカで観測した黄砂についてアメリカの気象学会で報告しようとしたが、「中国の砂漠地帯から砂粒が飛んでくるなんて信じられない」と受け入れられなかったというエピソードを紹介している。[19] それは当時、土壌性ダストが広域移動することに対し、十分理解が得られていなかったという理由からかもしれないが、むしろ英語で yellow sand という語が用いられたことにより、聴衆が、まさか砂漠の砂が広域移動するわけはない、と驚いたというのが真相ではないだろうか。もし yellow sand ではなく、long range transportation of Asian dust といった表現が用いられていれば、それほど驚かれることはなかったのではないだろうか。実は「砂」sand とは、国際法で二〜〇・〇二ミリメートル（二〇マイクロメートル）の大きさの粒子と決められているので、yellow sand と訳しても必ずしも的外れとは言えない。しかし、局地的なダストボウルも広域的な土壌性ダスト（鉱物ダスト）の移動も、「黄砂」という言葉でくく

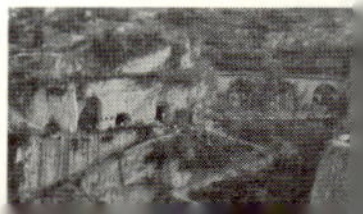

られてしまう以上、両者の粒径に百倍もの開きがあることや、発生地や発生機序がまったく異なるものであることは、見過ごされがちである。本書で指摘するさまざまな誤解や曲折もそこに淵源があるものが少なくない。

黄砂の発生地中国での区分、あるいは日本より直接的に影響を被っている韓国での区分は、より具体的で誤解が起きにくい。表1－1はその対比を示している。ただしこの図は日本で紹介されている日本語の資料からの転載であり、すでに「沙」が「砂」という字に置き換えられており、これ自身、誤解の起きやすい転記となっている。

中国の区分では、実際に与える被害の大きさと直結して、「視程」ごとに細かく区分している。浮遊している砂粒や土壌によって視程が一〇キロメートル以下となった状態を「浮塵」、砂が舞い上がり水平視程が一から一〇キロメートルまでとなった状態を「揚沙」、同様に視程が一キロメートル以下となった場合を「沙塵暴」（砂嵐）と呼び、それ以上を「強風沙塵暴」「極強風沙塵暴」と名付けて区別している。日本には、視程一キロメートル以下となるような沙塵暴はほとんど観測されないため、そうした呼び分けは必要とされていなかったのかもしれない。

韓国は、日本と同じ「黄砂」という呼称を用いるが、粒径によって砂、ダスト、黄砂と呼びわける。黄砂と呼ぶ場合は「主として春に、バダインジャラン砂漠、トングリ砂漠、モウス砂

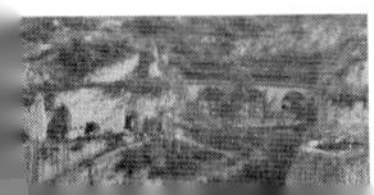

表1-1　日・中・韓の黄砂・土壌性エアロゾル分類比較

［中国］

視　　程	用　　語	備考：(http://www.weathercn.com/room/shuyu.jsp) 中国国家気象局「地面気象観測の手引き（2003）」
10 km　以下	浮　塵	大気中に浮遊している砂粒子あるいは土壌粒子で、水平視程を 10 km 以下にさせる天気現象。
1～10 km	揚　砂	風により地表砂塵が巻き上げられ、大気が混濁し、水平視程が 1～10 km になる天気現象（別称：高吹砂塵）。
1 km　以下	砂塵暴	風により地表砂塵が大量に巻き上げられ、大気がかなり混濁し水平視程が 1 km 以下になる天気現象。
500 m　以下	強砂塵暴	大風（強い風）により地表砂塵が巻き上げられ、大気が非常に混濁し、水平視程が 500 m 以下になる天気現象。（参考：大風は一般に風力 8 級（瞬間風速 17.2 m/s）以上）
50 m　以下	極強砂塵暴	狂風（非常に強い風）により地表砂塵が大量に巻き上げられ、大気が非常に混濁し、水平視程が 50 m 以下になる天気現象。（参考：狂風は一般に風力 10 級（瞬間風速 24.5 m/s）以上）

［韓国］

粒径、濃度	用　　語	備考：韓国気象庁　2002、Chu.(20)　2004
1～1000 μm	砂	無風あるいは弱い風による一様な空中分布。
1～10 μm	ダスト、黄砂	粒径 10 μm：数時間～数日間浮遊 粒径 1 μm：数年間浮遊 主として春季に、アジア大陸のバダインジャラン、テンゲル、モウス、ホンシャンダック、ホルチン、ゴビ地域及び黄土高原を含む乾燥・半乾燥地域から、砂塵が浮遊・降下し視程・大気質に影響を与える現象。

［日本］

粒径・視程	用　　語	備考：気象庁　2002
2～1/16 mm	砂	
15～30 μm、視程は 10 km 未満	黄　砂	主として、大陸の黄土地帯で吹き上げられた多量の砂塵が空中に飛揚し天空一面を覆い、徐々に降下する現象。甚だしいときは天空が黄褐色となり、太陽が著しく光輝を失い、雪面は色づき、地物の面には砂じんが積もることもある。気象台や測候所が目視により判断。

『黄砂問題検討会中間報告書』（平成 16 年 9 月環境省水・大気環境局大気環境課、黄砂問題検討会、座長岩坂泰信）を基に加筆修正の上掲載。

ただし中国では、砂という字は用いず「沙」という字を用いている。本表ではそれが反映されておらず、「砂」という文字に改変されている。

漠、ホンシャンダック砂漠、ホルチン砂漠、ゴビ砂漠、黄土高原などから飛来、降下し、視程・大気質に影響を与える土や砂」としており、発生源の特定がより正確である。

これらに比べると日本の「黄砂」という概念は、科学的厳密性を欠いており、以下に見られるような多くの誤りを引き起こす原因ともなった。

3　発生機序と粒子に関する誤解

日本の黄砂研究者が長らく提唱してきたのは、タクラマカン砂漠で巻き上げられた砂塵のうち、粒の大きいものは近距離で落下し、粒の小さいものは偏西風に乗って太平洋を横断する長距離を移動する、というモデルであった。このような考えは岩坂が図示する黄砂タクラマカン砂漠発生説の次の図がもとになっていると推定される（図1－15）。

ここに見られるのは、黄砂発生源で巻き上げられた砂のうち、大きいものから順に落ちていって、一番小さいものが最も遠くまで飛ぶ、という単純なモデルである。そしてこのモデルは、発生源に、大きさが連続的に分布する大小さまざまなサイズの砂がある、と前提としている。それらが一斉に舞い上がり、大きいものから徐々に落ちていく、というのである。しかし、このモデルには多くの点で不自然な点がある。

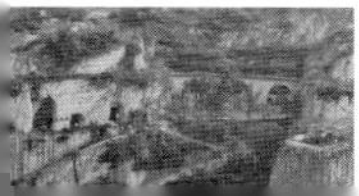

まず、「砂漠地帯では低気圧等の発生によって強風が吹き多量の砂塵が空中へ巻き上げられる」とあるが、それは同じ地域からの舞い上がり時に、大きな砂の粒と小さな砂塵の両方が同時に舞い上がっているかのような印象を与える。しかし、のちに詳しく述べるように、大きい砂粒と細かなダストが同時に舞い上がることは実際には困難で、大きな粒が先に低い位置で巻き上げられ、それがいったん落下した際に、その落下の衝撃で小さな粒子が舞い上がる。また、大きな粒と小さな粒が混在しているところはそれ程多くはなく、大きな砂は砂漠から舞い上がって局地的な砂嵐となり、小さな粒子は砂漠周辺のゴビ[21]や農地から舞い上がり、広域移動する。つまり、細かな粒子は、砂漠ではなく、まったく異なる場所から舞い上がっていることになる。大きな粒と小さな粒の舞い上がりの発生源は、多くの場合異な

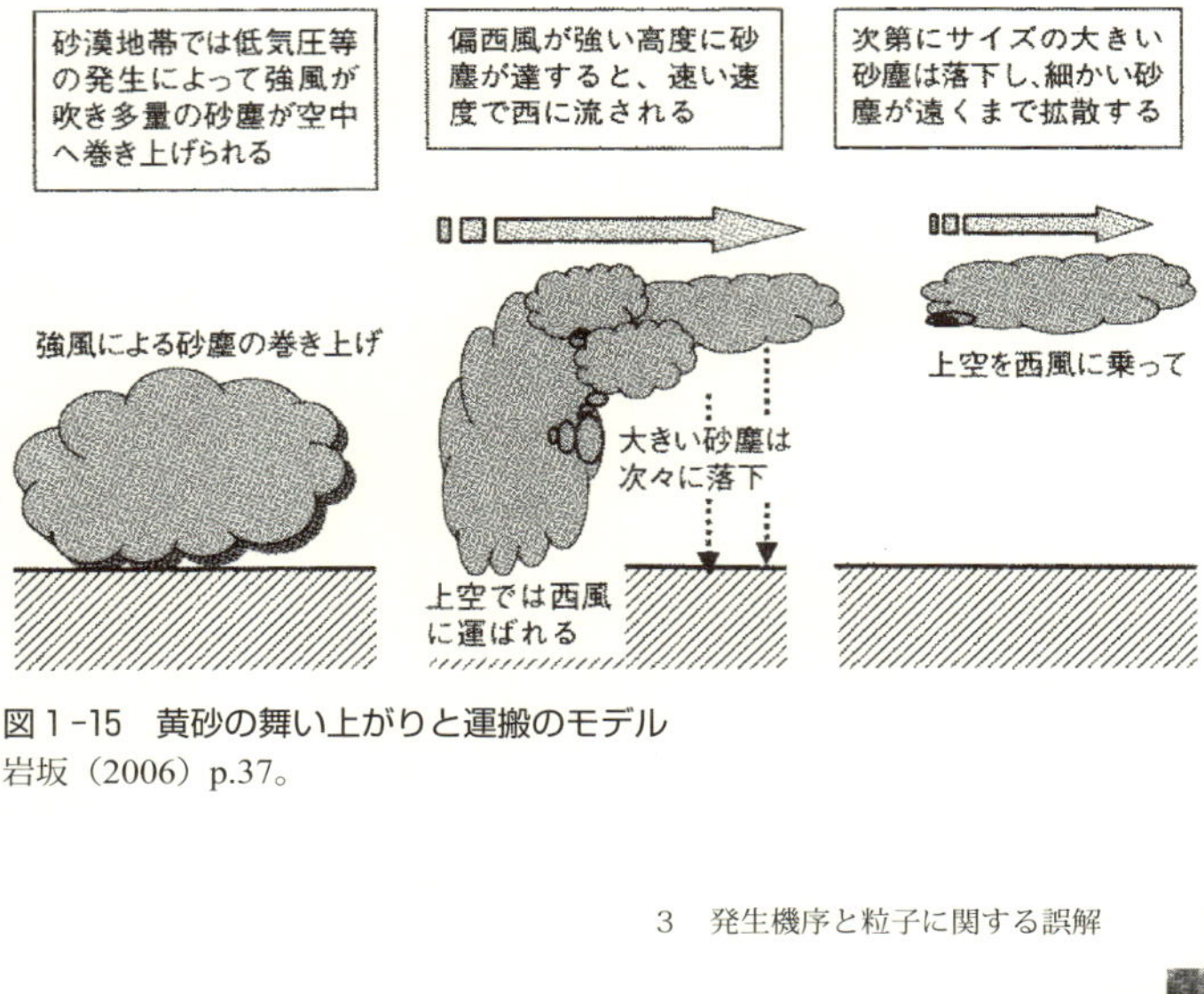

図１-15　黄砂の舞い上がりと運搬のモデル
岩坂（2006）p.37。

る場所であることをまず認識しておく必要がある。

ここで、いわゆる砂砂漠の砂と黄砂の粒子の違いを示す。まず、以下は敦煌西方およびタクラマカン砂漠の砂の写真である[22]。

写真1-1　敦煌西方（中国北西部）の砂

（青木英明採集・齊藤隆撮影）
http://www5f.biglobe.ne.jp/~storm/Link_02.html

写真1-2　タクラマカン砂漠（中国北西部）の砂

（矢口良一採集・齊藤隆撮影）
http://www5f.biglobe.ne.jp/~storm/Link_02.html

写真1－1も写真1－2も画像中の砂粒一つの粒径は一〇〇〜五〇〇マイクロメートル（つまり〇・一〜〇・五ミリメートル）前後である。砂を採取、撮影する際に微細な砂塵は洗浄されている可能性もあるが、基本的に砂漠の砂は黄土（レス）などの土壌性ダストに比べ、一〇倍から一〇〇倍の大きさがある。

こうした、粒の粗い砂粒子によって構成される砂砂漠が作り出す景観は、日ごろわれわれがイメージする砂漠である。写真1－3に見るように、美しい風紋が波状の美しい文様をつくりだし、少し風が吹くと、地表面上をさらさらと砂が移動している。そして、通常こうした砂漠の上空は抜けるような青空が広がっている。つまり粒径の小さい砂塵は、こうした砂漠では舞

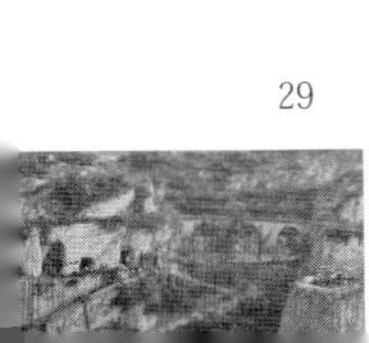

い上がっていないことを示している。

このような砂嵐をもたらすような砂の移動は、以下の図でみるとクリープ（creep）かサルテーション（saltation）と呼ばれる比較的地面から遠くないところを移動するものである。それに対し、ダストは舞い上がりによって長距離輸送のパスに入るサスペンション（suspension）という作動である。気象学者の三上正男は次のような図を用いて、砂やダストが巻き上げられる機序を説明する。[23]

図1－16を見ると、粒径五〇〇マイクロメートルを越えるような砂漠の砂は、強風下でも容易に上空に舞い上がることはなく、クリープといって地表面を転がるようにして移動する。それに対し、粒径七〇～五〇〇マイクロメートルの砂の移動はサルテーションであって、いったんは地上に舞い上がるもののやがて再び地上に落下する。さらに二〇～七〇マイクロメートル程度の粒子は short-term suspension と呼ばれ、数メートルの高さまで舞い上がってその後比較的ゆっくりと地表に落下する。これに対し二〇マイクロメートル以下の粒子は高く巻き上げられ、遠くに運ばれてゆくとされている。重要なのはサ

写真1－3　中国内モンゴル阿拉善盟の砂漠
砂がサラサラと表面を移動している。（筆者撮影　2014年8月）

スペンションで舞い上がるのは、いったんクリープやサルテーションで舞い上がった砂が地表面に落下し、その際に風にあおられて粒径二〇～七〇マイクロメートル程度の砂塵が巻き上げられるとされていることである。つまり、単純な平面においてすら、大きな粒と小さな粒は同時に舞い上がるのではなく、相互に影響を与え合い、二次的な運動を引き起こしているのであって、決して一度に舞い上がって、大きいものから順番に落ちてくる、というものではない。

しかし、この作動は「砂漠」や「ゴビ」など比較的平坦な地表面で繰り広げられる砂嵐やダストの舞い上がりであって、われわれが日ごろ目にする「黄砂」の源となる「黄土」の粒子と舞い上がりの機序は、これとはまったく異なる様相を呈する。細かい粒子が地表面を覆う一部のゴビや畑、黄土高原などでは、粒径二〇マイクロメートル以下の粒子が、主として人間の地表面への攪乱

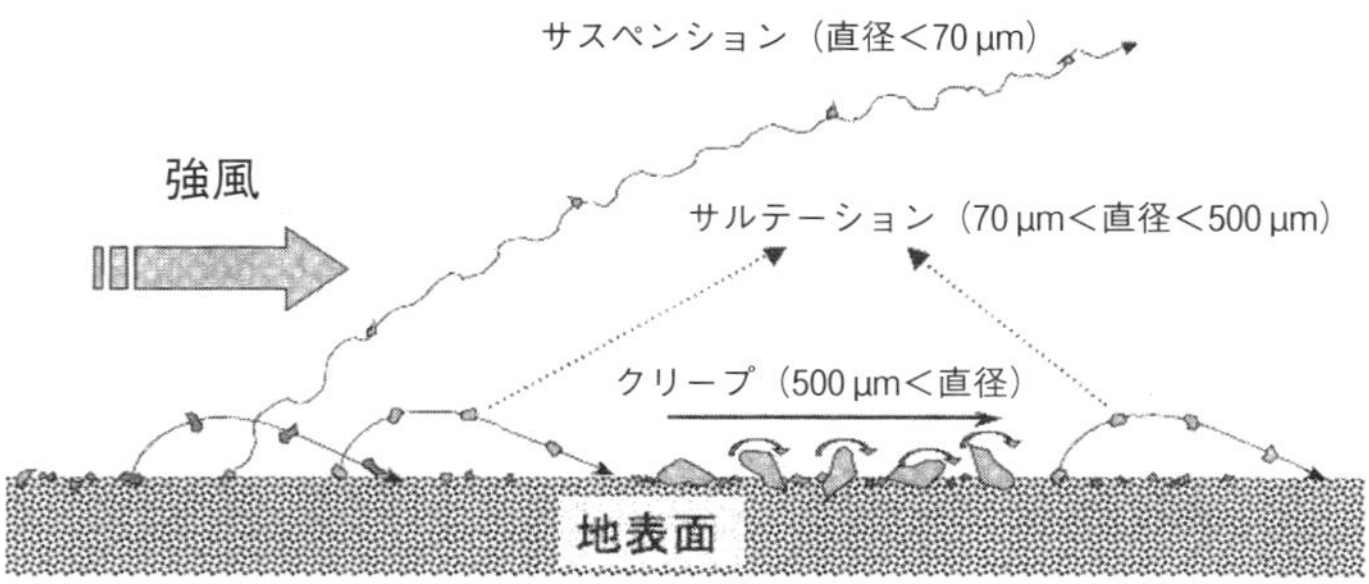

図 1-16　強風下における土壌粒子の運動の概念図
三上（2007b）p.113。

をきっかけとして、直接風にあおられて舞い上がる。日ごろわれわれが目にしている黄砂は、粒径四〜二〇マイクロメートルの不定形であるが、このサイズと形は、黄土高原や内モンゴル、華北などで舞い上がる「黄土」とほぼ一致する（写真1-4）。つまり、砂漠の砂が舞い上がる地域とは別に、地表面を、そもそも粒径二〇マイクロメートルの細かな「黄土」が数メートルないし数十メートル堆積して覆うような地域があり、そこから巻き上げられて西に運ばれてくるのが、いわゆる「黄砂」となっていると考えられる。つまり、日本に飛来する黄砂は、砂漠で舞い上がった多種多様な砂のうち先に大きな粒子が落下して、小さな粒子が遠距離を運ばれたものではなく、もともと異なる機序で舞い上がった別の地域の黄土であった。

このように、タクラマカン砂漠で巻き上げられる砂嵐と、日本にまで飛来する黄砂とは、発生地点も粒径も、発生機序も異なるものであり、ひとくくりに「黄砂」と呼んで理解しようとするところにそもそも無理があった。黄砂に関して日本で先駆的研究を行ってきた岩坂泰信自身も「これまでごく大雑把に砂漠地帯と呼んで、タクラマカン砂漠もゴビ砂漠もそしてその他

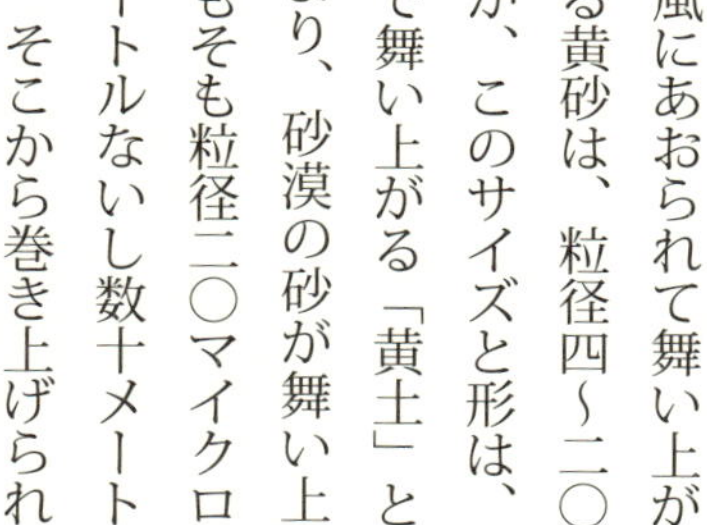

写真1-4　黄砂粒子の形状
環境省パンフレット『黄砂』より転載。
http://www.env.go.jp/air/dss/pamph/03.html（2017年12月9日確認）

の砂漠も単に場所が違うだけというような浅い理解しかしてこなかった」[24]と述べているように、日本の黄砂研究は、これまでこれらを一つの呼称で呼びならわし、その違いを明確にしてこなかったことにより認識上、大きな障害を抱え込んでいた。

ところが、後にレーザーを使ったレーダーを上空に照射し、その反射光によって大気の粒子を観測する手法（ライダー）が導入され、それまで人工衛星などからの画像でははっきりと区別されることのなかった異なる地域からの砂の巻き上げとその移動について、その違いがはっきりと認識されるようになった。図1‐17をみると、高度二〇〇〇メートル上空に高いピークをもち、広く分布している層は、一般的に「黄砂」と認識されているダストの流れで、もう一層高度六〇〇〇メートル付近にピークを持つ濃度の薄い層があ

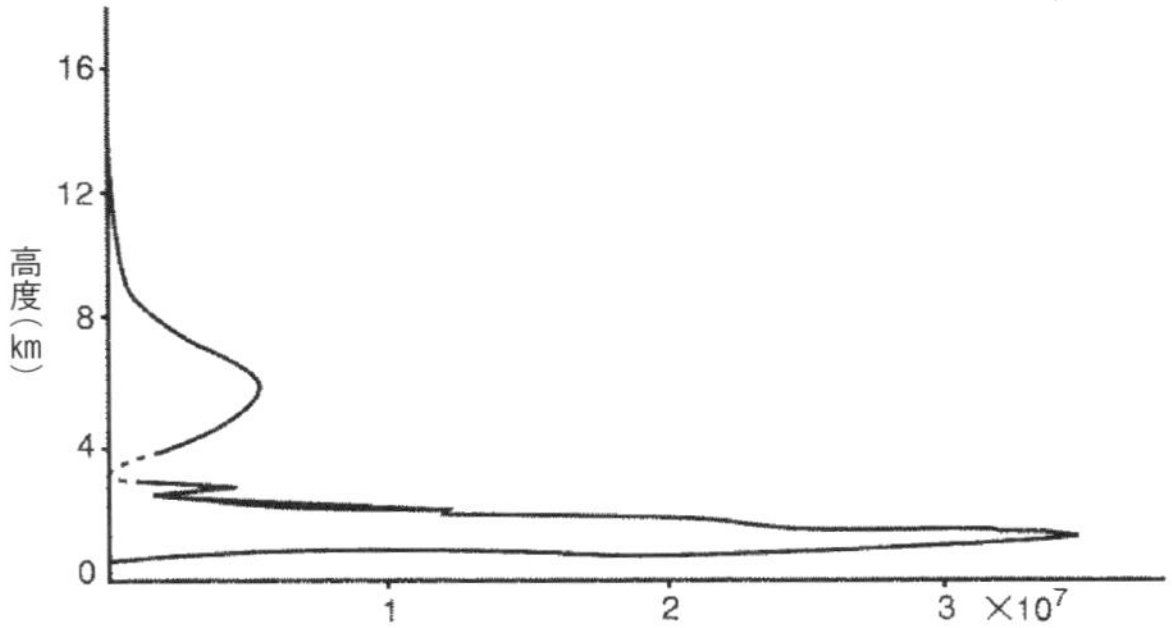
後方散乱係数（反射してくるレーザ光の強さをもとに推定した黄砂濃度に対応する値：cm^{-1}sr^{-1}）

図1‐17　1979年初めてライダーによって、黄砂が観測された際の、「黄砂」の高度分析

岩坂（2006）p.58。

る。これがのちに「バックグラウンド黄砂」と名付けられるもので、タクラマカン砂漠周辺のゴビから舞い上がり、自由対流圏にまで上昇し、全球規模で移動するものとされる。[25]前者は、春の三月から四月にかけてピークを示すが、後者は、一年を通じて薄く広く滞留しており、雨滴の生成などに大きく寄与するとされている。これに局地的な「砂嵐」を加えると、これまで黄砂と考えられてきたものは、実は少なくとも三層に分けて理解されるべきものであったことがわかる。[26]近年では、風送ダスト、土壌性エアロゾル、といった名称が用いられ、それぞれの粒径や拡散経路に応じて使い分けられている。

4 発生地域に関する誤解

このように日本に飛来するいわゆる黄砂は、タクラマカン砂漠からではなく、その周辺のゴビや農地、内モンゴルの砂漠化したかつての草原地帯、黄河中流域に広がる黄土高原や、華北や東北の農地といった地域からであることが明らかになってきた。新疆ウイグル自治区からも一部飛んでくるが、それは砂漠そのものからではなく、砂漠につくられたオアシス農地や植林地などからである。[27]

二〇〇二年にタクラマカン砂漠北部のアクスというところで土壌性ダストの飛散調査を行っ

た三上は、次のように述べる。

> もっとも驚かされたのが、ゴビと砂砂漠での飛砂飛散量の比較結果であった。すでに述べたように、この二つの地点は南北に四キロほどしか離れていない。したがってダストストームが両地点を襲った時の気象条件はほぼ同じと見なしてよかった。にもかかわらず、両地点の飛砂飛散量はまったく違った値を示していたのだ。砂砂漠のほうが多いのか？　答えはＮＯである。実際にはゴビのほうが、砂砂漠の10倍も多かったのである。
>
> （三上、二〇〇七b、一六四頁）

ここでも当初「砂砂漠」のほうがダストストームや風成ダストの飛散量が多いという予見があったことがうかがえる。この時の調査での土壌の粒径はゴビは八〇マイクロメートルにピークがあり、砂砂漠では数百マイクロメートルにピークがあった。両者は観測地点においてまったく異なる飛散量と粒径を持つことがわかる（図1－18、1－19）。

これらのことから粒径の大きい砂に覆われている砂砂漠からは、砂の飛散量は限られているということがあらためて明らかとなる。しかも黄砂粒子の平均は二〇マイクロメートルであることから、そもそもこの実験が行われたタクラマカン砂漠のいわゆる「砂漠」においても、周

辺のゴビにおいても「黄砂」を構成するようなサイズの砂はほとんど含まれていない。では、タクラマカン砂漠から舞い上がるとされているバックグラウンド黄砂はいったいどのようにして発生しているのであろうか。観測によればタクラマカン砂漠では空気中のダスト粒子の粒径は〇・三〜数マイクロメートルであるという[28]。地域的には北部よりも西南部のホータンなどのほうが山地ダスト輸送量が多い。ホータンは近年、中国でも最大の黄砂発生地域となっているが、その理由について、黄砂研究者は「平地の砂漠から」と言及するが、根拠があるのかどうかは疑わしい。というのも平地の砂砂漠には一〇〇マイクロメートルをこえる砂粒があるのみで、数マイクロメートルの粒子は存在しないからである。逆にホータン周辺では農業による土壌表面の撹乱や、アルカリ化による土壌の劣化が進行してお

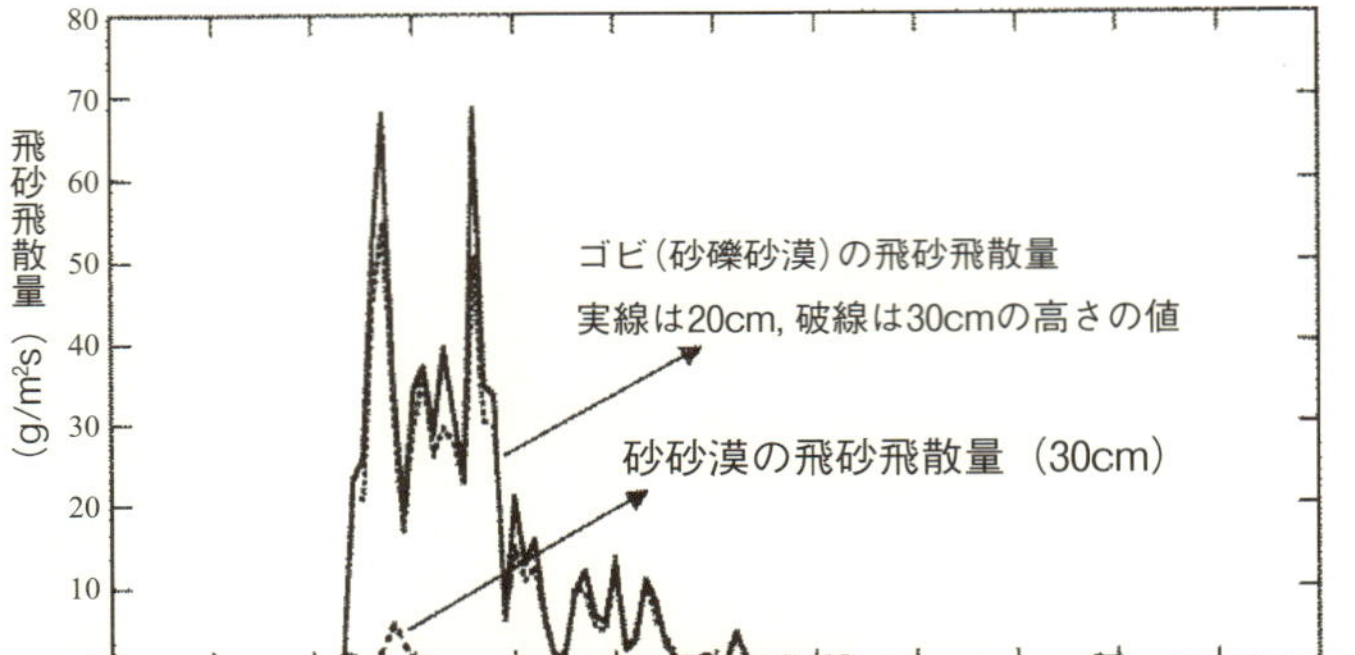

図1-18　タクラマカン砂漠北部アクスでの砂砂漠とゴビの飛砂飛散量調査結果
三上（2007b）p.165。

り、そうした農地が発生源であることが、たびたび指摘されている。以下は日本で報じられた二〇〇九年の報道記事である。

中国では国土の五分の一が砂漠化しているが、うち約半分を新疆ウイグル自治区が占める。特に深刻なのは和田《ホータン》地区である。黄砂の「浮塵」現象（弱風の状態で細かい砂が大気中に浮遊する状態。視界は一〇キロメートル以下）は年間二六三日、「沙塵暴」（強い風で地面の砂が大量に巻き上げられ、大気が茶褐色ににごる状態。視界は一キロメートル以下）は年間六〇日にも及ぶ。あまりの強風に列車が横転し、死者が出たほどだ。

地元の林業部門の幹部は、その原因を「過度の開墾、放牧」「日照りで土地が乾燥する気候」

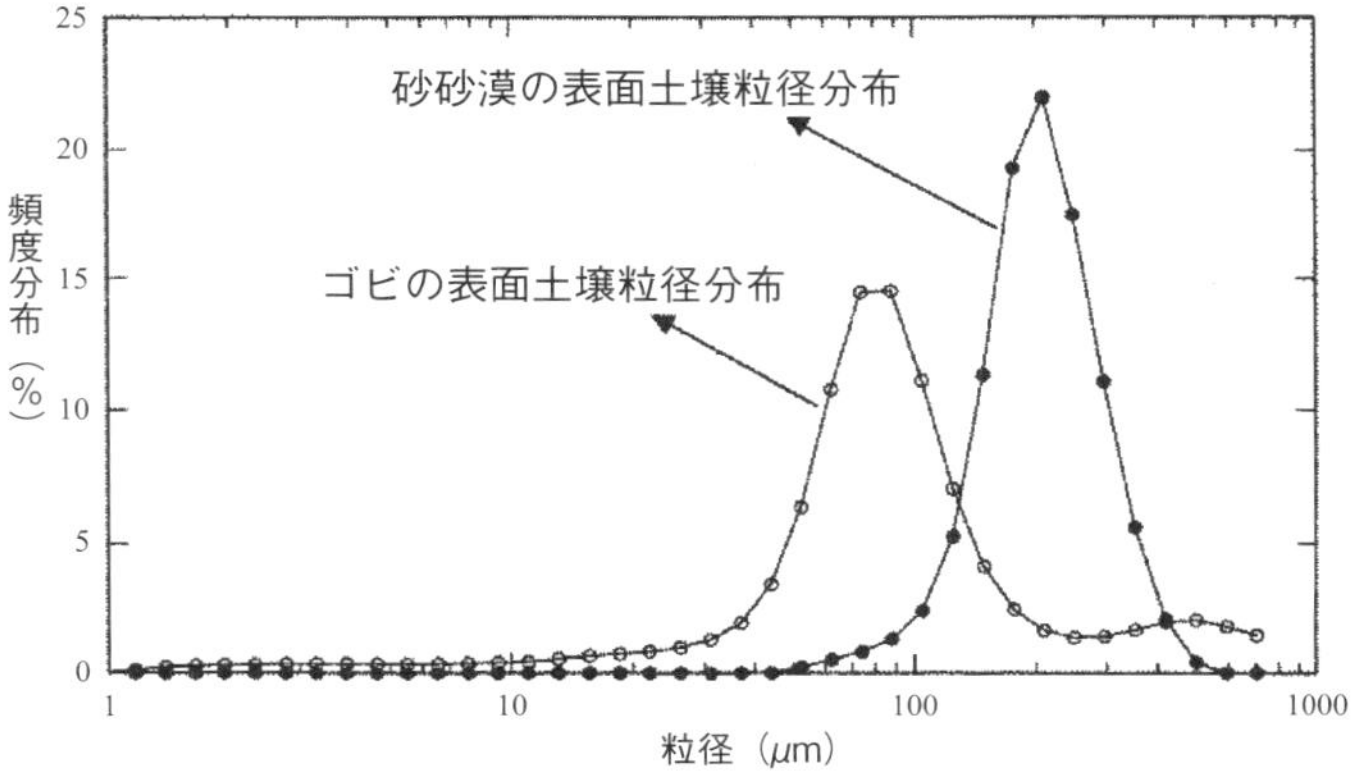

図1-19　砂砂漠とゴビの表面土壌粒径分布
三上（2007b）p.167。

そして「地球温暖化」にあると見ている。地下水の過度な汲み上げで土壌のアルカリ化が進み、植物も育ちにくい状態だ。同区は五〇年代と比べ、「浮塵」現象が約一〇〇日も増加しているという。

（翻訳・編集／ＮＮ）〈黄砂〉タクラマカン砂漠から被害は中国全土へ―新疆ウイグル自治区 Record china (http://recordchina.co.jp/a32189.html) 配信日時：二〇〇九年六月八日（月）一九時五〇分

つまり、砂漠地帯で、上空六〇〇〇メートルにまで巻き上げられ、長距離移動するような細かな土壌性ダストの舞い上がりは、砂漠ではなく、過度の開墾を行っている人間の居住地域であったということになる。

先にも紹介した杜明遠ほか[29]の論文によれば、敦煌付近では、ゴビ（礫砂漠）よりもオアシス農地や農用道路において細かいダスト粒子が地表面に多く、砂漠よりも風が四〇パーセントほど弱いにもかかわらずダストが舞い上がっており視程が悪いという。また春のダストは主として裸地状態にあるオアシス農地から舞い上がっている、という報告がなされている。またオアシス農地や農道付近では強風の際、五マイクロメートル以下の砂塵の舞い上がりが多いが、ゴビでは一〇〇～三〇〇マイクロメートルの砂嵐が起こっている。つまりいわゆる風生ダストの元になる砂塵の舞い上がりは主としてオアシス農地とその周辺で起こり、砂漠ではその数十倍

もの粒子が吹き上げられる砂嵐が起こっていること、がここでも確認されている。ここでいうゴビには通常の砂漠よりも細かい砂や粘土質が含まれており、強風時には容易に舞い上がる。

さらに、北京における沙塵暴の粒径を見ると、日本と同様に四～五マイクロメートルにピークを持つ（図1－20）。ここからも先の「先に大きな粒子から落下し、日本には細かな粒子が飛来する」というモデルは必ずしも妥当ではないことがわかる。つまり、黄砂の粒径は、北京においても日本においてもほぼ同じサイズであり、それは黄土高原などの黄土の粒径とほぼ一致する。つまり黄土高原や内モンゴルから舞い上がった黄土の砂塵がそのまま日本に飛来している、と考えるのが妥当であろう。

むろん黄土高原の風成説に従えば、約二〇〇万年前から現代に至る間に、西方のゴビ沙漠、タクラマカン沙漠などの風化した土が風で舞い上がり、偏西風によって東へ東へと飛ばされ堆積したもので、そのようなタイムスケールで見れば上記のモデルは間違ってはいないといえる。巻き上げられて西に飛ばされた粒子が山西省の太行山脈や、秦嶺山脈にあたって落下し、多いところで数百メートルにわたって堆積したものが黄土高原である。こうして拡散した黄土の分布範囲は、広く中国東北地方、華北、朝鮮半島そして日本近海にもおよび、遠くになるほど粒径が小さくなる傾向にあるとされる。[30] つまり、数百万年単位のタイムスケールにおいては、先の黄砂拡散のモデルは妥当であるが、それは近年の黄砂現象を説明するには不適当であ

る。

これらをまとめると、次の以下のようにまとめられる。

一．日本に飛来するのは二～四マイクロメートル程度の微細な粒子であるが（「微細」といっても通常のエアロゾルは一マイクロメートル以下なので、これでも大気中のエアロゾルとしては巨大粒子とされる）タクラマカン砂漠の砂は大きなものでは数百マイクロメートル、さらに数ミリメートルにも達する大きな砂の粒によって構成されている。このサイズの砂粒は、通常、「クリープ（creep）」といって、地表面近くを這うように移動したり、「サルテーション（saltation）」といって上空に舞い上がって移動したりする。これは局地的な砂嵐として観測されるものの、地表面近くや上空を日本付近や太平洋まで運ばれてくる黄砂とは性質を異にして

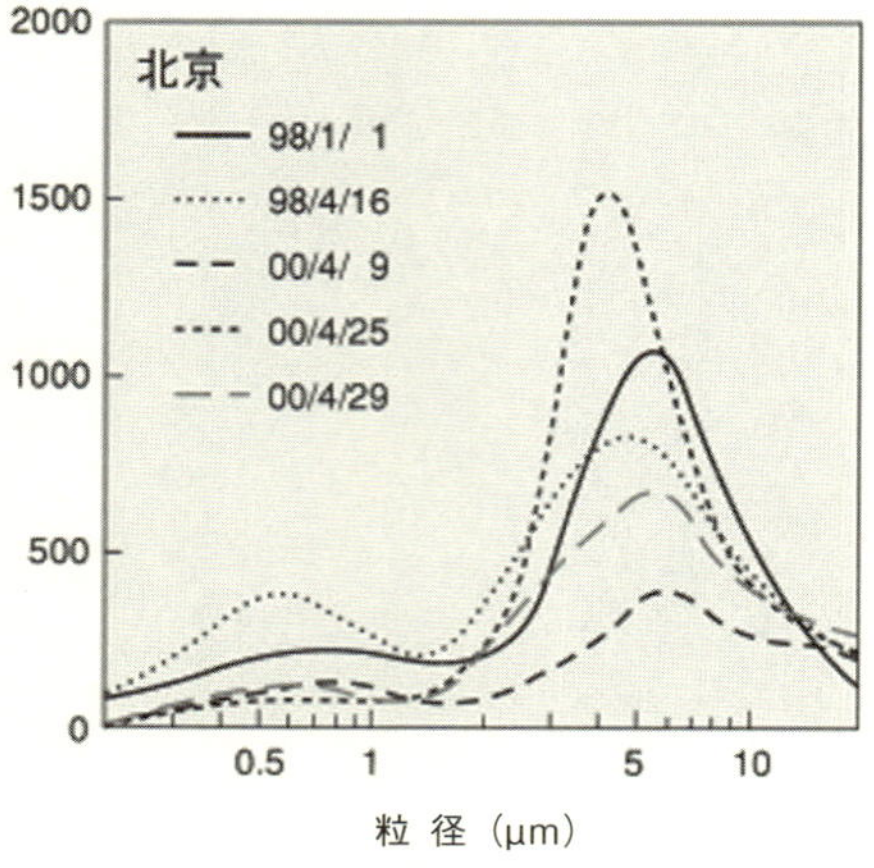

図1-20　黄砂エアロゾルの粒径分布

（国立環境研究所（2008）「大気エアロゾルの計測手法とその環境影響評価手法に関する研究」『環境儀』No.8　日中友好環境保全センターとの共同研究）

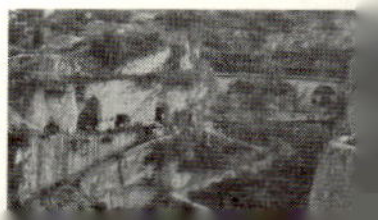

いる。強風にあおられた場合には、局地的なダストストームという砂嵐を引き起こすものの、遠距離を移動することはない。

二．「黄砂」ＫＯＳＡという名称は主として日本の黄砂研究者が、中国内陸部の砂漠地帯の砂嵐と、その周辺および西側から発生する砂塵とを合わせた概念として用いたものであり、現在は国際的な学術用語としても定着しつつある。しかし、「黄砂」という名称は、砂漠の砂が飛んでくる、というイメージを喚起してしまう。日本の研究者がタクラマカン砂漠を発生源だと思い込んだ背景には、この漢字による誤解がある可能性が高い。実際には、「砂」と「黄砂」とは、まったく異なるサイズの土壌性粒子を指す。その意味では、黄砂は「砂」ではなく「風送ダスト」（風で舞い上がって上空を移動する塵のような粒子）の一種である。

三．タクラマカン砂漠やその周辺においても粒径一〇マイクロメートルに満たない土壌性ダストが舞い上がり、移動するという黄砂が見られるが、それは灌漑農業による過度の農耕や工事現場、資源採掘など人為的な要因によるものであり、砂漠から砂が舞い上がっているのではない。

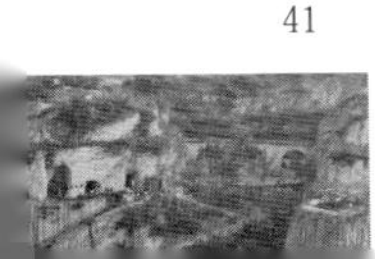

5 軽視できない黄砂発生の人為的要因

黄砂を研究する自然科学者は、一般にそれを自然現象と捉えたがる。確かに、砂塵が舞い上がったり、砂嵐が起きたり、という「現象」そのものを切り取るなら、自然現象、物理現象として理解可能である。

しかし、砂塵が舞い上がる条件がどのように生成されるか、どんな場所でどんな季節に発生するかといった問題を考えるには、人為的要因と自然現象の相互関係の結果として理解することが不可欠である。そもそも、人間活動と自然が複雑に相互作用する現象を「自然現象」か「人為的現象」か、と切り分けて考えようとする思考方法自体が、問題の理解を遠ざけている[31]。

冒頭にも述べたように黄砂は三月から五月にピークがある。黄砂研究者はしばしばこの現象を、

冬の間凍っていた地面が解け始め、乾燥した状態で、西から強い風が吹き付けると、黄砂が舞い上がる。

という具合に説明する。

それはある意味正しいが、原因はそれだけではない。たとえば黄土高原で同じことを説明するなら、

旧正月の頃まで凍っていた地面が徐々に解け始めると、人々は初夏の植え付けに備えて大地に犁入れをする（「春耕」という）。ちょうどその頃に、西風が強く吹き付けて、耕された表土を巻き上げて、黄砂が発生する。


と記述するのがより正確である。こうして人間が用意した条件に、風の条件が重なり、粒径数マイクロメートルの小さな黄砂粒子が舞い上がり、局地的な砂嵐を引き起こすばかりか、さらにそれが上空高くに舞い上がり、偏西風で韓国、日本、北太平洋や北米へと運ばれてゆくわけである。

内モンゴルのゴビにおいて砂塵が舞い上がる事態は、

土壌表面の植生が、過剰放牧や野草採取、農耕などの人為的関与によって剥ぎ取られ、その結果、強風によって砂塵が舞い上がったり、砂丘の移動によって砂漠が拡大しやすい状

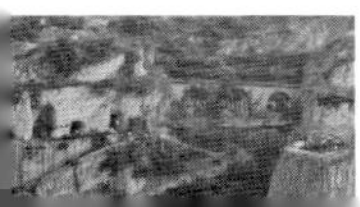

態がつくられた。

といった表現となろう。

日本ではあまり知られていないが、内モンゴルの砂漠化を激化させた一つの大きな理由に「髪菜」(fācài: *Nostoc flagelliforme* モンゴル語ではガザリン・ウスと呼ばれ、神の毛の意)というシアノバクテリア(写真1-5)を過剰採取したことが挙げられる。「髪菜」とは薬膳料理の材料でその発音 **fācài**(一声、四声)が「発財(**fācái**)」(一声、二声)と同音で声調が異なるだけであることから縁起のよい食材として珍重され、特に春節時期には香港の家庭では必ずといっていいほど食卓にのぼる。見かけが髪の毛のように細く黒いので、この名がつけられた。この「髪菜」はシアノバクテリアと呼ばれる光合成機能を持つ細菌で、耐寒性や耐乾性に優れており、内モンゴルの草原など乾燥地域の土壌表面を覆って、表土を護る重要な働きをしていた。

写真1-5　中国で贈答用に使われる「髪菜」
乾燥した黒いひじきやもずくのような形状。人口培養も研究されているが実用化は難しく、近年は偽物も出回っているという。高価な食材である。(室蘭工業大学松本ますみ教授撮影)

しかし一九八〇年代の改革開放後、農家や牧民が副収入のために乱獲し、熊手のようなもので表土を剥ぎ取ってしまったため、中国の乾燥地の深刻な砂漠化を招く原因となった。「髪菜」はタンパク質、ミネラルが豊富で、血圧を下げたりコレステロールを溶かすなどの働きがあり、天然の健康食品として高い値段で取引された。とはいえ現地や中国大陸ではほとんど食されることはなく、主として香港に運ばれて販売された。

その結果、寧夏回族自治区や内モンゴル西部の阿拉善など年間降水量が一〇〇ミリメートル以下の乾燥地にまで業者が買い付けにくることになり、大規模な砂漠化を招いたのである。二〇〇〇年以降、国家一級保護植物に指定され、政府によって採取、販売が禁止されたが、その後も不法採取が続き二〇〇三年には一層厳重な取り締まりが行われた。以下は「人民網日本語版」二〇〇三年七月一三日に掲載された記事である。

> 環境破壊が深刻化　「髪菜」に対する取り締まりを強化
>
> 環境保護局、監察部、農業部、国家工商行政管理総局はこのほど、ネンジュモ科の藻の一種である髪菜（fàcài）に対する採取・販売禁止を強化する通達を出した。
>
> 髪菜は国家一級保護植物に指定され、採取・販売が禁止されている。しかし、今年は内蒙古自治区阿拉善地区などで例年に比べ降水量が多く、髪菜の成長にとっては絶好の環境

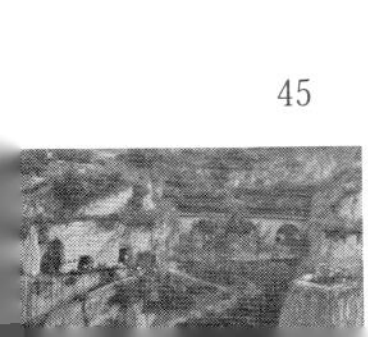

になっており、地方の業者が髪菜の違法採取に大挙して押し寄せ、生態環境の深刻な破壊を招いている。

通達では、特に広東、広西チワン族自治区、寧夏回族自治区、内蒙古自治区を重点地区に指定。髪菜の不法取引を徹底的に取り締まっていく方針を示した。

また二〇〇四年には阿拉善で二七〇〇人もの不法採取者が取り締まられ、その大半は寧夏回族自治区の固原県から農閑期に副収入を得ようとやってきた農民であったという（新華社電二〇〇四年八月二二日）。二〇人以上の集団で採取しにきた農民たちは、草原にテントを張り、食糧を持ち込んで、モンゴルヤナギなどの多年生の植物を燃料として根こそぎ引きぬいて使っていた。「髪菜」の採取もさることながら、そのためにやってきた外地の農民が燃料などを採るために草原の植生を破壊したことも砂漠化の大きな原因であった。市場経済への移行後、こうした集団的な乱獲が各地で行われ、貴重な砂漠の植生が、次々と根こそぎ引き抜かれることとなったのである。

この地域は黄砂の主たる発生源の一つで、冒頭に挙げた黄砂発生日数が二〇〇〇年以降明らかに増加している。もちろん砂漠化の原因をこの有用食材の採取にのみ求めることはできないが、人為的要因を無視するのは明らかに不適切である。髪菜以外にも、薬材としては根や根茎

を使うマメ科の植物、カンゾウ（甘草）の採取も大きな要因となってきた。さらに一九四九年以降の漢族の流入による草原の耕地化、放牧頭数増加や放牧地の制限による過放牧、夏営地と冬営地の範囲の縮小による草原の劣化、さらには金の採掘や石炭などの地下資源の採掘など過去五〇年あまりにわたる草原へのさまざまな人為的撹乱が、中国の砂漠化を劇的に進行させてきたことは疑いのない事実である。その一つのピークが二〇〇〇年前後であった。

中国政府が環境問題を深刻な危機として明確に認識したのは、一九八九年の全国的な大規模水害であった。これを期に中国政府は本腰を入れて国土の生態回復に取り組み、「封山育林」（山を封じて森を育てること）計画や「退耕還林」（主として傾斜地の耕地での耕作をやめて植林を行うこと）政策が全国で実行されていった。

この一環として内モンゴル各地では「禁牧」政策が実施され、遊牧民の定住化とともに、春の発芽時期の数か月間、一切の放牧を禁止するという措置がとられた。しかしながら、この政策は皮肉にも逆の意図と効果を持つものであったとされている。モンゴルの人々はそれまでの移動を原則とする生活パターンを改めることを余儀なくされ、ゲルやパオといった伝統的な住宅を捨て、煉瓦づくりの四角い家に住み、農耕を伴う囲い飼いの牧畜業を強制された。家畜とともに、草原で暮らすことを文化的な根拠としてきたモンゴルの人々にとって、この政策は、生活のよりどころを根底から覆す変化をもたらした。この定住化政策は、生態系の回復という

観点から見ても必ずしも有効ではなかった。というのも、春の数か月間放牧を禁止されることにより、その期間、何らかの飼料を確保せねばならなくなったからである。遊牧民は家畜の飼料のためのトウモロコシなどを自ら植えることになり、結果として、パッチワーク状に耕地を出現させ、かえって春先の黄砂の舞い上がりを加速させる要因をつくってしまった(32)。

　中国では「三北防護林(33)」や「緑の長城」といった国家的プロジェクトが大きな成果を挙げているが、市場経済の進展に伴って草原の貴重な資源の乱獲や乱開発も加速化し、その

写真 1－6　1935 年アメリカ各地を襲った Black Blizzard と呼ばれるダストボウル
写真はテキサス。同じ年、サウスダコタ、オクラホマ、カンサスなど各地で同様のダストボウルの被害が見られた。

両方の動きが拮抗している。

このように、黄砂の舞い上がりや砂漠化の進行は、自然現象でありながらも、人為的要因によって大きく影響を受けている。そのため、対処や防御策について考えるには、人為的要因に対しどういうアプローチをとるか、どうすれば人間の行動を変えるきっかけを作り出すことができるのか、という問題に取り組まざるをえない。

写真1－6に見られるように、かつて一九三〇年代にアメリカ中西部のグレートプレーンズを襲ったダストボウルは、一九二〇年代後半の経済恐慌と第一次世界大戦以降の農業の過剰生産による価格の下落によって、食い詰めた農民が土地を極限まで疲弊させたこと、さらにそこに都市から流れ込んだ底辺の労働者が加わったこと、などが原因となって引き起こされた「人為的自然災害」であるという研究がある。[34] それと同様に中国内陸部の黄砂の舞い上がりも、砂漠化の拡大も、社会主義以降の人口増大や穀物増産運動で疲弊した生態系に市場経済の波が押し寄せ、きわめて短期的に生態系の収奪が極限まで推し進められた結果引き起こされた人為的自然災害である、と解釈するのが適当であろう。

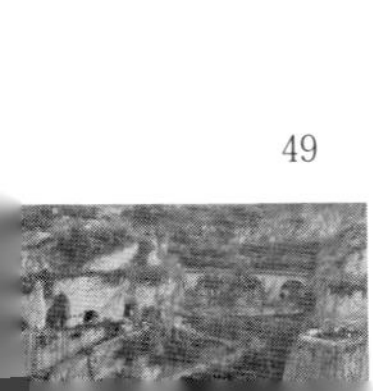

6 日本は被害者であるという誤認

大陸から偏西風に乗ってやってくる黄砂やさまざまな汚染物質は、日本においても健康被害をもたらし、アレルギー反応や気管支炎などの影響などをもたらしている。それに対して被害者意識を募らせ、中国からの公害輸出を糾弾する論法がしばしば見られるが、それも今一度、深く考えてみる必要がある。

まず、中国大陸での有害物質の排出に関しては、日本で使用している工業製品、ハイテク製品のほとんどが、中国で作られており、その製造過程で排出された汚染物質は中国で放出される。つまり日本でわれわ

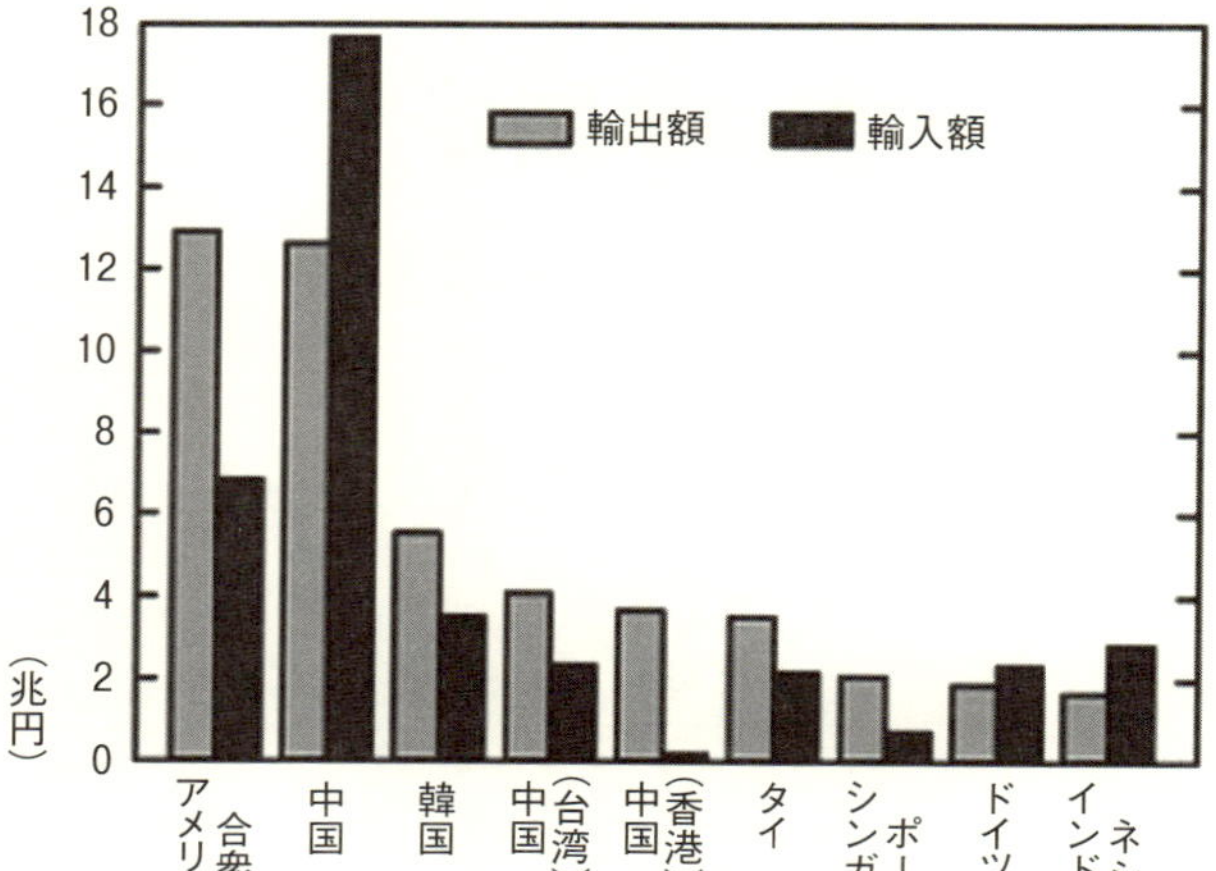

図 1-21　平成 25 年（2013）日本の貿易相手国別輸出入額
総務省統計局ホームページより（2015 年 12 月 13 日確認）。
http://www.stat.go.jp/data/nihon/g3315.htm

れが使用している工業製品の多くが中国での汚染を犠牲にして作られ、日本に運び込まれている。日本の最大の輸入相手国は二〇〇二年から現在に至るまで中国がトップとなっており、輸出相手国も、二〇一三年二〇一四年には、アメリカが輸入総額で若干抜いて一位となったものの、中国とほぼ同額であった。つまり日本は、輸入において圧倒的に中国に依存しており、輸出においても依然上位となっている（図1－21）。

このような日中の貿易に伴う物資の往来の多さを考えると、中国の汚染の原因に日本は深く関わっていると言わざるを得えない。

さらに、黄砂の舞い上がりや砂漠化に関しても、日本はその原因の一端を担っている。日本のスーパーならどこにでも並んでいる安価な「もやし」は、そのほとんどが中国産緑豆を原料としているが、このもやしの代表的な生産地はまさに黄砂の故

写真1-7　中国黄土高原での緑豆の畑
これは大明緑豆として日本にも販売される。
（水野敏幸撮影）

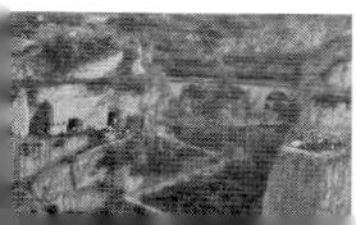

郷のひとつ、黄土高原である（写真1－7）。もやしの原料となる緑豆のトップブランドは「大明緑豆」と呼ばれ、その品質の良さから上質の原料となっているが、これは黄土高原の中心部、陝西省《せんせいしょう》北部横山県とその周辺の緑豆につけられたブランド名である。この緑豆を現地の輸出入機関を経由して日本の商社が大量に買い付け、天津港から日本に輸入する。

日本で消費される中国産そばも同じようなルートをたどっている。日本のそばの自給率は二～三割程度で、輸入の大半は中国産である[35]。その産地は靖辺、定辺といった陝西省北西の地域である黄土高原で春に黄砂を舞い上がらせる農耕によって得られたものである。それらは日本独自の食材であると考えられているそばとなって消費者の口に入っている。

筆者が調査している黄土高原の村での緑豆の生産は、大変な重労働である。夏の炎天下、農民が額に汗しながら除草し、秋の刈取りのシーズンには雹などの被害と闘いながら、鞘ごと収穫し、山の上の畑から降ろしてきて、農家の前庭で鞘ごと叩いて豆を取り出して、ようやく出荷用の緑豆が収穫される。それに対し緑豆の買い上げ価格は低く、その労働に十分報いるものとはなっていない。

さらに日本で格安の価格で売られるカシミヤなどの羊毛製品の製造は、内モンゴルの砂漠化を引き起こす要因ともなっている。カシミヤは本来高級品であり、その製品が一定の価格で取り引きされれば、過放牧をせずとも牧民は一定の収入を得ることができる。しかしそうなると

カシミヤ生産が増加して、往々にして過剰生産となり、買取価格を引き下げてしまう。低価格で買い取られるとどうしても過放牧へと誘導され、草原の劣化を招く。この悪循環を断つのはなかなか難しい。こうしたカシミヤヤギの飼育は、モンゴルやチベットの高原地帯の人々に経済的収入をもたらすと同時に、同地域の生態系に大きな負荷をかけた。なぜならヤギは羊と異なり草を根こそぎ食べてしまうからだ。

さらに羊毛の加工や繊維製品の製造はその過程にさまざまな汚染工程を有しており大量の清浄な水を必要とする。農産物輸入とあわせて工業製品においても中国の貴重な水資源を使用していることになる。

こうしたことを考えに入れると、国境を越えた環境問題や公害問題は、単純な加害者と被害者といった枠組みでは捉え切れないことがわかる。汚染が国境を越境するのと同時に、両者は物流や貿易によって密接不可分の相互関係を有しているのであり、一方的な糾弾は不適当である。であればこそ、互いに境界の向こう側と協働し、問題の解決のための相互理解を深める必要がある。

第2章

黄砂とは何か、どこから来るのか

2月春節後、山の上の畑に羊の糞を入れる。

これまでの議論により、「黄砂」という概念のもつあいまいさがもたらした認識の誤謬とそれが現在に至るまで、明確な修正を伴わずに、引き継がれていることが明らかとなった。さまざまな「見込み」や「推測」から研究がスタートすることは、それ自体きわめて自然なことであるが、問題は、当初のもくろみと異なる結果が得られた場合に、初期的なモデルに拘泥するのではなく、これまで知らずにいた現象に目を向け、そこから、再び認識のフレームを新たにする必要があるのに、それが怠られることにある。一つ一つの認識の誤謬は、無視できる誤差の範囲にとどまっていようとも、全体の構造のなかでは、大きな歪みを生じさせる。このような「現象」の存在構造を全体的にかつ合理的に把握しなければ、そこから生じる「問題」について適切に思考し、あるいは対策を講ずる、といったことはできない。つまり環境問題という複雑な相互作用プロセスをマネジメントするには、常に、認識の枠組みの外に目を向け、自己の「認識」についての再定義や反省が不可欠である。

このような観点から本章では、黄砂とはいったい何か、それはどこから来るのか、という問題を、自然科学的側面に注意を払いつつ、もう一度考えなおしていく。その上で第3章において、自己の認識に無反省な「対策」の持つ危険性を明らかにする。

1 黄砂粒子の「かたち」

黄砂の粒子は、一つ一つの鉱物粒子が角ばった不定形を示している。本書で後に挙げるが、黄土はどこまで拡大しても不定形の結晶質のかたまりに、小さな結晶質が付着している、という構造が見られる。このフラクタル（同型反復）的な構造の繰り返しそのものが、多くの間隙をつくりだし、さまざまな微粒子の吸着を可能にしているとも考えられる。また、中国での近年の研究では、セピオライト[1]などの高度な多孔質構造をもつ粘土鉱物が黄土の鉱物粒子の中に多く見られることが明らかになっている。黄土の多孔質構造については視覚化された情報が少ない。鉱物中の多孔質構造がどのようなものなのかイメージを得るために、参考に多孔質の結晶構造をもつゼオライトの構造を見てみたい（図2－1）。ゼオライ

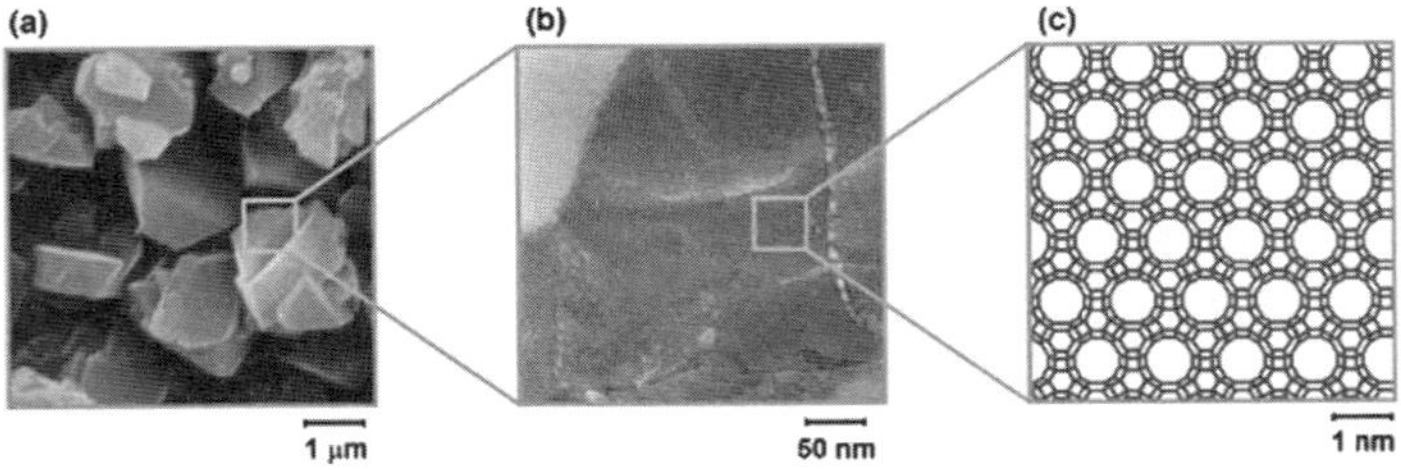

図2－1　ゼオライトの結晶と細孔質構造

(a) SEM（走査型電子顕微鏡）で観察したゼオライト粒子、(b) TEM（透過型電子顕微鏡）で観察したメソポア（白い線状の部分）、(c) マイクロポア構造。佐藤鋼一（メンブレン化学総合研究所）2003「ゼオライト触媒のメソポアによる機能向上」『Aist Today』Vol.3　No.9、独立行政法人産業総合研究所。
http://www.aist.go.jp/Portals/0/resource_images/aist_j/aistinfo/aist_today/vol03_09/vol03_09_full.pdf

トとは、天然の鉱物で、吸着の性質がさまざまに利用されている。

　図２－１に見るように、マイクロレベル（ａ）では不定形な結晶質であるのに対し、ナノレベル（nm、百万分の一ミリメートル）ではその壁面がマイクロポアと呼ばれる定型的な微小孔となっていると考えられている。そのひとつを取り上げた（ｂ）を拡大した三枚目の（ｃ）はあくまで概念図であるが、ゼオライトは、このナノメートルレベルで定型的多孔質構造があると考えられている。この多孔質構造は表面積を広げ、吸着などの性質をもつ。

　黄砂のこのような微細構造を知るためには、少なくともＴＥＭ（透過型電子顕微鏡）の観察像が必要である。東京大学のグループは、国立環境研究所から提供された黄砂サンプルを用いて黄土粒子の表面をイオンビームで切断し、ＴＥＭで表面画像を撮影した（写真２－１）[2]。

　この写真では、ナノレベルでも鉱物粒子が見られ、その

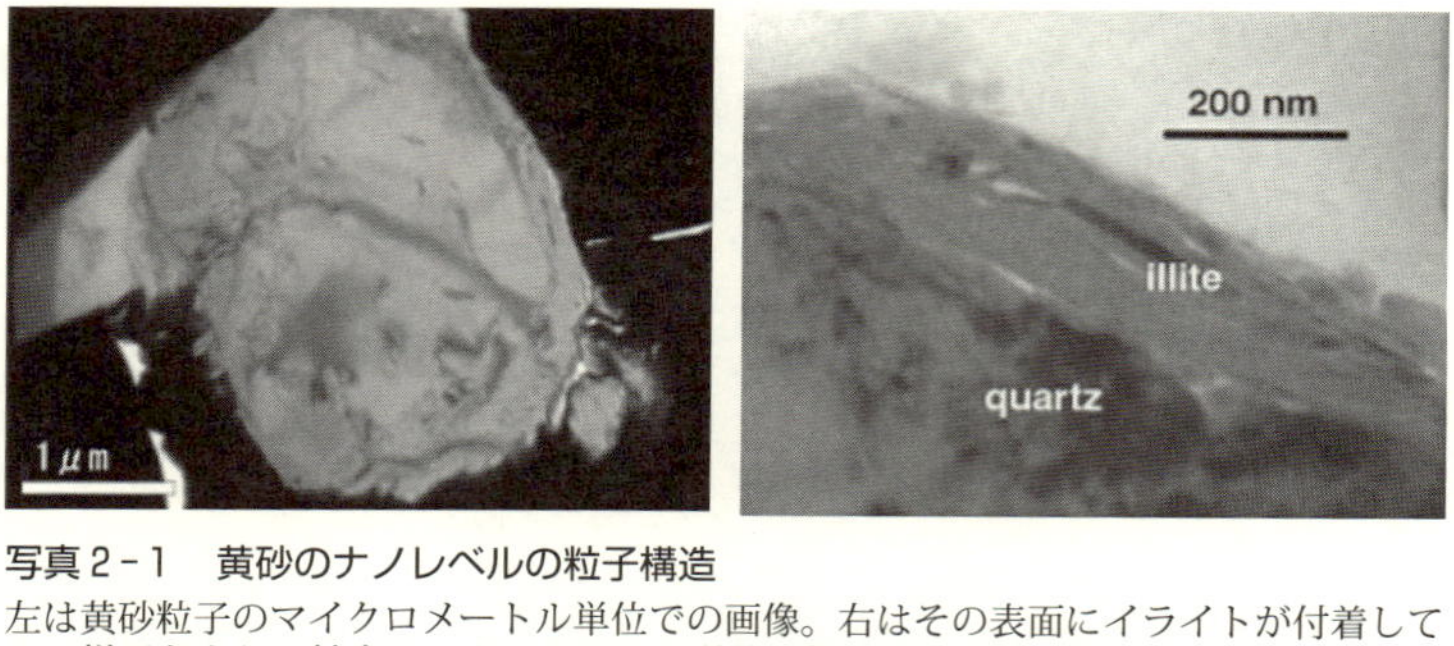

写真２－１　黄砂のナノレベルの粒子構造

左は黄砂粒子のマイクロメートル単位での画像。右はその表面にイライトが付着している様子をさらに拡大したナノメートル単位で撮影したTEM画像。関屋麻理子ほか（2007）「FIB-TEMによる黄砂鉱物粒子の表面構造の観察」日本鉱物科学会年会講演要旨集、p.183。

表面の半周ほどが粘土鉱物であるイライト（Illite）[3]に覆われている。このイライトにはケイ素、アルミニウム、鉄などが多く含まれており、マイナスに荷電した黄砂粒子の表面に、プラスに荷電した陽イオン状態の微細な鉱物が電気的に引き合って付着していることが、黄土の吸着性と関連していると考えられる。日本に飛来している黄砂については「黄砂粒子の分析からは、土壌起源ではないと考えられるアンモニウムイオン、硫酸イオン、硝酸イオンなども検出され、輸送途中で人為起源の大気汚染物質を取り込んでいる可能性も示唆」されている、とあり、この微粒子が上空の輸送の過程で多くの物質を吸着して日本に飛来していることがわかる。

ただし、アンモニウムイオンや硝酸イオンに関しては黄砂の起源が、黄土高原や砂漠周辺の農地、耕地化された草原などであることを考えると、土壌表面にすき込まれた化学肥料由来であることも考えられる。硝酸イオンに関しては窒素肥料、アンモニウムイオンも硫安（硫酸アンモニウム）などの投下と関係がありうる。そうであれば、これもまた、黄砂が砂漠の真ん中から飛んできたものではないことを示す有力な証左となりうる。また黄砂問題検討会の報告書では、日本で採取された黄砂に石膏が含まれており、中国内陸部の砂漠に同じく石膏が多く含まれることから、タクラマカン砂漠由来であるとされた（黄砂問題検討会報告書　二〇〇二）。しかしこれは輸送途中に硫黄酸化物とカルシウムが反応して作られた可能性もあり、砂漠由来

説を強化するものでは必ずしもない。

　これが日本に飛来している「黄砂」の微細構造であるが、一方、その発生源のひとつである黄土高原を覆っている「黄土」に関して、興味深い事実がある。それは黄土中の細菌類とその分泌物である多糖類が織りなす構造があり、それが黄土の粒子を互いに結び合っているということである。

　写真２－２に見られるように、黄土の特性として、マイクロメートル単位の結晶質の黄土をつなぐネンジュモなどの細菌類や、それらが分泌すると考えられる多糖類のようなものが複雑に絡み合った構造が、一見バラバラに見える黄土の粒子を相互につなぎ合わせる働きをしている。

　これは多糖類などの高分子化合物が、鉱物粒子（黄土）を相互につなげる役割を果しているためであると推測される。このような有機物は、黄土の舞い上がりを抑制する重要な役割を果たしていると同時に、ここに成長する植物の栄養源となり、黄土高原の植生の回復に決定的に重要な役割を果たしている可能性が高い。その意味で、微生物と鉱物との織りなす構造とその

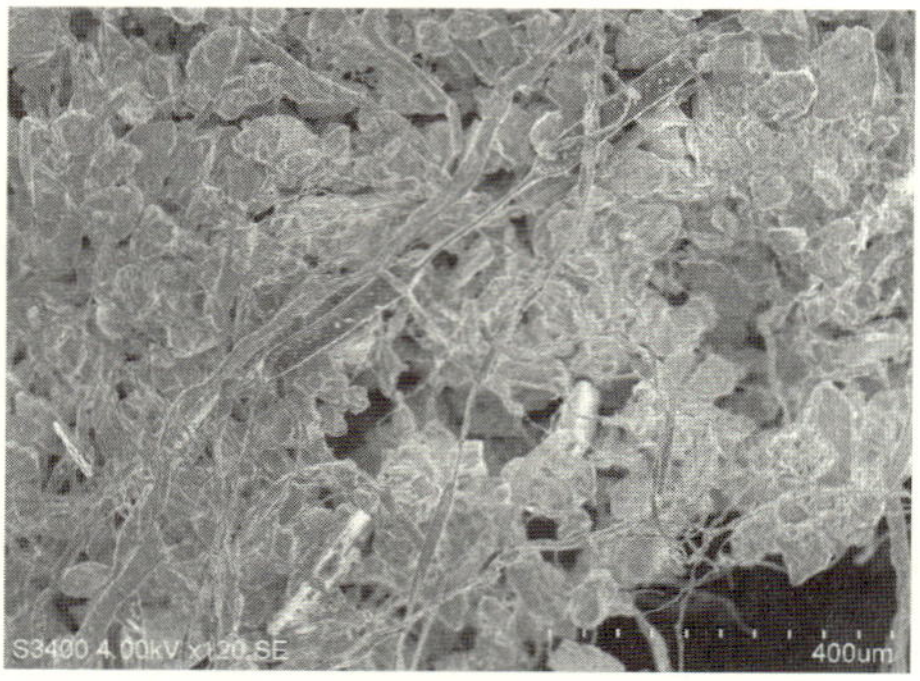

写真２－２　微生物と黄土粒子の結合の様子
黄土粒子が微生物とその分泌物である多糖類と見られる物質にからめとられる様子（中澤慶久 Hitz バイオ協働研究所教授提供）

働きが重要な意味を持っていると考えられる。

この有様の解明は、いわば「黄土をめぐる関係性のダイナミクス」研究である。つまり、黄土を単独の物質として切り離して研究するのではなく、黄土を形成するさまざまな物質とその周辺の植物、動物がもたらす相互作用に注目し、その性質や生成プロセスを明らかにしようとするアプローチである。

その意味では地表面に影響をおよぼす人間活動も、その構造化に何らかの寄与をしている一要素にすぎない。つまり人間が農耕や施肥によって黄土と相互作用すること、さらには家畜を放牧し、地表面土壌を攪乱すること、といった働きかけが、ここに見るような黄土の構造化に深く影響をおよぼしていると考えられるからである。このようにミクロな物質の相互作用のあり方が、地表面での黄砂（黄土）舞い上がりや、浸食による崩落というマクロな現象に、どのような影響を与えているのかに、十分な注意を払う必要がある。それは、「黄土」「黄砂」に関する単純な因果関係を想定した構造分析ではなく、「ダイナミクス」（作動機序）に着目した動的構造分析とでも名付けられるものである。また、それは人間や微生物の作用に着目して、黄土を動的に理解し、舞い上がりや、崩落の機序を理解するという、土壌学としては最も基本的な方法でもある。

第2部第8章で紹介する冨樫智は、すでに阿拉善において、シアノバクテリアなどの細菌類

を利用した砂漠緑化について実験と実践を進めているが、砂漠緑化にはそういった視野が不可欠である（シアノバクテリアはかつて藍藻 blue-green algae と呼ばれていたが、現在は藍色細菌 *Cyanobacteria* と呼ばれる細菌であると認識されている）。黄土を単なる鉱物組成で見るのではなく、それらが微生物と共に織りなす変化に富む空間構造として理解することの重要性を深く認識すべきである。

　このことを踏まえ、われわれのグループが先に紹介した黄土の形態についての研究成果についても触れておきたい。これは栃木県立博物館の河野重範が、山本健太郎（当時鹿児島大学、共同研究者）とともに黄土サンプルを電子顕微鏡で撮影した画像である（写真2－3）。この撮影に関しては、同じく共同研究者であった安富歩（東京大学）が同じ場所の拡大率を上げていくとフラクタルを示して、同じ図像が得られるのでは、と示唆したのを受けて、二〇倍から一万倍まで連続撮影したものを抜粋したものである。

　予想の通り写真2－3では、大きな粒に小さな粒、という組み合わせの画像は、倍率を上げても大きな塊に小さな粒が寄り添う、というパターンが繰り返されている。このパターンは一万倍（f）になっても変わらない。

　電子顕微鏡で見られる範囲では、黄土は常に大きな粒に対して小さな粒が寄り添うような構造が繰り返され、多孔質の構造はゼオライト同様、百万倍まで拡大しなければ見ることはでき

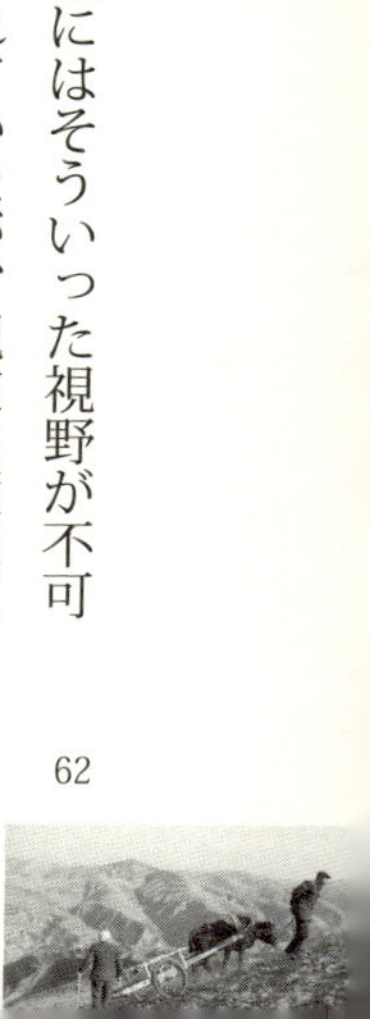

写真2－3　黄砂粒子の電子顕微鏡写真（a～f）
同電子顕微鏡写真は調査メンバー安冨歩の発案で河野重範が40倍から10000倍まで連続的に撮影したものから抜粋した。（©SHIGENORI KAWANO 2015）

ない。また黄土の成分については、現地で採取した試料をX線回折（XRD）で調べたところ、以下のような組成が見られた（表2-1）。

　このように黄砂を構成する黄土は、鉱物の大小の粒が集まっている。そこにシアノバクテリアなどの細菌類が付着、成長すると、保湿成分である多糖類によって、小さな粒子は相互に関連付けられ、一定の塊となるうえ、土壌栄養剤となって次の植物の生成にも寄与するのである。

　かつてドイツの地理学者リヒト・ホーフェン（一八三三〜一九〇五）が提唱した黄土の「自己施肥能力」(4)というものは、こうしたシアノバクテリアなどによる有機物の初期的形成能力と論ずるべきであったのではないだろうか。ことに表層土壌が薄い草原の生態にはその分析は不可欠である。

　一方、東洋史学者の原宗子は、リヒト・ホーフェンの提示した「自己施肥能力」(5)という概念に疑義を呈している。(6)「自己施肥能力」とは、多孔質な黄土は、農作物の成長に不可欠な鉱物質肥料諸成分を、毛細管構造のように吸着し、作物に不断に供給する能力があるとするものであるが、ここで毛細管構造と呼んでいるものを、人間の長期に渡る関与と鉱物、細菌類の相互

表2-1　陝西省米脂県の黄土の組成

＊複数の鉱物が認められる試料は、回折ピークの強度比から推測できるおよそ含有量比を示した。○：中量、△：少量。

試料	含有量＊
石　英	○
斜長石	○
カリ長石	○
白雲母	△
緑泥石類	△

（大阪大学学術総合博物館　伊藤謙特任講師提供）

作用によってもたらされている構造と考えるなら、合理的な概念として再解釈することも可能である。

その意味で「黄土」の「多孔質性」の解明、および黄土の肥沃度に関する解明はようやく新たな段階を迎えつつあるといってもよい。近年は中国においても、電子顕微鏡（SEM）図像を用いたナノメートルレベルの研究が進んでおり[7]、黄土の性質を決定づけるものとしてさまざまな磁性鉱物の組み合わせが重要な役割を果たしていること、さらに黄土の形成プロセス、すなわち風成、沈殿の過程で磁性鉱物と生物の相互作用が重要な役割を果たしていること、不定形の鉱物粒子と棒状の「凹凸棒石」（セピオライト）が組み合わさって、独自の構造を作り上げていることなどが明らかにされている。

2 黄砂の発生地域

黄砂の発生源に関して、近年詳細なデータが明らかにされているものの、一般認識としては、依然として、タクラマカン砂漠を含む中国内陸部の「砂漠地帯」から発生していると考えられている。これについては前章第4節においてすでに述べたが、本章では、実際にどのような地域のどのような場所から発生しているのかについて、最近の情報をもとに明らかにしてゆ

きたい。

黄砂発生源に関して、中国農業部は二〇〇六年七月に以下のような声明を発表している。

中国北部では毎年春になると、黄砂現象による砂嵐に見舞われる。こうした砂嵐は中国語で「沙塵暴（砂塵の嵐）」と呼ばれる。農業部の特別研究チームは、これは厳密に言えば、「塵の嵐」であり、「砂の嵐」ではないと指摘する。天津でこのほど、北京・天津地区の黄砂発生源対策プロジェクトに関する、地方政府（省クラス）と中央政府部門（部クラス）の第八回連絡会が開かれた。農業部の特別研究チームはこの中で、黄砂による砂嵐の主な成分は、直径〇・一ミリメートル未満の微細な粒子であることを指摘。一方、中国の砂漠やゴビ（砂礫の広がる荒野）には、これほど細かい粒子が含まれることは少ない。国内八砂漠のサンプルを分析したところ、砂漠の砂のうち直径〇・一二五～〇・二五ミリメートルのものが全体の八五・六パーセント、直径〇・二五～〇・五ミリメートルのものが一一・六パーセントで、残りのほとんどは直径〇・五～一・〇ミリメートルの粗い砂であった。砂嵐の黄砂に含まれる直径〇・一ミリメートル未満の粒はきわめて少ない。農業部の草原監督管理センターの宋任錦主任によると、中国の「黄砂」の源は、砂漠化した草原、むき出しになった耕地、干上がった湖や都市の建設工事現場などと見られる。中で

も、荒廃により砂漠化した草原や、露出した耕地が主な砂の供給源という。

（『人民網日本語版』二〇〇六年七月一一日）

つまり、ここでは本書でも指摘しているとおり、黄砂の舞い上がりが都市を覆う「沙塵暴」は決して砂漠の砂などではなくて、砂漠化した草原や耕された耕地からの舞い上がったものであるという重要な指摘を、中国農業部自らが行っているのである。

図2‐2は、二〇〇九年四月の黄砂発生時の中国で発表された天気図ならぬ沙塵天気図である。(8)

この図に付された解説によれば

「二〇〇九年四月二三日深夜から二四日早朝にかけて、内モンゴル中西部、甘粛中西部、陝西北部、山西省中北部、新疆タリム盆地などに「揚沙」や「沙塵暴」が出現した。甘粛中西部、内モンゴル中西部では局地的に強い沙塵暴が発生し、なかでも甘粛の敦煌では特別強い沙塵暴が発生している。二四日昼にはその砂塵の影響は東に移動しながら南下し、河北省中南部、山東北部、河南省東北部および渤海湾等の上空に土壌性ダストが出現する」

とある。

この日は、中国大陸内陸部に発達した低気圧の中心がいくつもあり、深夜から翌朝にかけて西に進んでいったため、広く内陸部で砂塵が舞い上がった。地図上では、内モンゴル、陝西、寧夏、甘粛に大きく広がっているほか、新疆ウイグル自治区にも広がっている。ここで図内に示す薄い網掛けは「砂塵」、濃い網掛けは「沙塵暴」、黒く塗りつぶしたところは「強い沙塵暴」ということであるが、それらは連なっておらず、異なる二つの舞い上がりを示している。日本では、局地的な被害をもたらす砂嵐と広域的被害につながる「沙塵暴」は区別されることがないが、ここでは天気の実況図においても明確に区別されている。

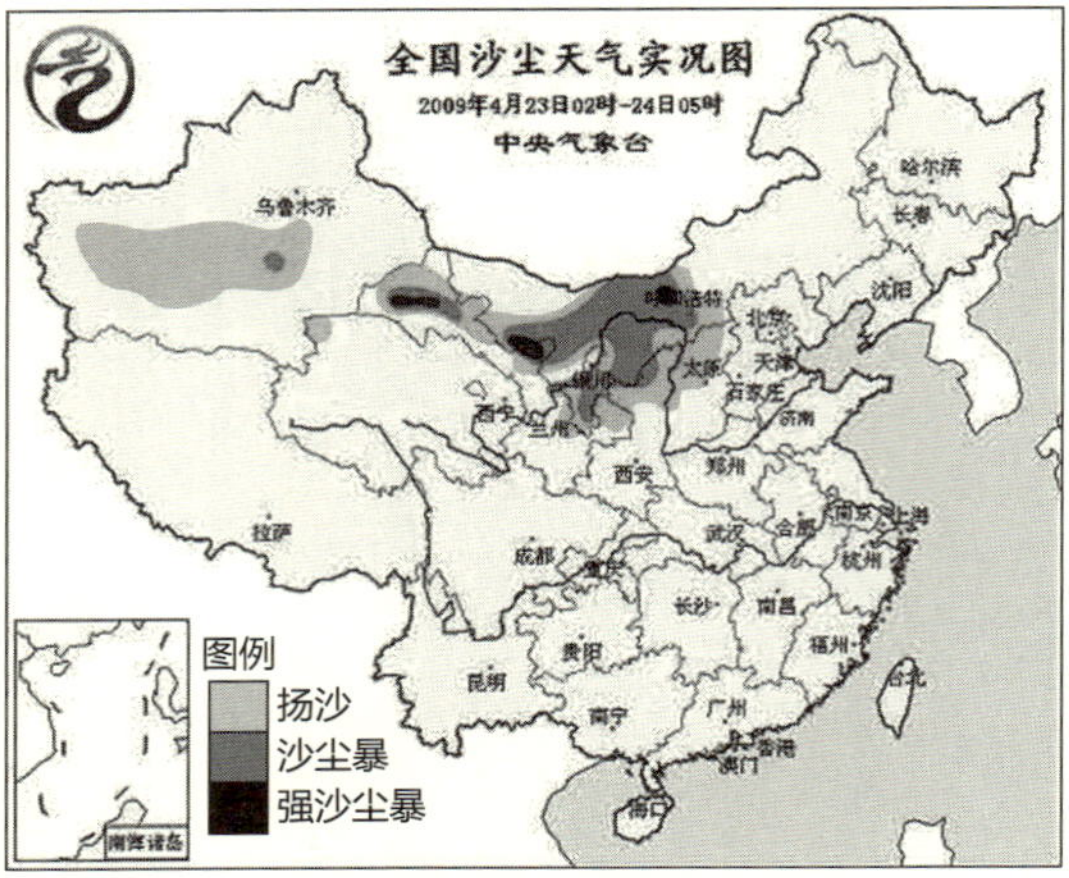

図 2 - 2　中国で発表された沙塵天気図（2009 年 4 月 23 日〜24 日）（2015 年 12 月 13 日確認）

「全国沙尘天気实况图」中央気象台　http://news.xinhuanet.com/life/2009-04/25/content_11253385.htm

実は、黄砂現象は、上空からの観察や衛星画像からは、連続したものであるか、地表面から新たに供給されたものであるかどうかは判別が難しいという。この図で表現されているように、新疆における砂嵐と他地域の砂塵の舞い上がりは連続性があるというよりも別の現象と考えるべきであろう。

またその発生地域について、先に紹介した農業部の声明に先立って、林業部は二〇〇二年に以下のような報告を出している。

> 国家林業局が先ほど発表した「二〇〇二年砂塵天気及び災害状況評価報告」によれば、今年三月から五月、我が国北方で発生した一二回の砂塵現象のうち、一一回が「沙塵暴」であった。砂塵現象の発生はこれまでに比べ若干減少し（二〇〇〇年一五回、二〇〇一年一八回）、損失も少し少なくなっている。――中略――「沙塵暴」の多発地域は徐々に東に遷移し、二〇〇一年の砂塵現象は甘粛、寧夏、内モンゴル中西部に集中して発生していたのに対し、二〇〇二年は内モンゴル中東部地区へと移っている。モンゴル国境内でおこった砂塵の影響も大きい。二〇〇二年に起こった砂塵現象の半数程度はモンゴル国境より向こうで発生し、南下する寒気に沿って西北地区、内モンゴル地区へと流れ込んでいる。また報告は、今年の北京の「沙塵暴」の発生源はモンゴル中東部と内モンゴル中西部

と西北地区、特に陰山の北側斜面の農牧交錯地域やシリンゴル草原、ホンシャンダック沙地、モウス沙地とモンゴル陝西寧夏の長城線沿線および河北省の北部等の地区である、としている。

（「人民日報」二〇〇二年六月二四日一一頁）

少なくとも過去二〇年あまりの中国大陸からの黄砂は、「タクラマカン砂漠で巻き上げられた砂漠の砂が粒の大きなものから落下して粒の小さなものが日本に飛来する」のではなく、砂漠周辺の農地や道路、そして内モンゴルの草原の劣化したゴビや耕地、黄土高原などから舞い上がった黄砂土壌が北京、韓国などを経由し、多くの汚染物質を吸着して日本に到達する、というものであった。これはもはや定説というより常識となっている。

一方、日本の黄砂研究は、長らく「タクラマカン砂漠起源説」に従って行われてきた。問題はその誤りを現在も認めていないことにある。

三上はタクラマカン砂漠の砂は粒径三〇〇マイクロメートルをピークとしており、強風イベントによって舞い上がりにくいのに対し、砂漠周辺のゴビでは粒径八〇〜一〇〇マイクロメートルにピークをもったシルトが多く見られ、ダスト舞い上がりの頻度の量も圧倒的であることを示している。[9] 一方で、日本の黄砂が、主としてゴビ、黄土高原由来であることを明らかにし、その理由は同地域での土壌表面の「撹乱活動」が活発であるためである、としながらも、

近年のダスト多発現象は主として「強風イベント」と相関している、と結論付け、その人為的影響については言及しない[10]。気象学者なのだから、相関を調べるのに気象イベントとの関わりを調べることに関心があるのは当然であるが、強風によってダストが舞い上がるのは証明するまでもない。むしろ、その前者の土壌表面の人為的撹乱状況との相関を調べ、それについて結論を出すほうが重要性を帯びているのではないか。

岩崎、西川らの共編による『黄砂ＫＯＳＡ』[11]（古今書院、二〇〇九年）は近年の黄砂研究をまとめた共同研究の成果であるが、黄砂の発生源については終始曖昧な表現をとっている。内モンゴルや黄土高原などで、近年土壌表面の撹乱現象が活発化している地域であるとし、「黄砂現象が単純な自然現象ではなく、人間活動といろいろなところで関係している現象」としながらも、具体的研究において、人間活動との相関が具体的に検証されたり、調査内容に盛り込まれたりすることはない。また、与えられた仮説条件と実験内容、さらにはそこから得られる結論が、正しく論理的に導かれず、予見と結論が堂々巡りする[12]。

研究者が思い込みや偏見に囚われる、というバイアスは、なにも黄砂研究に限ったことではない。「科学的」と称される研究の多くが、実はそのコンテキストや思い込みによって視野を狭められ、その論証を阻害している。むしろ、さまざまなアプローチの可能性を切り落とし、ある一定の枠組みに収めることこそが「専門的」であると認識され、事象を単純化して認識す

ることが科学的手法であると考えられている以上、こうした問題は、現代科学研究において不可避である。しかしながら、手続きの正当性と同時に、現象から得られる情報を、フィールドで得た直感や想像力を駆使して意味を読み解く力が重要であることを、一連の黄砂研究は示している。

以上のように、これまで「黄砂の起源」として「タクラマカン砂漠説」を唱え、数多くの研究や調査を同地で行うことに資金と人材を投下した日本の黄砂研究[13]は、その「誤解」について正しくコメントすることなく、現在に至るまで、両者の語りを混在させ、誤りでなかったことを印象づけているようにも見える。以下は気象庁のホームページに記載された黄砂の発生源に関するコメントである。

> 従来、黄砂は砂漠等から発生する自然現象であると理解されていたが、近年の黄砂の発生頻度及び被害の甚大化は気象条件の変化のような自然起源の原因もあるが、中国大陸内陸部における過放牧や耕地の拡大、森林伐採、水利用等の人為的要因による砂漠化の進行が原因との指摘（ブラウン、二〇〇三）もあり、何らかの対策が必要となっている。このため二〇〇三年から、日本、中国、韓国、モンゴル政府の協力の下、地球環境ファシリティ（ＧＥＦ）とアジア開発銀行（ＡＤＢ）による「北東アジアにおける黄砂の防止と抑制」

プロジェクトが実施され、黄砂のモニタリングと早期警戒ネットワークの確立及び発生源対策強化を促進するマスタープランが作成された。また、二〇一〇年五月の第一二回日中韓三カ国環境大臣会合（ＴＥＭＭ）でも黄砂発生源対策の強化について合意され、特に、黄砂の発生源対策に係る作業部会が中国で開催されることとなった。

気象庁ＨＰ、4.2 黄砂現象
http://www.data.kishou.go.jp/obs-env/cdrom/report/html/4_2bis.html
文中の引用文献はレスター・ブラウン（二〇〇三）レポート「前進する砂漠との戦いに敗れつつある中国」
http://www.worldwatch-japan.org/NEWS/ecoeconomyupdate2003-6.html

この記述は、近年になって発生原因に変化が見られ、これまでは自然現象であったものが、人為現象へと変化したかのように書かれている。しかもその根拠とするのは、自国の研究や観察の成果ではなく、また中国政府の声明でもなく、ワールドウオッチのレスター・ブラウンという、食糧問題を専門とする論客の指摘である。これでは、日本の黄砂研究が、黄砂発生の人為的要因をこれまでまったく無視してきたことを露呈しているようなものである。実際に、人為的要因は近年になって加わったわけでは決してない。

確かに、一九九〇年代に増減はあるとはいえ減少傾向にあった黄砂の日本への飛来が

二〇〇〇年を境に一転して大幅な増加を示したことは（第一章、図1－5）、この間に新たに人為的要因が加わったことを示唆している。しかしだからといってそれ以前が「自然現象」であったとする根拠はまったくない。より明確に、「従来は単純に自然現象と考えられていたが、最近の研究により、実際には人為的要因が大きく関与してことが明らかとなった」とでも記述するべきである。人為的要因というのは、耕地化や草原の破壊による土壌表面を覆う物質が取り除かれた結果、ダスト舞い上がりが激増することとなった、ということである。さらに、砂塵嵐発生ののべ日数について、中国のデータを加味するならば、全体としては一九七〇年代にピークを迎え、その後八〇年代から九〇年代にかけて減少傾向にあることがわかる（図2－3）。人為的要因による負荷は、人民公社時期、きわめて激しかったからである。

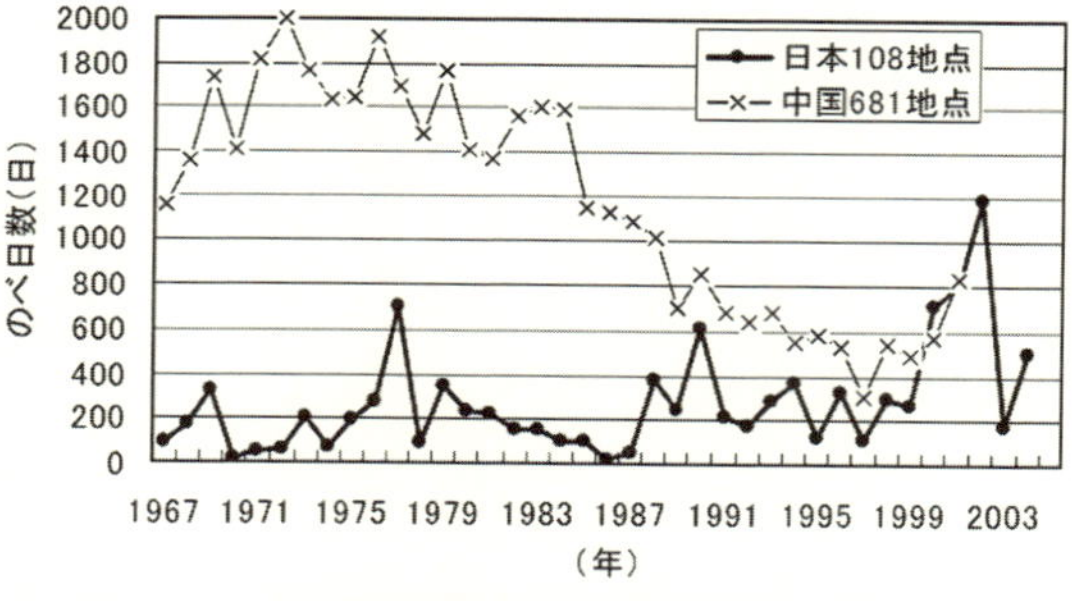

図2－3　日本の黄砂と中国の砂塵嵐観測のべ日数の経年変化（1967〜2004 年）
気象庁 2003 年　日本に飛来する黄砂と東アジアの大気の流れとの関連、平成 14 年度環境省委託、黄砂問題調査検討事業報告書、海外環境協力センター　pp.179-181 をもとにデータを追加作成したもの。環境省『黄砂問題検討会報告書』（2005 年 9 月）「黄砂の記録・被害」より転載。

第3章

砂漠緑化の功罪

シアノバクテリアがつくる「結皮《けっぴ》」。

1 砂漠に木を植えたら緑化できるのか

国土の二〇パーセント近くが砂漠ないしは砂漠化が進む中国で、なんとかその勢いを食い止めようと政府、民間人だけでなく世界中の人々がその協力に乗り出している。日本からも数多くのNGOが中国に赴き、市民や企業による緑化協力が行われている。

この活動の中心は、植樹である。

しかし、「砂漠に木を植える」ということが、砂漠化防止に役立つかというと、必ずしもそうとはいえない。また中国内陸部では「砂漠を緑に」というスローガンに沿って「灌漑農業」を推進しているが、これもとてつもない破壊作用を持つ。砂漠植林やオアシス農業の帯びる主たる問題点を以下に列挙してみる。

「木を植える」といっても、砂漠化したところに本来生えていたのは多年生の草本や低木が主流であり、樹高が高く水を消費するタイプのポプラ（*Populus*）のような木ではない。しかし植林というと往々にして見栄えのよいポプラのような木が選ばれ、砂漠の生態系に著しい負荷を与え、さらに数年を経て水が枯渇すると枯れてしまうケースが多い。

砂漠の多くは、もともと地表面直下に地下水があり、長い時間をかけて清浄な水が豊富に蓄

えられている。しかし水を多く吸い上げる樹種を植林したり、さらには灌漑農業を行うことによって、地下水を大量に汲み上げ、地表面に蒸散させる。そのため、砂漠の貴重な水資源を浪費し、さらには地下の塩類を地表面に集積させることで塩類土壌へと変化させ、二度と使えない不毛の大地を創りだしてしまう。

中国で砂漠化しているのはかつてステップなどの草原であったモンゴル高原などで（写真３－１）、そこは樹木より草、さらには地表面を覆う微生物生態系（藻類など）が重要な役割を果たしていた。それらは少量の水で保湿作用や水の循環作用を持つことができ、土壌を固定化する役割を果たしており、それらを取り除いて植林することは、逆に生態系

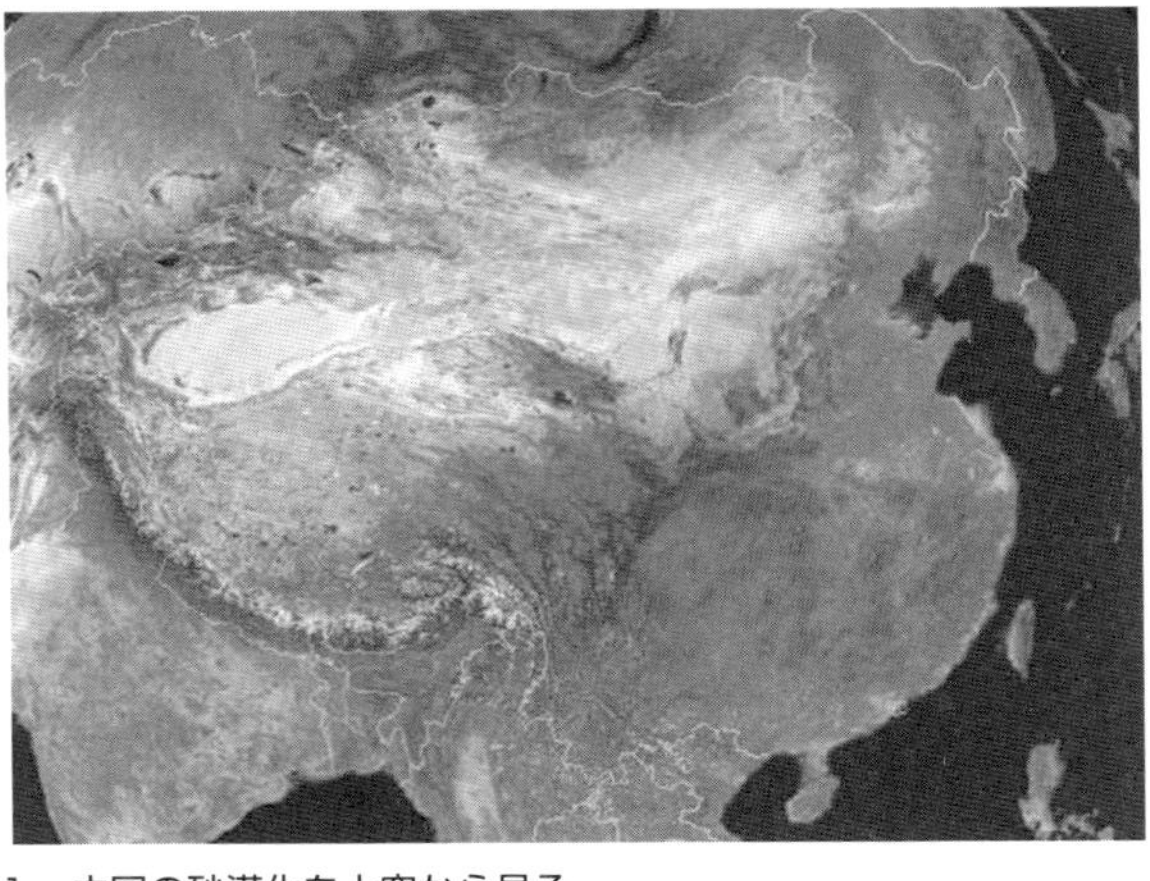

写真３－１　中国の砂漠化を上空から見る
China 100.78713E 35.63718N.jpg　中国内陸部の砂漠化　2005年5月15日（日）11:28
NASA World Wind screenshot. {{PD-USGov-NASA}} Category: Maps of China

の破壊を促進する。

草原を利用するモンゴルの人々は、降水量の著しく低い地域の生態系を利用して生きる手段を身につけており、草原を基盤とした生活文化を作り上げてきた。本来草原であった場所に植林したり耕地化することは、それ自身、文化破壊、生活破壊を意味するばかりか、生態系破壊にもつながる。

寧夏回族自治区や内モンゴルなどの黄河上流で、大規模な灌漑プロジェクトにより巨大な面積が緑化されてきた。しかし一方でこのために黄河の流量が減り、同時に黄土の流入が増加し、河口から六〇〇キロメートル以上にわたって黄河が干上がる、という深刻な現象を引き起こした。また河口周辺では、「黄河断流」に伴い、広範囲に海水が侵入し、塩類土壌を生み出す、といった影響も見られた。つまり上流で大規模に緑化、灌漑を行った分、下流で干ばつ、塩類土壌化が進み、トータルでは、緑地面積は増えも減りもしなかった、という皮肉な結果を招いている。

こうした問題点を列挙してみると、これまでの中国内陸部での緑化プロジェクトやオアシス灌漑による大規模な農地の創出といった試みは、「荒涼たる大地」を緑に変える、という「崇高な」ミッションとは裏腹に、実は多くのマイナスの効果をもっていたことが明らかとなる。

これを先取りして警告していたのは、資源物理学者の槌田敦である。槌田は砂漠緑化が日本

でも注目され始めていた一九八〇年代に、「砂漠に木を植えるな」という冊子をつくって学会などで配布していた。その論考は後に『別冊宝島』一〇一号（一九八九年）掲載の「砂漠に木を植えるな」として公表されるが、その趣旨は、砂漠という安定した生態系に木を植えても、無駄なばかりか害が大きい、植えるのであれば、遷移地帯、つまり草原が砂漠化しているところや砂漠が拡大している周縁部に草などを植えるのであって、砂漠の真ん中には、決して木を植えてはならない、という至極まっとうなものであった。また、里山学の始祖とも言える四手井綱英も、その問題点を以下のような厳しい口調で指摘している。(1)

真に水の不足した地帯に木を植えることはさらに水を不足させる愚かな行為に過ぎない。このことは、誰が考えても明らかである。したがって、真の砂漠に植林はありえない。砂漠緑化を声高に主張する人々の、真の目的は何かといつも疑問に思う。似非科学者の愚かな着想に影響を受け、水不足地帯に一生懸命に木を植える人々の姿を見ると本当に情けない。(2)

これについて四出井は「日本の砂丘という小さな空間で成功したからと中国に持って行ってそっくりそのまま中国で植林ができると思い込む人達がいる」と、日本の砂丘がいかに中国の

砂漠と異なるかを知らない、と厳しいコメントを残している。(3)
　槌田も同様に、日本の多雨の砂丘で成功したからといってその手法を中国の乾燥地の砂漠にそのまま持って行き、紙おむつの原料となる高分子を敷き詰めて保湿する、という通産省などが当時推進していたプロジェクトは、「まったく理解しがたい開発計画であると言わざるをえない」と手厳しい。(4) 最大の問題は、地下水を汲み上げ、表面的に緑化をすることによって塩類の地表面集積が起きることである。また、砂漠の問題は大気循環以外の物質循環が乏しいので、生態系循環のような水と物質の多様な受け渡しによる循環が起きにくいということ、であり、それを無視した植林計画は「お遊び」にすぎず、「まったく幻想というほかない」と痛烈に非難している。

　さらに一九九〇年代に寧夏回族自治区銀川で、大量に植林されたポプラにつくカミキリムシの防除のためＪＩＣＡ（国際協力機構）専門家として派遣された前田満（当時、森林総合研究所）は、砂漠地帯でポプラを大量に植えたのは、地下水を枯渇させ、地表面に塩害をもたらし、それまでいなかったカミキリムシを大量に呼び寄せたこと以外に効果はなかった、と回顧している。(5)

　前田はそのような状況下で、本来の任務の傍ら、内モンゴルの草原の生き物をめぐる寓話を収集し、帰国後日本語中国語両文で自ら挿絵を書き、絵本にして出版するという活動を展開し

た。(6) そこに収録されているのは、内モンゴルの人々が、草原の豊かな生態系や、動植物に対し、限りない親しみと敬意を払っていることがうかがえる物語であった。そうした物語に込められた地域の生態系への深い理解を理解しようともせず、一方的に植林や緑化を進めたことが取り返しのつかない事態を招いたという。

以上をみても、「砂漠に植林を」という活動はかなり慎重に考えなければならず、重大な誤りが含まれていることがわかる。と同時に前田が個人的に取り組んだように、現地の人々の自然観や生活の知恵、物語などを理解し、そこから生態系を豊かにする生き方を探ることが何よりも重要であることが示唆されている。

二〇一五年一二月のニューズウイーク日本語版には、内モンゴル出身で日本で研究を続けるモンゴル族研究者、楊海英による以下のような記名記事が掲載された。

> 日本政府は今月初め、中国で植林・緑化事業を進める団体を支援する「日中緑化交流基金」に一〇〇億円弱を拠出すると表明。本年度補正予算案に盛り込み、同事業を継続することで日中関係の改善を期待するという。
>
> 同基金は九九年に日本政府が一〇〇億円を拠出して創設。中国で植林・緑化事業に関わる日本の民間団体を援助し、毎年約一〇〇〇万本、計約六万五〇〇〇ヘクタールの植林が

行われてきた。緑化事業により、発癌性の微小粒子状物質（ＰＭ2.5）が中国から飛来する「越境汚染」の低減も期待できるという。

私は政治的にも科学的にもこの種の事業は今後、中止すべきだと提案したい。まず政治的な面から言えば、日本の運動の基盤となる善意を中国は実際には悪意で捉えているからだ。

「日本の一〇〇億円緑化事業が遊牧民の自然を破壊する」
二〇一五年一二月二八日（月）一七時三〇分ニューズウィーク日本語版、揚海英（オーノス・チョクト）
http://www.newsweekjapan.jp/stories/world/2015/12/100-5.php
（二〇一六年三月二四日確認）

同記事は日本が「善意」で行っていると考えている植林事業を、戦争の慰霊のために行っていると捉えており、砂漠化した草原に植林を行うのは、現地の生態系も文化もまったく理解しない「農耕民の森林偏重」に過ぎず、このような事業が行われるならば日中関係の改善に資するどころか、悪化をもたらす、と警鐘をならす。ここからも、現在においても日本人の「倒錯」した認識と、それに対する現地の人々の感覚のズレは一切解消されていないことがわかる。「砂漠を緑に」というスローガンが好きな日本人は多い。それは日本には砂漠がないことに加え、砂漠化が進行する地球環境の危機に、自分が何か積極的に関わることで、少しでも何

らかの貢献ができるのではないか、という期待と贖罪感が得られることと無縁ではない。

「悪化する環境問題に、何らかの改善策を施し、自らの贖罪意識を満足させることができ、さらに「砂漠」というロマンをかき立てられる場所に赴いて「緑の大地に変える」ことは「人類への多大な貢献」であると確信できる壮大な夢、のように感じられるのかもしれない。

しかしそもそも、「人の住む場所」に赴いて、環境を大きく改変しようというのだから、そこには他者への強制や関与、操作性が生まれる可能性はきわめて高い。実際に日本人の植林プロジェクトの多くは、現地に鉄条網を張り、地域の人々を排除する形で行われている。たとえそれに「緑化」という大義名分があったとしても、いやそのような「正義」が語られれば語られるほど、一方的な押し付けの危険性が高まる。そこで今一度「砂漠緑化」について一般に捉えられているフレームと、実際に行われていることの乖離について知らされる機会は、ほとんどない。

先の「黄砂」に関する思い込みと同様、「砂漠緑化」「植林」に関する思い込みは、対象をつぶさに観察する目を奪い、「善意」という名の破壊的活動へと人々を誘導する。地域の人々の声は遠ざけられ、あたかも、地域の人々の利害関係に耳を傾けていれば、エゴの集積を引き起こし、さらなる環境悪化をもたらしかねないとでもいうように、「砂漠緑化」という「崇高なミッション」を遂行しようとする。しかしそこにはさまざまな問題が存在する。

まずは、「砂漠」という大ざっぱな概念で対象地域を捉えることの問題である。これまで述べてきたように、黄砂が発生する源となっているのは、数万年前から砂が飛散し、大きな砂粒ばかりが残っているような、典型的な「砂漠」ではなく、長くても数百年、短ければ数年数十年以内にその表面の植生が破壊され、一気に表土が舞い上がって移動する状態が作られたような、もと「草原」や「ゴビ」（砂礫）のような場所である。しかもその「草原」や「ゴビ」という表現ですら、きわめて多様な生態系を含む概念である。

その一例として、先にも紹介した中国・内モンゴル自治区シリンゴル盟出身のスチンフ（大阪大学特任准教授）の草原や砂漠についての世界観を紹介したい。これを見れば日本列島という温暖多湿で山がちな島に住む人間が、「草原」「砂漠」に抱くイメージの偏りが明らかとなるのであろう。以下は大阪大学におけるスチンフとの断続的な会話に基づいて筆者が書き起こしたものである。

2　人の経済活動が再生産プロセスを破壊する

スチンフにとって生まれ育ったモンゴル高原の砂漠というのは大変豊かな場所であった。モンゴルと内モンゴルに広がる高原で、あちこちに窪地や湿地があり、そこには砂漠の地下にふ

んだんに蓄えられている水が溜まっており、その周辺に何十キロもの柳の林が広がり、沢山の動物がそこを棲家にしている。

ゴビは「荒地」と言われるが、これもさまざまな様相を呈する。ゴロゴロの岩が多いものの、多種の薬草や菌類が生えていて特に夏の三か月で一気に花が咲いて秋になる。その花はとても美しい。

乾燥地の植物はとても貴重で、味が良く栄養価も高い。そのために改革開放以後は外部の人が数百人数千人単位でやってきて、かつてモンゴル人が手をつけなかった薬草を乱獲し、ゴビの表面を穴だらけにした。当初モンゴル人は資源の乱獲や生態系の撹乱ということよりは、文化的な意味からそれに抵抗した。モンゴルの人にとって草原の表面を掘り返すことは、大地の皮膚を傷つける行為であり、自分たちの世界に住む神を傷つける行為であるからだ。

スチンフによれば、自分が見てきた中で最もその破壊がひどかったのは「甘草」の採取であった。「甘草」は生薬として漢方薬などに広く使われ、高価に取引されるので、シリンゴル近辺では南の河北省から大挙して甘草採りがやってきた。

また第2章で紹介した「髪菜」は、モンゴル語でガザリン・ウス（大地の髪の毛）と呼ばれており、モンゴル族の人々は「大地の神様の貴重な髪の毛だから採ってはいけない」と言い伝えていた。髪菜は生命誕生にあたって初めて光合成を行ったと考えられているシアノバクテリ

アの一種で、大気中に酸素を供給する役割を担った生命の原初ともいえるものである。それが同じように荒れたゴビの岩場や草原にまっ先に生えることで、大地に栄養を供給し、表土の飛散を防止する大切な役割を果たしていたのである。

モンゴル人は「これは生態系を護《まも》る大切なものだから」と考えて守ってきたわけではなく、あくまで「神様の髪の毛だから」と解釈し、結果としてその貴重な草原の地表面の保護膜を守ってきた。そこに外部の商人や農民がやってきて、これは中国南方や香港、シンガポールなどで高級な食材として売れるから、と大規模に採取し、また地元の人にとっては驚くほどの値段で買い付けていった。当初牧民との間で多くの闘争が見られたが、やがて牧民の中にも副業として採取するものが現れて、副収入を得ようとした。また外からやってきた採取者は、地元のモンゴル人の冬営地のゲルを無断で使うだけでなく、中を荒らし、時には火を放つなど、まったく作法をわきまえない略奪行為を行ったため、そのことに対しても牧民は怒りを募らせた。

スチンフは、モンゴル族の人々に見られた、外来の破壊者への怒りを「生態系を破壊するものへの怒りというよりも、文化と大地の神を冒涜するものへの怒り」であった、と回想する。牧民はそもそも、生活のすべてのものを利用し尽くす術を身につけているため、「ゴミ」を一切発生させない生活を送っていた。家畜の糞は集めてタワーのように積み上げ、夏にはその家畜糞の積み上げたもの（モンゴル語ではダルンと呼ばれる）に鳥が沢山巣を作ったり、さらに

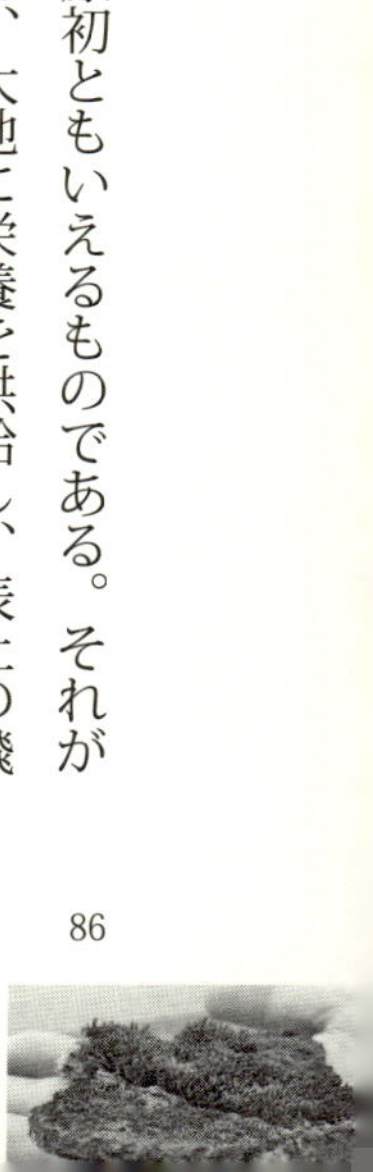

翌年には堆肥にして牧草地に撒いたりして、物質が豊かに循環する生活世界を作っていた。また草原にもいくつもの種類があって、草甸《そうでん》（cǎodiàn）という、人間が定期的に刈り取ることによって維持されている草原では、モンゴルの人々は牧草を刈り取って燃料や家畜の飼料として利用していた。そうした豊かな草原と砂漠の織りなす世界が北京の北方五〇〇キロほどのところに広がっていた。それを、草原の暮らしを知らない人々が他の地域での暮らし方のまま滞在し、再生産プロセスを破壊した、という。

このような見方が、スチンフのみのものではないことを示すために、早稲田大学モンゴル研究所のブレンサインの発言を引用する。ブレンサインは、シリンゴルよりもう少し東北にあるホルチンと呼ばれる地域について、以下のように述懐している。

> 沙漠化がどういうメカニズムで起きるかということを、開墾と関連づけてお話ししたいと思います。みなさんがご存じのように、モンゴルのステップの表土は、大体三〇～四〇センチメートルの多年草の根によって構成されています。モンゴルに行って、大地の断面を見ると、一番上が黒い層で覆われています。その土には、多年草が生えていまして、毎年その根から新しい草が出て、家畜たちがそれを食べて生活ができていたわけです。すき（犁）を入れて開墾すると、ちょうど三〇センチメートルぐらいの黒い表土が耕されるわ

けです。そうすると多年草の根もなくなってしまう。一応黒い土ですからある程度の栄養があって、三年から五年ぐらいは農業ができます。二年目、三年目ぐらいまではいい収穫もできますが、モンゴルというのは風が強いところで、五年ぐらい経ちますと風化してしまうのです。そして、表土の下に砂状の土があって、それが出てくる。そうして沙漠化が起きるんです。――中略――人為的な要素の中に、開墾があります。先ほど申し上げた開墾がたくさん行われた。

それから、二番目に、国営農場の乱立というのがあります。清朝時代には屯墾、屯田というものがありました。中華人民共和国が成立した後は、屯墾は旧時代の軍による屯田を指すようになっているのですけれども、建設兵団というものを内モンゴルのあちらこちらでたくさんつくったのです。彼らは中国内地からの、本当に兵団かどうかわかりませんが、とにかくたくさんの人を内モンゴルに連れてきて、国営農場を作るわけです。私はそれを新しい屯田と呼んでいますが、内モンゴルの国営農場の乱立は、激しいものでした。

例えば一つの旗の土地に国営農場がつくられる場合、その国営農場の行政権限は、旗の副旗長の行政権限と同じものになります。ですから地元の行政の指導を受けない。独立した権限を持っているので、彼らはやりたい放題です。地方政府の制限を受けずに開墾をするわけですから、徐々にいろいろな問題が起きてきた。国営農場の乱立が、内モンゴルの

今の沙漠化の大きな要因の一つであると言わざるを得ません。[7]

http://www.wako.ac.jp/souken/touzai02/tz0210.html（二〇〇一年一一月二四日和光大学　ナーダム・イン・和光のシンポジウムでの報告）

ちなみにこの文章の冒頭にある、「黒い土」というのは分厚い腐植による表土というよりは、シアノバクテリアが作り出す多糖類と黄土粒子の混合物質で、大地のかさぶたともいえる「結皮《けっぴ》」を中心に形成されたバイオクラストと呼ばれるものである。この「結皮」については本章後半で詳述する。

二人の内モンゴル出身の学者の故郷では、過去数十年にわたって主として漢族による草原への撹乱が一方的に進められ、モンゴルの伝統的な生活様式が奪われ、区画化された農地と牧草地を与えられて定住生活を強いられたことが指摘されている。さらに近年では、「ニンジャ」と呼ばれる砂金の採掘と砂金洗いが草原の破壊に一層拍車をかけ、貴重な地表水を汚染している。[8] 同じ内モンゴルのオルドス市などでは、これに石炭の採掘が加わり、表土の徹底的な破壊ばかりか地下水脈の汚染、撹乱が進み、壊滅的な打撃を与えている。また、ブレンサインは、改革開放後、遊牧の請負制を行ったことで、それまでは広大な面積を移動しながら使用していたのが、限られた土地に狭められたため、結果として牧草地の著しい劣化を招いた、と指摘し

ている。

写真3－2は、筆者が内モンゴルで撮影したものであるが、ブレンサインの草原の構造の説明よりも、さらに極端な地域があることがわかる。この写真では、表面が薄く草で覆われていて、そのすぐ下は細かいシルトとなっている。この表面の草がいったん剥がれてしまえば、砂塵の舞い上がりを止めることは不可能に近くなる。実際、この写真が撮られた遼寧省西部地域は、解放後に開墾されて大規模な砂漠化を招き、大きな被害を受けた場所である。

写真3－2 「草原」は薄皮一枚で構成されている
内モンゴルの通遼より北の地域で。草原のわずかな表層植生の一枚下は、舞い上がる黄砂の源。草原となるか砂漠となるかは表層土壌と薄い草の層が保たれるかどうかにかかっている。（筆者撮影　2005年、写真4-1と同じ地域）

3 破壊活動としての植林

こうした要因が重なりあって、日本の総面積よりも広い内モンゴルにおける壮絶な環境悪化が過去半世紀にわたって空前のスピードで繰り広げられた。その結果がいわゆる「砂漠化」で

あり、「砂塵」の舞い上がりである。

しかしこうして劣化した環境に対し、中国政府や各国のＮＰＯが最初に取り組もうとしたのが「砂漠化した大地への植林」であった。内モンゴルの砂漠化が、上記理由で引き起こされたのであれば、当然そこに回復するべきは、「森」や「林」や「緑あふれる農地」ではなく、本来の植生と地表面を覆う微生物が活性化する「草原」や豊かな多様性を有する「ゴビ」の回復であったはずだ。

特にまずかったのが第1節でも述べたポプラなどの水を多く消費するタイプの高木の植樹であった。そもそも乾燥地であるから、水の循環を最小限にとどめつつ、地表面のミクロな水循環を確保するための知恵を蓄えた植物やコケ類や藻類が繁殖して小規模な水利用で生態系を維持するシステムを作りだしていた地域で、一時的に地上を緑に変えるが、地中から大量に水を吸い上げるポプラのような木を植樹した。

その結果招いたのは、マツクイムシのような木を枯らせる虫の大量発生や、地下水位の低下、その挙句、水が届かなくなると植樹した木も枯れる、という環境のさらなる劣化であった。比較的降水量の多いところではそれでも活着して、落葉することにより土壌微生物や有機物を蓄積し、新たな生態系を作り出すことに成功した例もあるが、そういう条件のないところでは、一時的に木は植えられたものの地下水位が下がるとともに枯死して、残されたのは土中

のミネラルが地表面に吸い上げられて何も生えない真の荒れ地となり、ただ破壊を深刻化させた。

　そして何よりも、馬や家畜を移動させる遊牧民にとっては、等間隔に植えられた木々は、移動と通行の邪魔となり、それ自身彼らの生活空間の侵害となっていた。かつてわれわれの調査拠点のある楡林空港で出会ったオルドスからきた旅行グループの一行は、政府による緑化や植林はモンゴル人の生活空間を破壊している、と憤っていた。また、二〇〇八年四月、北京で開催されたＪＩＣＡ主催の日中民間緑化に関する交流会の席上で、内モンゴル東北部で生態回復活動をしているモンゴル族の男性が声を荒げて「漢族は植林といってすぐに木を植えたがる。しかし植林は草原には必要のないもの。必要のないお金を投下して、貴重な水を浪費して植林という自然破壊を行うべきではない！　草原に木を植えるな！」と渾身の力で訴えていた。

　われわれの研究プロジェクトのメンバーであった、当時は天津日中大学院大学の院生であっ

写真３－３　日本からの植林隊のために残された植林地

見晴らす限りの砂漠に日本人の植えた植林地が形成されているように見えるが、この砂漠の外側は草原になっている。（富田啓一撮影　2007 年）

た富田啓一は、二〇〇七年に、内モンゴルで日本人が行っている植林基地を訪れた。そのときの見聞に基づき、以下のような報告をした[9]。

富田が現場に行ってみると、むき出しの砂丘が残されているのは、日本人が植林予定地として柵囲いした土地の内部のみで、周辺の平地は、すでに草方格《そうほうかく》（砂漠緑化方法のひとつ）と航空播種により地表面がほぼ低草木で覆われていた（写真3－3、3－4）。

不審に思って、なぜ周りは緑なのに、敷地の中だけ砂漠なのですか？　と現地で働く日本人の職員に尋ねてみると、その人は「そういえば、そうですねえ。普段日本からの植林部隊の対応に忙しくて気がつくこともなかったけれど……多分、日本人が植樹するために砂漠をのけておいてあるんじゃないでしょうか」と、とっさに答えた。この問答により富田は、あらためて状況の不自然さに気がついたそうだ。

日本からの植林ツアーは主として夏のお盆休み前後に次々とやってくるため、現地の夏場は

写真3－4　日本人植林地周辺の砂漠の植生

手前のコンクリートの棒はフェンスの支柱で、その外側は、航空播種によって在来の低層木が回復していた。（富田啓一撮影　2007年）

その準備に忙しい。ポプラの苗を用意して水に浸しておいて、均等につけた目印の横に並べて置いておく。こうすることで現地を訪れた日本人植林ツアー客は、すぐにシャベルを担いで土を掘り起こし、あらかじめ用意された苗木を次々と植えることができる。

しかし、夏の炎天下はこの砂漠化した乾燥地においては最も植林に向かない季節であるため、消防用とも思えるような太いホースで地下水を引き上げて、せっかく植林したポプラの苗木を枯らさないよう、一か月以上にわたって、大量の水をやらなくてはならない。

植林を始める前まで、この地域は地下水位が五メートル以内で、どこを掘ってもすぐに水が出てきた。しかし十数年前に植林を始めてから、地下水位はどんどん下がり、今では一〇〇メートルも掘らないと水は出てこない。そのうち地下水が枯渇して、植えたポプラも全部枯れてしまうのではないかと現地のスタッフは気をもんでいた。

これらの事実を総合すると、オルドス市で行われている日本人向け植林地は、あたかも「釣り堀植林場」とでもいえそうな場所であったといえそうだ。つまり、「植林をしたい」という日本人に、あらかじめ植林地を用意し、植林の準備も万端整えて、夏の「レジャー」としてやってきた人々に、植林体験をさせる。参加した人は、用意された苗木で効率良く植林し、自分は何本植えた、と充実感と達成感を味わうことができるのだ、と。

「釣り堀植林場」というのはわれわれが命名し、その後頻繁に使用している用語であるが、

まるで養殖した魚を釣り堀に放し、あらかじめ用意した餌を渡して、釣り堀で釣りをするのと同じように、あらかじめ用意された苗木を、あらかじめ用意された穴の場所を掘って植え「植林をした」という満足感を得ることを自己目的化したレジャーのようなものである。

彼らが歓迎されている理由は、この砂漠の小さな街をめざして、毎年植林のために沢山の人が訪れるので、ホテル、飲食業などが潤い、観光収入を得られるからだ、とも地元の人は語っていたという。

これは日本のNHKの人気番組「プロジェクトX」で放映されて多くの人が感動し、中国政府も感謝状を送って表彰した、植林場でのことである。富田は、この植林地の問題点が、一〇年間で三〇〇万本といった目標を設定したために、目的達成という硬直化した目標に向かって人々が従うという図式となり、本来自由意志で動くはずのNPOが、目的硬直型の上意下達組織となるパラドックスにある、と指摘した。

自発的に始まったはずのNPOが、目的達成のための指令的組織に変化し、下部で働く人たちは現場の状況からのフィードバックを感じ取る余裕がなく、常に上から降りてきた任務を達成することに追い立てられている。さらにこの植林は「不可能を可能にする」というスローガンのもとに行われ、「どんな困難があってもあきらめない」という頑強な意思によって支えられていたため、どんなに現場の自然や地域社会が、植林に対し不適応や抵抗を示しても、そこ

から意味を学ぶというフィードバックが働かず、あくまでも、「理想」の緑の大地を実現すべく、一切の困難を顧みない、という硬直化したシステムとなっていた。これにより、植林地は塀で囲われ、鉄条網で覆われ、関係者以外の地元の人を排除するかたちで行われた。これらが、同植林地が必然的に先にのべたような問題点を抱える事になった理由である。

もちろん、絶望的なほどに拡大していた中国の砂漠化傾向の中で、強固な意志と不屈の精神で、「やればできる」ということを示した社会的効果は大きい。現地の植林関係者は日本人がわざわざ中国にやってきて、無償で植林しようという姿に、深い感銘を受け、「自分たちもやらなくては」という意欲を高めたという。

しかしながら、その目標が「草原であった場所への植林」というものであったため、そもそも無理のある目標設定に向けて努力を傾ける、というジレンマに陥っていた。しかも回復すべき自然の姿を、そこに長年住んでいる人に聞くのではなく、外部からの知識で構築し、押し付けるため、草原を壊した時と同じくらいに、外からの文化侵略という様相を呈することになった。

これをわれわれは、かなり皮肉な意味合いをこめて「緑色帝国主義」と命名した。「緑色帝国主義」とは穏やかならぬ言葉使いであるが、「緑化」という崇高なミッションを実現すべく、人の土地の庭先に出かけていって、他の土地で培った知識や技術を押し付け、自分たちの行為

は、地域の人々と地球環境に福音をもたらしていると解釈する一連の思想と行動を指す[10]。
この「緑色帝国主義」的傾向は自国の政府による目標達成型植林についても同じように見られる。日本人によるこの植林地のケースは、その後の管理を徹底しているため、少なくとも数年の活着は見込まれるし、うまく管理がなされれば、新たな土壌養分の蓄積と植生への遷移を獲得することもある。しかし「目標達成型司令型植林」の場合、主体的意思と永続的な関わりのないまま行われることが多く、同じ植林地に毎年春になると苗木を植える「重複植林」となることも多い。統計的には、追加的な森林面積としてカウントされるものの、実際には前に植林したものは枯れ、翌年また同じ場所で植林が行われる、という「形式的植林」は全国に多く見られる。

こうしたことに鑑みると、植林は必ずしも環境改善に資するものではなく、適切な手法や管理、マネジメントを欠いた場合、投下した資源の浪費となるばかりか、環境に悪影響をおよぼしかねない活動ともなることがわかる。近年は一連の失敗の反省から、単一樹種の植林をできるだけやめ、多様な樹種を植えたり、経済収入になる果樹を植えたり、アグロフォレストリーのように農地において農業と立体的に植林を行う、複合的な環境回復を目指すプロジェクトが主流を占めつつある。

また、補助金をインセンティブとする任務型、指令型の植林は、補助金が切れると同時に放

置されるか、再度開発されることになりがちで、持続性に問題がある。結局のところ、地域の人々の主体的な取り組みを得て、回復したい環境について、地域の記憶などを頼りに構築するという道筋を経ることが重要であるが、そうしたアプローチが採用されることはきわめて少ない。

本書第2章で紹介した楊海英は、砂漠化した草原に植林することは自然破壊であるとともに文化破壊であるとして以下のように述べる。

> 内モンゴルの砂漠はもともと地球誕生以来、偏西風がつくり上げた自然の「作品」だ。北アジアの砂漠の最北端はアルタイ山脈の東に広がる「モンゴル・エレス」。日本ではゴビ砂漠として知られるこの乾燥地は緩やかに南西へと走り、黄河を越えて形成されたのがムウス砂漠とクジュークチ砂漠だ。古代中国人が「大漠」と表現して不毛の地と見なしたこの地は、実は遊牧民に愛され利用されてきた乾燥地草原だ。豊富な地下水脈があり、くぼみには草も生い茂る。
>
> だが近代に入り、内モンゴルには新しい砂漠が出現した。中国の農民が万里の長城を越えて侵略し、農耕に不向きな草原を無理やり田畑に変えたからだ。砂漠化をこれ以上防ごうと思えば、木を植えるのではなく、中国が草原開墾を続けるのを中止するよう呼び掛け

るべきだ。

「日本の一〇〇億円緑化事業が遊牧民の自然を破壊する」ニューズウィーク日本語版二〇一五年一二月二八日（月）一七時三〇分、楊海英（オーノス・チョクト）
https://news.biglobe.ne.jp/international/1228/nwk_151228_5423049656.html（二〇一六年一二月一七日確認）

これまでも、こうした指摘は繰り返し行われているのにもかかわらず日本政府は二〇一五年に、植林を主とする緑化事業にさらに一〇〇億円を追加的に決定している。このことはいかに「植林」が砂漠化を防止するという「思い込み」が強いかを十分に表現している。

以上のことから得られる結論は、植林にあたっては「生態的コンテキストと文化的社会的コンテキスト」の両方を獲得しなければ、地域環境の良好な回復は得られないということである。どのようなアプローチが望ましいのか、については後述するとして、ここでは植林をめぐる問題点についてまとめておく。

一・地域固有の生態的文化的背景を考慮しない「緑色帝国主義」アプローチ

日本の戦後の植林も同様であるが、単一樹種の植林は、山や生態系を破壊し、森という名の「木の畑」を作り出す。

二・補助金等の資金的インセンティブや政府の力によって行われる強制型アプローチ
短期的に効果の上がる動員法であるが、莫大な資金がかかるうえ、植林産業が利権化しやすく、末端においては、補助金が打ち切られるとすぐさま衰退し、もとの木阿彌となる可能性が高い。

4 マニュアル型の植林

筆者が中国河北省の最北端で、内モンゴルに接する囲場県の木蘭囲場《もくらんいじょう》（清朝時代の皇帝の狩場）を訪れた際に立ち寄った林場は、一九五〇年代に軍隊を投入して行った林場が植林後四〇年以上経過していた。しかし間伐を行わず、一律に樹高一メートル以下のところのみ枝払いをするというマニュアルで管理されていたため、櫛のように密植した林となり、地表面にたまった針葉樹の落葉も一切分解されずに残されていた（写真3－5）。

写真3－5　河北省囲場県の林場。1950年代から60年代にかけて人民解放軍によって植林された
（中国人民大学清史研究所夏明方教授撮影　2005年）

付近の植林していないところは砂漠化しており（写真３－６）、それに対して林場内は一見広大な森が形成されているように見えたが、その内実はかなり貧弱なものであった。すでに植林から半世紀が経過しているものの、適切な間伐が行われていないため木材資源としても貧弱で使用価値が低く、生物多様性という点からも問題がある。

また、黄土高原において多く見られるのだが、植林によって地表面の豊かな生態系を破壊してしまうという問題がある。苗木を植林する際に、元あった植生を、いったんすべて取り除き、斜面の場合は魚鱗抗という水をためられる土のポットを造成し、春の植林に備える（写真３－７）。苗木を植えると、貴重な水分を雑草に奪われないために、数年間除草作業をし続けることが補助金交付の条件とされているため、退耕還林を申請した棚田の植林はことごとく、周辺の植生を数年にわたって剥ぎ取られ続ける。統計上は緑地面積に加算されるであろうこの植林地を、筆者は「ゴマ塩植林」と呼んでおり、まるで黄色い大地にゴマ塩をふりかけたような状態で、数年が

写真３－６　木蘭囲場のすぐ傍らの砂漠化されたままの土地

森林と砂漠は、ほぼ同じ気候条件の場所でも、人間の関与次第で隣り合って存在する。（筆者撮影　2005 年）

写真３－７　「魚鱗抗」に植えられた苗木

すべての植生を引き剥がしたうえ、11 月の収穫後に魚鱗坑と呼ばれる水溜ポットを造成し、春に行われる黄土高原の植林。（楡林市・鎮川鎮で、筆者撮影　2004 年）

写真３－８　数年後の写真３－７と同じ場所

手前は雑草を抜かない試みを開始して一年目。奥は引き続きマニュアルに沿って雑草を抜いている一般の植林地。（筆者撮影　2005 年）

経過する（写真３－８）。

こうして苗木の周辺を裸地にしておくことで、結露による水分循環を阻害し、真夏は炎天下の中、地表面を保湿する「結皮」（バイオクラスト）やハマビシ（*Tribulus terrestris*）などの地面を這う乾燥に強い草の成長が損なわれ、地表面水分の蒸発著しい状態に保持される。われ

われはこのマニュアルに反して、「雑草を抜かない抵抗[11]」を行ったが、それは予想以上に地元政府や林業当局の反発を招いた。われわれが植林地の雑草を抜かない提案をした際、現地協力者たちは、「まさか雑草を抜くことが生態系の回復を遅らせ、阻害していたなんて思いもかけなかった。環境に良いと思って懸命にやっていた」と感想をもらした（写真3－9）。乾燥地帯では、植物の共生関係を積極的に活用する植生回復が不可欠であり、これまで行われていたマニュアルの見直しが必要である。

5 「最適樹種」という考え

一般に植林を行うにあたって、あらかじめ「最適樹種」を選定して、植林する、という方法

写真3－9　「雑草を抜く」のをやめた植林地

数年後の同じ場所。左手の奥の山が写真3-7、8の場所。既に表土は一切露出せずさまざまな在来の野草、薬草が生い茂り、蝶や鳥が飛び交うようになっていた。周辺の植林地も、徐々にこの方法に倣って雑草を抜くのをやめるようになって、草が繁茂し始めている。（筆者撮影　2008年）

がとられる。しかし、地域の生態系といっても陽面と陰面（南側斜面と北側斜面、中国語ではそれぞれ、「阳坡（yáng pō）」と「阴坡（yīn pō）」と呼ぶ）ではまったく条件が異なるし、地表面の土地利用状況によっても、そのミクロな環境は大きく異なる。

たとえば陝西省北部の黄土高原は年間降水量が四〇〇ミリ前後の半乾燥地帯で、通常四五〇ミリ前後が森林限界とされているため、本来は森が育ちにくい場所とされている。しかしながら、この北緯三九度の万里の長城付近には「楡林《ゆりん》」という地名が陝西にも山西にも見られるように、かつては楡《ニレ》の木が繁茂し、リョウトウナラ（*Quercus liaotungensis*）やクヌギ（*Quercus acutissima*）の森があちこちに見られた。マクロに森林ができないはずの条件のところに森林があるのは、ミクロな条件がそれを支えているからであろう。

さらに山の上にはコノテガシワ（側柏 *Platycladus orientalis*　ヒノキ科の針葉樹）が一本植えられていることが多いが、これは風水樹と呼ばれ、お墓を守り、先祖を祀る儀式などに用いるために保存されている。つまり「文化的社会的コンテキスト」があればこの地域で木が育つのはそれほど難しいことではない。それどころか農家の庭先など、少し放置しておくとすぐに楡樹やハリエンジュ（刺槐 *Robinia pseudoacacia*　ニセアカシアともいう）が自然に芽を出し、農家の庭に日陰を作ってしまう。農家にとっては、作物を干したり、加工したりするために、陽光は必要で、庭先に緑陰をつくるこうした木は必ずしも歓迎されない。

また、植林にはこのような「自然に生えてくる木」は選ばれず、モンゴリマツ（障子松 *Pinus sylvesris* var. *mongolica*）、コノテガシワなどが好んで植えられる。理由は常緑樹で冬でも緑を保っているから、というのであるが、落葉による土壌改善効果が薄く、しかも在来樹種ではなく、主として中国東北部や内モンゴルなどの緯度の高いところに見られたものである。中国で林業技術や研究が最も先進的に行われたのが中国東北地区であったためか、その地域の樹種が好んで用いられるようになったものと思われる（中国の林業は、満洲国時代に影響を与えた日本林業、さらにはその源流のドイツ林業の影響を受けている）。植林を行う以上、どういう樹種を選ぶかは重要なポイントではあるものの、単一樹種の選択という考え方自体を問い直し、できるだけ多様で、できるだけ在来の植生のなかにあったものを復活させることを考えるほうが先決であろう。実際、現在「絶滅危惧種」として指定されている山丹丹花（イトハユリ *Lilium pumilum*）などはかつて陝北《シャンベィ》（陝西省北部）のいたるところの斜面に美しい花を咲かせていたが、人民公社時期に、棚田の大規模造成を行い、食糧増産を盲目的に推進する中で、徹底的に取り除かれた。

黄土高原の緑化は、実際には、草本や低木、コケ類や微生物との共生により、地域の立体的な生態系を取り戻す動的なプランを立てることが重要であり、かつて「荒れ地」と呼ばれた斜面などに繁茂していた自然植生を回復することのほうが重要ではないだろうか。

以下は長年、山西省の黄土高原地帯で、植林活動を行ってきた日本のNPO、緑の地球ネットワークの報告書の一文である。これは彼らが、多様な樹木から構成される雑木林を植林地近くに発見し、衝撃を受けた時の報告である。

GEN（緑の地球ネットワークの略称）が大同で緑化協力活動をはじめたころ、大同の極相林はマツやトウヒなどの針葉樹だといわれていたので、これは目からウロコの大発見でした。人手も放牧も入らない、村から遠く離れた山中には、ナラ、シナノキ、カバノキ、トネリコ、カエデ、クルミ、ハギ、ハシバミなどの豊かな植生があったのです。黄土高原を、山に一木もないいまの姿にしてしまったのはやはり人間だったのだと再確認すると同時に、土地利用を考えて工夫すれば緑化は不可能ではないと将来への展望をいだかせてくれました。（緑の地球ネットワーク　大同での緑化協力　霊丘自然植物園）

一九九二年より山西省大同周辺で地域に密着した植林活動を続けていた同団体であるが、一九九八年に霊丘の自然林との出会いがあるまでは、針葉樹が最適樹種であると「思い込み」、借り入れた土地に、アブラマツ（油松 *Pinus tabuliformis*）やモンゴリマツなどを懸命に植樹し続けていたのである。この人里はなれた自然林と出会ってようやく、本来の落葉広葉樹の植

生回復の道が開かれた。同ＮＰＯの緑化センターでは、共生菌である菌根菌（*Mycorrhizal fungi*）をともなった苗木の植樹なども行われ、黄土高原における緑化の一つの重要なモデルケースとなった[12]。

もうひとつ重要なのは、いわゆる「降水量」について、四〇〇ミリ以下や一〇〇〇ミリ以下、と年間降水量で植物の生存環境を区分けすることが多いが、現地の植物の再生を考える上では地表面での結露による水分供給が決定的に重要である。特にシアノバクテリアのような細菌やコケ類などにはこのような地表面における水蒸気交換による水分供給の影響が決定的に重要だ。草が地表面を覆うと朝夕の寒暖差で、地上五〇センチメートルくらいのところまでは大量の水分が結露し、地面を湿らせる。黄土高原で朝方畑のあぜ道や路肩を歩くと、膝下くらいまでびっしょりと朝露に濡れる。その水分量は多くの野草や土壌表面を覆う植物にとって生育に十分であり、必ずしも降雨を必要としない。その意味で年間降水量という概念も必ずしも植物の生育環境を考えるのに有効であるとはいえない。

以上、中国の砂漠化対策について、これまでともすれば誤解されがちであったことを挙げてみた。これらはすべて当たり前のことのようであるが、実際にその認識にたどり着くのは意外に難しい。

たとえば第2章で紹介した槌田敦による「砂漠に木を植えるな」という文章であるが、筆者

は当時すでに、槌田の物質循環論に強く影響をうけていたにもかかわらず、その意義がすぐには理解できなかった。「砂漠に植林」することが正義であるとされていたし、そう思い込んでいたからである。

また私自身、長年通っていた黄土高原に木は生えにくく、植生の貧しい地域であり、その回復への道は遠い、と思い込んでいて、わずか数年で緑の草原や森に変化する、などということも信じられなかった。ましてや、黄土高原は実は「苔生《む》す大地」であるとは想像もおよばなかった。それほどまでに、もうもうたる土煙の舞い上がる黄色い大地が続く景観は圧倒的な視覚的インパクトを持っていた。しかし、そうした「思い込み」を取り除いて、じっくりと対象をみてゆくと、それらは何者かによって与えられた「先入観」であり、眼前の事実は、それが誤りであることを示していることが徐々に明らかになる。

では、「思い込み」を脱して、豊かな生態系を回復し、生きる道を模索するためにはどうすればよいのであろうか。この問題を考えるためには、抽象的な議論を繰り返しても意義は乏しい。第1部の議論は、まさにそのような空理空論の虚しさと危険性とを明らかにしている。

それゆえ、第2部では、主として筆者がフィールドとする黄土高原での実例をもとに、見てゆきたい。その上で、実例を理解するために、抽象的な思索を、抽象性の危険性を明らかにしつつ批判的に展開していくものとする。

第２部

黄砂の発生する地域における人と自然の関わり

中国内陸部で「緑を回復する」とは？

第2部で論ずるのは、筆者が二五年以上にわたってフィールドとして関わり、現地の人々と環境との関係を観察してきた中国内陸部黄土高原（およびその周辺地域）における地域と人々の関係についてである。

黄砂をめぐる「科学者の目」、「一般市民の目」、「NGO活動者の目」が、それぞれに「思い込み」によってとらわれ、実像と異なる像を作り出すことによって、さまざまな誤解に基づいた「対策」が行われ、地域の文化や生態系を破壊する作用を持ち得ることを第1部において指摘した。しかし、一九九〇年に初めてこの地域に入った頃の私自身もまさに、この「誤解」と「思い込み」にとらわれていた。

黄土高原は当時中国の貧しさを代表する地域であったといっても過言ではなく、荒涼としたその景観からは、生態系の回復の道は、はるかに遠いものに感じられた。どうすることもできない貧困の中で繰り返される農耕は、生態環境をより悪化させ、それが貧困と環境破壊の悪循環を作り出す。その中で、政府主導で行われる緑化事業や、日本を含む海外のNGOが取り組む植林プロジェクトは、地域の内在的な脈絡からは導きだすことのできない生態系回復の途を示しているように思われ、自身も研究を進める中で、そうした環境回復のためのプロジェクトを推進し、地域の生活と環境の改善に資する策を提示できないかと考えた。

一面では、そうしたアプローチは同地域に大きな変化をもたらした。政府が推進した「退耕還林」政策（耕すのをやめて植林する）は、人々を農耕に過度に依存することによる環境の劣化という悪循環から切り離し、急斜面の開墾を押しとどめた。また、春季に行われる各種の植林プロジェクトは、幹線道路などに面した斜面の緑被率を高め、人々が植林で若干の副収入を得ることを可能にした。また、最も影響の大きかったのが「禁牧政策」で、ヤギの放牧を禁止し、囲い飼いを義務化したことで、長年見ることのなかった本来の植生が急速に回復し始めた。

しかし、一方で、樹種の選定の問題、活着率の低さ、ノルマを達成するために、何度も同じ場所で植林を行う「重複植林」や、補助金目当てに植樹を行うアリバイ的な植林などが多く見られるようになる。さらに画一的な植林モデルが適用されるため、草原地域などでも、地域の風土にまったく合わない針葉樹が植えられるといった問題もしばしば見られた。

これに加えて、公的な植林事業に、質の悪い苗木を私的な人脈を通じて売りつける悪徳業者が数多く発生し、人民の怨嗟の的となった。こうした事態は全国レベルで展開し、かつてこの事業で私腹を肥やした北京の林業関係の役人の一家が惨殺されたとき、人々は、「よく殺した（殺得好！）」と言っている、と教えられた。それほどに植林事業は腐敗していた。

こうした変化の中、筆者は出来る限り地域のコンテキスト（文脈）に重きを起き、人々の目にどのように捉えられているのか、それは当初の目的とどのようにずれているのか、あるいはまったく別の解釈によって捉えられているのか、といった「行動目標」と現実行動のズレに注目した。また、地域独自の世界観によって支えられている活動とその活動が持つ意味について、自己の先入観を反省しつつ、つぶさに観察するように努めた。その結果、「目的達成型」プロジェクトが「意図せざる結果」を引き起こしたり、かつて「迷信」と呼ばれた「廟会」によるる活動が、ローカルコンテキスト（地域固有の文化的社会的意味）に根ざした生態系回復のパスを作り出したり、といったさまざまな「予期せぬ」発見が次々と得られた。

調査の効率性から考えると、予期せぬ結果に次々と導かれ、当初理解できなかった現地の人々の活動から何かを学ぶというプロセスは決して歓迎できるものではなかった。こちらが得たいと思う資料や聞き取りへの答えは得られず、いつも肩透かしをくらい、意表をつかれる。その代わりにまったく別のことに振り回されたり、巻き込まれたりする。しかしこうしたプロセスを経て、徐々に自分自身の「予見」や「思い込み」が取り除かれ、当初関わりがないかのように見えた事柄が重要な意味を帯び、異なる解釈のなかで新たな意味が立ち現れる。こうした徒労のような経験を繰り返す中で、地域の目線に即し、予見を排除した世界像が徐々に立ち現れてきたのである。

ここからの章では、自己の先入観を自ら突き崩す「問題発見型」の思考プロセスを経て得られた知見が記述される。この記述は、筆者自身の先入観崩壊プロセスそのものを描き出す試みでもある。

「黄砂」発生の源の一つである「黄土高原」は、一億人もの人が生活する空間でもある[1]。そこでその地域全体を、「人々が生きる空間」として捉え直し、それを「里山」と表現する。「里山」とはここでは「人の気配のする自然」という概念で用い[2]、人間が働きかけ、永続的な関りを持っている自然、という意味である。そこに生える草や木、侵食谷、河川それぞれすべてに、そこに生きる人々の意味が附与され、改変され、その相互作用の結果として、新たな自然景観が形成されている。それはすなわち、人と自然が織りなしてきた空間の意味を読み解く、という作業でもある。そしてそうした空間性に制約され、彩られながら人々が繰り広げられるコミュニケーションがどのようなパターンを形成するのか。その差異と変化に着目する。そしてそうしたコミュニケーションの「渦」の中で人々の行為がどのように産出され、再生産されるのか。また、その中で人々の行為がどのように「変化」を引き起こすのか、について考える。

そのなかで、ある一人の人物、朱序弼《しゅじょひつ》に注目する。彼は、地域の植物に詳しく接ぎ木の技術に優れており、同時にこの地域のコミュニケーション・パターンを熟知して、活動を展開する植林技術者であった。彼の、意味を読み解きにくくみえる行動や、人々と紡ぎ出すコミュニケーションの意味を考えることで、この地域で「緑を回復する」ということはどういうことなのか、が徐々に明らかになる。

こうした一連の考察を経て、「予見」や「思い込み」を脱して対象を観察すること、その動きの中で新たな意味が見いだされるプロセスが事後観察的[2]に理解可能なものとなる。ここからは、その過程を不断の「リフレーミング」プロセスとして捉え、フレームの外側につねに意識を向けて「アウトフレーム」する視線の重要性について語りを展開する。

第4章

里山としての黄土高原

禁止されているヤギの放牧。見つかれば罰金が課せられる。

黄砂の発生地域の一つである黄土高原は、周囲数百キロにおよぶ黄砂の堆積した黄土層に、深い侵食谷[1]が大地をえぐり取るように刻まれた独特の地形である。かつて森林や草原が覆っていたというこの地域が、一九九〇年代には一面の黄色い大地となっていた。それはここに当時七千万人を超える人々が生活しており、周囲の自然に対して徹底的な関与が行われていたからである。その意味で黄土高原は「人の気配がする自然」つまり「里山」[2]であるといえる。人間の活動のありようや、意識のありかたがそのまま自然景観となって表現され、その変化のプロセスが明確に示される例として、この黄土高原について人と自然の相互作用を詳しく見てゆきたい。

1 人の営みが創りだす景観

黄土高原は日本の一・五倍の面積におよび、中国内陸部の山西省、陝西省、河南省、寧夏回族自治区、甘粛省、青海省におよぶ。標高はおよそ一〇〇〇メートルから一万五〇〇〇メートルくらいで、台地状の岩盤に多い所では黄土が二〇〇メートル近く積もり、それが長年の侵食によって削り取られて「溝壑」（中国語 gōuhè、英語 gully）と呼ばれる侵食谷が縦横に走っており、深い所では五〇メートル以上削り取られているような場所もある。

写真4－1では、かつてなだらかな丘陵であったところが深くえぐりとられ、侵食谷となった様子が見える。黄土高原の典型的な風景は、写真4－2のように「峁（mǎo）」と呼ばれる丘に、等高線状に棚田が作られ農地として利用されている様子である。夏には黄土高原も緑に見えるが、畑の収穫を終えた冬には一転してあたり一面の黄色い大地となる（写真4－3）。

写真4－3の手前部分は耕地だが、この畑が冬の間は地下六〇センチメートルくらいまで凍っている。それが解け始めるのを待って、人々は畑に鋤を入れる。その様子が写真4－4で

写真4－1　楡林近郊の臥雲山の侵食谷
（筆者撮影　1998年秋）

写真4－2　等高線状の畑に作物が植えられている
（筆者撮影　2002年夏）

写真４－３　畑の収穫を終えた冬

手前は畑で冬の間は凍っている。遠くは、棚田になっている場所となだらかな斜面が残存するがいずれも崩落の過程にある。（筆者撮影　1996 年冬）

写真４－４　春、凍結した地面が解けるのを待って鋤入れが行われる

（筆者撮影　1995 年 3 月）

ある。

写真４－４は一九九〇年代のもので、その後二〇〇〇年頃になると退耕還林政策が定着し、人々は出稼ぎに出るようになったため、家畜を使って農耕をする姿はあまり見られなくなっている。しかし、日本の一・五倍以上の面積をもつ黄土高原で、三月初旬一斉にこのような農耕に伴う土壌表面の攪乱が行われること、そこに春の低気圧による強風が西から吹き付けることは、パウダーのように細かい黄土が上空に巻き上げられる過程としてきわめて重要である。

陝西省北部をセスナ機やかつて多用されていた小型旅客機などで飛ぶと眼下数百キロ四方にわたって写真４－５のような光景が続くのが見える。まるで無人であるかのように見える黄土高原は、実は一つ一つの侵食谷に、多ければ何万人少なくとも数千人の人々が暮らす人口稠密な地域であった[3]。その耕地がまさに谷の周辺の丘

写真４－５　上空から見た黄土高原の地形
（筆者撮影　1999 年冬）

のように見えるところに広がっているのである。
写真４－６は上の谷に広がる農地と農家を地上から撮影したものである。農家は窰洞とよばれる黄土高原の侵食谷の斜面を活かした独特の建築で上空からはほとんど見えない。前庭に通じる小径を通って井戸水を運び上げたり、農作業に出たりする様子がこの写真からは窺える。畑は家の周辺に広がる段々畑。農家は周囲数キロ範囲内のいくつかの谷に分散した農地を請負い、農作業に赴く。山の上に植えているのはトウモロコシやジャガイモ、緑豆、麻、粟《あわ》（小米）、大豆、などである。

作物の植え付けは通常五月から七月頃のまとまった雨の降ったあとに行われる。しかし植え付けの準備は春節が明けて数週間後の三月初旬から始まる。出稼ぎに行かない農家は、二月の間に、羊の糞などを畑に鋤込みに行き（送羊糞）、三月に入って地表面が解け始めると植え付けに備えて犁を入れて土を柔らかく保つ。その状態で降雨を待つのだが、時には七月に入ってもまとまった

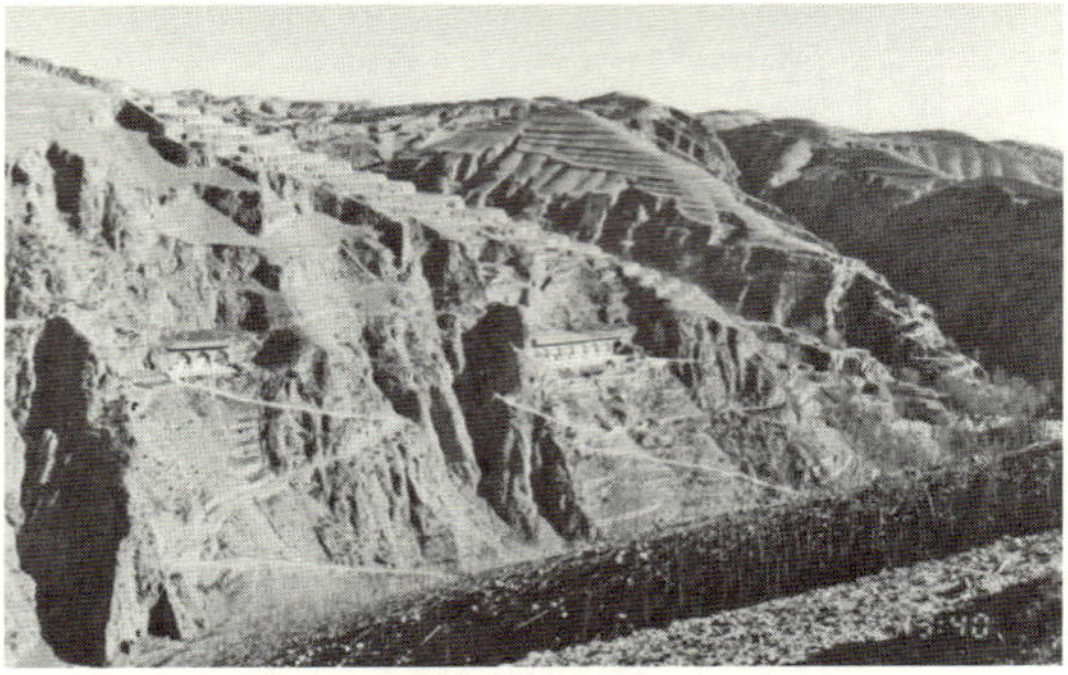

写真４－６　黄土高原の斜面とそこに穿れた「窰洞（yáodòng）」とよばれる住宅
（筆者撮影　1991 年冬）

雨が降らないこともあり、その間、黄土の表面は、舞い上がりやすい状態に保たれる。

雨はパラパラと湿る程度では不十分で、地元の人が「保墒（bǎoshāng）」と呼ぶ状態まで湿らないと植え付けはできない。「墒」というのは湿り気を持った土の状態を指し、地表から五〇センチ程度までは湿った状態を指す。春にまとまった雨が降ることがその年の植え付けを決定することから、「春雨貴如油」（春の雨は油のように貴い）と言われている。黄土高原で黄砂が舞い上がるのはまさにこの「春耕」の直後から、作物が植え付けられる状態にまで土が湿

写真 4－7　窰洞と周囲の斜面の畑
（筆者撮影　1995 年春）

写真 4－8　1995 年、急な斜面での耕作が各地で見られた
中央に 3 人、左下に 1 人、作業をしている人が見える。
（筆者撮影）

り気を帯びるまでの間、ということになる。そして作物が育ち、草が地表面を覆うようになると、舞い上がりは抑制される。

写真4－7は典型的な黄土高原の住宅で、周囲の斜面は九〇年代まではすべて耕地として耕され、斜面の一部を平らにして穴を穿《うが》って建てる窰洞《ヤオトン》建築の前庭には自家消費用の野菜などを植える畑が作られている（写真4－8）。当時は、どんなに急な斜面でもジャガイモなどの植え付けが行われていた。このような急斜面は二〇〇〇年には耕作が全面的に禁止され、ヤギの放牧禁止政策もあいまって、植生が回復し始めた。

写真4－9は村人が農作業を開始し、前年秋の収穫後、畑の中にそのままにしてあったヒマワリの茎を引き抜いて、燃料として自宅に持ち帰る作業をしているところである。ヒマワリやトウモロコシの茎は主として煮炊きに使い、日頃使用する石炭の重要な補助燃料となっている。この作業が第1章で見た秋の黄砂の一つの原因である。

写真4－10は、黄砂本番の三月。人々が畑に入り、土を起こして活発に農作業を始めた二日後、朝から曇った様子であったが、その年最初の黄砂が村を襲った時の模様である。あたり一面が昼でも黄色くどんよりとした空気に覆われ、黄砂が舞い上がると同時に、村の真中を流れる小さな川の流れも黄土の色に一変した。

この川は普段は流量の少ない「小河」と呼ばれる小さな川であるが、夏の間、集中豪雨が降

ると、洪水の通り道となる。また、日頃人々がこの川の水で洗濯をするため、汚染が進んでおり、平常でも少し水の流れが緩慢な場所では、泡が集まったような状態になる。いったん洪水となるとその流れは一気に混濁し、黄色い土石流のような激しい流れとなって土砂やゴミを下流に押し流すので、多数の支流の水が集まる黄河はゴミの河となる。

写真4－9　秋の収穫後の作業

ヒマワリの茎は収穫後もそのまま放置されており、11月に入って地面から引き抜いて刈り取る。この地域では、この作業で11月に再び黄砂が舞い上がりやすくなる。（石田慎介撮影）

写真4－10　黄砂に襲われる村

2006年3月10日。3月2週目になって黄砂が舞い上がり始めた。その2日前まで、空は抜けるような青空であった。（石田慎介撮影）

このように、黄砂現象は乾燥地域の自然現象であると同時に、人間が黄砂の舞い上がる条件を作り出し、土壌表面に不断に関与して黄砂の舞い上がりやすい状態に改変してきたことと密接不可分に関わっているのである。

この地域では、すでに何度も述べたように二〇〇〇年以降、退耕還林制作やヤギの放牧を禁

写真 4 -11　退耕還林後の村の斜面
2008 年夏の楊家溝村。左が北向き斜面、右が南向き斜面。北向き斜面のほうが水分が保湿されコケなどが繁茂し、草が生える。（筆者撮影）

写真 4 -12　侵食の進む村の台地
2008 年夏の楊家溝村、崩落した大地に少しずつ緑が蘇る。黄土の特性により崩落面は縦に亀裂が入り柱のようになる。（筆者撮影）

止する禁牧政策が行われ、これまで徹底的に耕されていた斜面に、緑が回復するようになった。

　同時に、政府の指導で植林も活発に行われ、村の景観は大きく変わりつつある。しかし、この植林についてはすでに指摘したように、合理的な方法で行われているとは言いがたい。というのも、植林の樹種は相変わらず常緑の針葉樹で、この地域の生態系に合致しておらず、しかも下草を取り除くため、地表面の裸地状態は数年にわたって保持される。

　この様子を上空から見たものが、図4－1である。これは村の中の上空からの写真を利用したものであるが、この図が示していることは、四角で囲われた斜面は北向きで、日射量が多くないのと、放置されていて植生が荒らされていないため、植物で覆われているのに対し、丸で囲われたところは、植林され、土壌表皮を剥ぎ取られ

図 4－1　村の「植林地」と「荒地」
四角で囲われたところが日射量蒸発量とも少ない北向き斜面で、自然植生が回復している場所。丸で囲まれたところは植林地で、ゴマ塩のように針葉樹が植えられているが、下草が除去されているため、土壌被覆効果は薄い。写真は Google Earth を使用。（安冨歩作成）

ており、数年経ってもいつまでもむき出しになっている、ということである。植林のためとはいえ、せっかく形成されていた被覆が破壊されてしまうと、地表面の蒸発量が増え、せっかく植えられた常緑樹は、水が足りず、生育が困難な状況となる。たとえ、生き延びたとしても、二、三十年経っても人の背丈にもおよばない、「小老樹」と呼ばれる状態になることが多い。

一方、村には墓地として二十年ほど前に放棄された場所があり、そこはニセアカシアなどの

写真 4 -13　数年間放置された墓地に生える樹木
2004 年春の楊家溝の墓地。（筆者撮影）

写真 4 -14　数年間放置された墓地の横の畑
春になると畑に羊の糞を入れる。同じ斜面の同じ場所の二つの景観。数年間放置された写真 4-13 の樹木が伸びた墓地は写真左奥に隣接しているのが見える。手前の地表面は耕され、黄砂が容易に舞い上がる空間。（筆者撮影　2004 年）

樹木が自生し、腰の高さほどもある下草が数十種類繁茂している（写真4－13）。ところが、この墓地に隣接する耕地は相変わらず、剥き出しの黄土のままである（写真4－14）。この二つの場所を比較することで、人間の耕作という関与が働かないだけで、わずか二十年あまりでこれほどの変化が引き起こされることがわかった。つまり、黄土高原は、放置しておけば勝手に森林に戻る可能性を有していたのである。

結局のところ、われわれ調査グループが到達した結論は、土壌表面の様子は歴史、社会、人々の概念に左右され、その相互作用が新たな景観を創りだしてゆく、ということである。そして地表面状態に関与する人間の活動によって、土壌表面の生態系はまったく異なる様相を呈し、それによって「自然現象」である黄砂の舞い上がりもまったく異なる機序を見せる。

写真4－15は、写真4－13の墓地の夏の様子である。夏場は腰まで各種の雑草が覆い、どん

写真4－15　2004年9月調査時の墓地の様子

夏には30種類ものイネ科の「雑草」が地表面を覆い尽くしており、隣接地の耕地とはまったく違う状態となっていた。（安冨歩撮影　2004年）

なに風が吹き付けてもここでは黄砂の舞い上がりは起きない。つまり写真4－14と4－15の違いは、ただただ人間の利用と関与の方法の違いのみであって、気候条件、日照条件などはまったく同一である。

この墓地を観察することでわれわれは、問題は黄土高原をいかに緑にするか、ということではないということを理解した。なぜなら黄土高原の多くの場所は、放っておけば緑になるからである。

問題は、この墓地では一切の生産活動が行われていないので生態系が回復し、生産活動が行われている耕地は黄土が露出している、ということである。つまり、黄砂の舞い上がりを抑えつつ、地元の人々が生きて行ける経済活動を展開することができるかどうか、言い換えれば、黄土高原の生態系の回復力を活かしつつ、人々の生活を守るにはどうしたらよいのか、が真に問うべき問題であることが明らかとなった。

2 「禿山に一本の木」が語る歴史・文化・社会

墓地が、黄土高原に木を根付かせる重要な拠点であることは、筆者が黄土高原を最初に訪れた際に撮影した写真4－16からも明らかである。禿山に一本だけ木が生えているが、これは

「風水樹」である。山頂に墓があり、その墓を守る木として守り育てられているのである。この写真は、この地域が樹木の生育しない環境にあるのではなく、樹木が生える社会的文化的経済的な意味付けがないために、禿山が広がっている、ということを示している。

つまり、墓を守る木であれば、その墓を守る子孫がそれを保護するし、周りの人もむやみに伐ったりしない。周辺の斜面がパッチワーク状なのは、農地として異なる農民が請け負って異なる作物を耕作しているためである。植林などで植えた木も、将来にわたって、そこに何らかの文化的社会的あるいは経済的政治的背景が働かなければ、そこに生え続けることは困難である。

このように一枚の写真を見るだけでも、景観は実に多くのことをわれわれに語りかけてくれている。写真4－16をみて、気づかなければいけないのは、

写真4－16　禿山に一本の木

このような光景は黄土高原ではしばしば見られる。これは1990年に初めて黄土高原を訪れた際、車で移動中にスライドフィルムで撮影したものである。延安から綏徳を経て米脂県に向かう途中に撮影されたこの写真は、黄土高原の「峁」（mǎo）と呼ばれる地形を典型的に表したもので、請負の農地が区画されている様子、裾野の畑がすでに崩落している様子、そして山頂に風水樹が一本植えられている様子が観察される。（筆者撮影　1990年）

一．ここが生態学的、気候的に、木が生えない場所ではないということ。

二．山全体の使われ方は、この地域の人口状況と当時生産各戸請負制による農耕が行われていたことと関係し、それがこのパッチワークを生み出しているということ。

三．山頂の一本の木は、人々が、社会的文化的意義を与えている木々のみ、存続が許されているということ。

である。

写真4－16が撮影された場所は陝西省北部の延安地区から楡林地区へと移行するあたりで、年間降水量は四〇〇ミリ前後である。植物生態学的には「森林限界」であると考えられている。しかしこのような見方は、人間の関与次第で、「森林限界」がいくらでも動くことを無視し、現状の植生を「自然状態」とみなしたことで生じる。

中国の歴史地理学者、史念海が明らかにしているように、(4) 陝西省北部の黄土高原はおそらく七世紀頃まで森林と草原が入りまじった景観であったと言われており、決して現代のような侵食の進んだ黄色い大地ではなかった。さまざまな歴史的要因、人為的要因が積み重なり、現在の景観が形作られるに至ったが、それも人間が、土壌表面や植生に与える意味を変化させることにより、劇的な変化を引き起こしうるということ、実際にはそこに見えない社会的圧力がか

かっていることを先の本章第1節の事例は示している。

筆者が現地に足を運び始めた一九九〇年代初頭は、春には全面的に黄色い大地が覆うような景観であったが、一九九八年頃から徐々に退耕還林政策や禁牧政策が行われるに至って、かつてないほどの種類の「雑草」が畑の周辺や休耕地に繁茂し、鳥や野生動物が増えるようになった。山にはキジやウサギや野ネズミが生息し、人々が都会に出てしまって、農村が老人ばかりになると、耕地は次々と放棄されるようになり、二〇一〇年頃には、もとの草原や森林を彷彿とさせる景観が出現した。当初、黄土高原の植生の回復には二十年あるいはそれ以上かかるだろうと考えていたが、実際には数年で劇的な変化が起きたのである。

過去二十年余りの滞在調査を通じ、人間が土地との関わりを変更するだけで、「自然景観」は大きく姿を変えることを、黄土高原は教えてくれた。たとえば、黄土高原には数多くの廟と呼ばれる宗教拠点があるが、そこでは廟を守るための植林が行われ、住民参加による維持管理で安定的に運営されている。これは補助金や強制力がなければ行われない行政的、指令的植林業務と明確に異なる。廟会とは、陝西省北部で各地に点在する主として道教の神々を祀る拠点で、龍王、関帝、娘娘《ニャンニャン》（子授けの女神）などの在地神が祀られている。それぞれの廟から恩恵を受けた人々や、地域の人々の自発的組織によって運営され、祭り（これも廟会と呼ばれる）や宗教行事、雨乞い儀礼などを主催する。小さなものでは村の中にいくつかの廟があり、

大きなものでは周辺の数百キロ以遠からも人が集まる大規模な廟会を開催するようなものもある。(5) 廟会では、芝居の奉納を行い、各地から集まった人々によってお布施が寄せられ、集まったお金で公益的事業や廟の運営資金が賄われる。黄土高原には各所に数百年前の古木があるが、その一つ、横山県の臥龍山では、古木を中心に廟が建てられている（写真4－17）。

写真4－17　横山県の臥龍山永興寺に残る樹齢600年の楡樹
（筆者撮影　2008年）

黄土高原、なかでも陝西省北部には大小あわせて数万もの廟があり、日本の神社の社叢林のごとく、古木が残されていることがある。そればかりか、近年の廟の復活により、廟自らが積極的に緑化の中心となる事例が多く見られる。

行政的な植林であれば、補助金が切れれば伐採されたり、また十分な管理がなされなかったりすることが懸念されるが、廟が管理する植林地は、多様な樹種を、多年にわたりボランティ

ア労働によって管理されるという永続性があり、また人々の憩いの場所としても有効に活用される。

こうした文化的装置を利用した植林は、第7章以降で紹介する朱序弼が一九五〇年代に提案し、その後八〇年代の改革開放時代になって徐々に実現されたものである。この植林活動は、現地の生態系や文化に寄り添い、そこに働きかけることで緑化を推進するものであり、本論が考察の対象とする「越境マネジメント」の重要な事例と見なすことができる。

その詳しいプロセスと、廟の活動を支える「交換のメカニズム」について以下の章で考察する。

第5章

黄土高原の空間構造がつくるコミュニケーション・パターン

廟会にあつまり、おしゃべりをする村の人々。

1　侵食谷フラクタルが生み出す生活世界

黄土高原の空間の特徴は、大地に刻み込まれた侵食谷のつらなりからなるダイナミックな河谷構造にある。その侵食谷は特徴的なフラクタル状の図形をなす。フラクタルとは、自己相似を繰り返すパターンを指すもので、黄土の粒子構造もフラクタル状になっていた。侵食によって削り取られた黄土の河谷構造もまた、典型的なフラクタル図形を描く。より大きな河谷に対して、いくつもの河谷が枝分かれし、その枝分かれした谷から、より小さな谷が枝分かれしている。残された尾根部分もまたその裏打ちをするように、フラクタルの逆パターンを構成している。この空間的特徴は、中国のほかの地域には見られない。この独特な地形のうえで展開する人間社会の活動は、それによってさまざまな制約を受け、また同時に特徴あるコミュニケーション空間を生み出している。たとえば、ヒトやモノや情報の動きは、河谷構造に沿って展開する。[1] この河谷構造は歴史的に形成されたものであるが、土壌流失や侵食が加速化した清代にはすでに現在に近い景観が現出していたものと考えられる。

陝北《シャンベイ》における調査でわれわれが最初に印象づけられたのは、河谷内部に点在する村落での人々の語りの濃密さである。村には必ずいくつかの情報ステーションともいえる人々の噂と情

報の交換の場所があり、人々は日々の生活の中で、このおしゃべりステーションに立ち寄り、四方山話をする。

この語りのあり方を、われわれはC・ギアツの「厚い記述」[2]になぞらえて「厚い語り」と呼んだ。それは、身近な村人の情報であったり、地域の不正幹部の情報であったり、また人々の最大の関心事の一つである廟や廟会、芝居に関する話題であったりするが、語りの内容は、総じて物語性に富んでいて詳細である。

そして、もう一つ驚かされたのは、そうした語りの内容が、瞬く間に他の情報ステーションや地域一円に伝えられてゆくことであった。一見、外界と隔絶されたかに見える河谷内部の村に、外部の情報が驚くほど速く入ってきて、逆にその村で起こった小さな出来事が高速度で広がってゆく。そのプロセスは、さしたる通信手段もなく、交通不便なこの地域においては、何らかの説明なしには、理解しがたい事柄であった。

中国社会のコミュニケーション・パターンを空間との関わりにおいて論じた代表的な研究としてスキナーの農村市場理論がある[3]。スキナー・モデルは、中国農村市場の階層性と分布から、中国農村の基層社会のサイズを提示したが、同時にモノや人や情報が流れる経路を明らかにした。その点で、中国基層社会研究に多大なインパクトを与え続けている。

スキナーがフィールドとしたのは、四川盆地の平地部分であるが、その後に出された批判や

修正の多くは、この六角形モデルが、さまざまな地形要素によって制約を受けて形を変えるという点についてであった（図5－1）。しかし、多様な生態と地形を有する中国のさまざまな地域で展開する市場構造がどのような差異をもち、その差異がどのようにして生み出されるのか、というプロセスそのものに対する分析は、十分に行われてきたとはいいがたい。ここでは、事例となった黄土高原の一地域の空間構造とコミュニケーションのダイナミクスに注目してみたい。

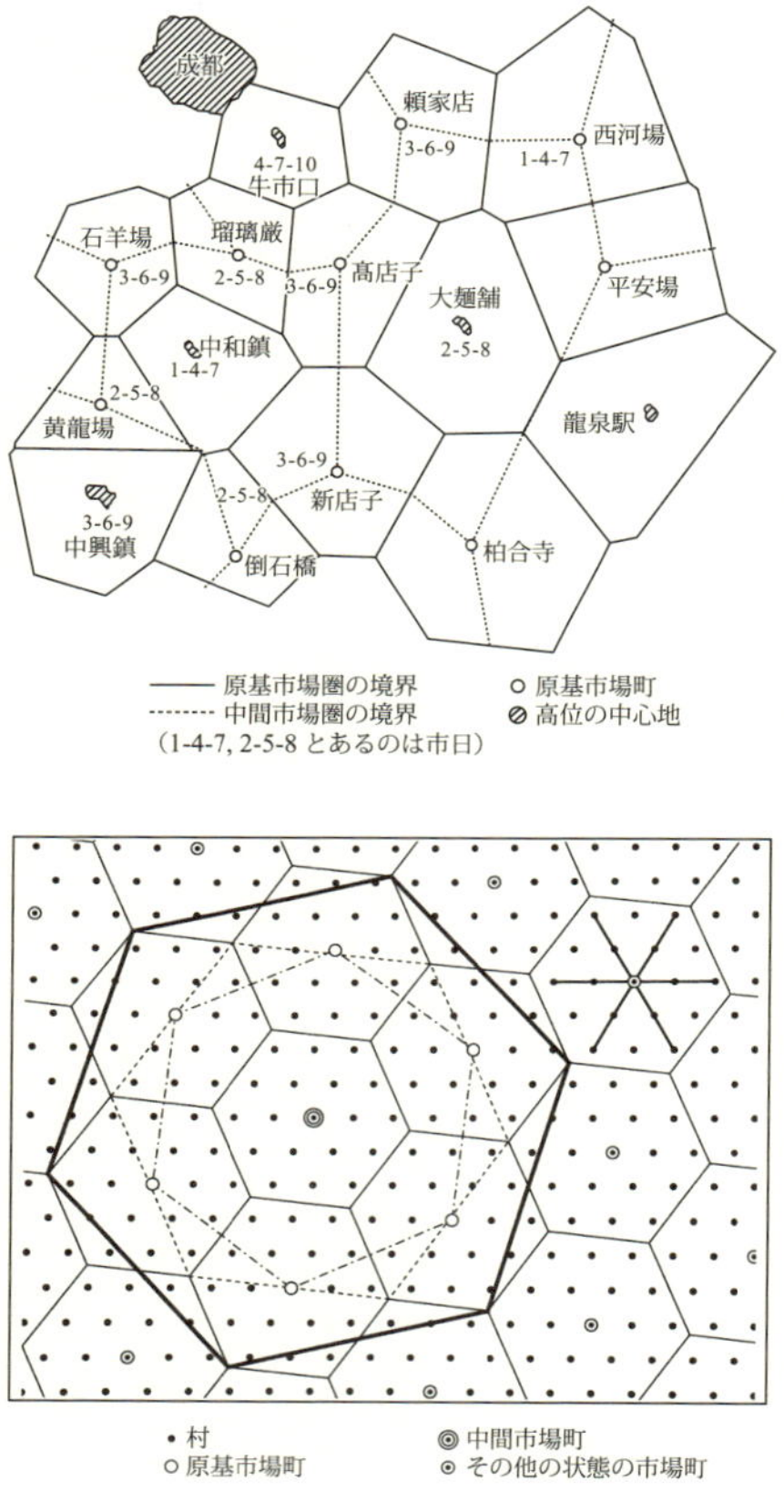

図5－1　スキナーの描き出した四川省の農村市場共同体の構造

上の図の○が原基市場で、その周辺の実線の六角形は、そこに人々が集まる村々の範囲を表示。高位との中心地はそれぞれ周辺の6つの原基市場と関係し、それらを結ぶ点線の六角形がその影響範囲を示す。下の図は、上の図を抽象化したもの。Skinner, W.,（1964-5）“Marketing and Social Structure in Rural China.” Journal of Asian Studies, Vol.24, No.1-3, pp.22-23　より作成。

2　中心地の立地と河谷構造

まず始めに陝北（この地域全体が黄土高原）の河谷構造が、フラクタルをなしていることを図5－2、5－3で見てほしい。

図5－2は一〇万分の一のランドサット衛星TM図像から得られた、河谷の分布を現す図であり、図5－3は一万分の一の航空写真から得られた図像である。つまり図5－3は図5－2の一〇分の一の拡大図であり、図5－2に描かれる河谷の分枝の末端が図5－3の全体に相当すると考えてよい。

図5－2では二段階にわたる同型相似が見られ、図5－3ではさらにそこから一ないし二段階の相似が見られる。ここで、図5－2で葉脈のよ

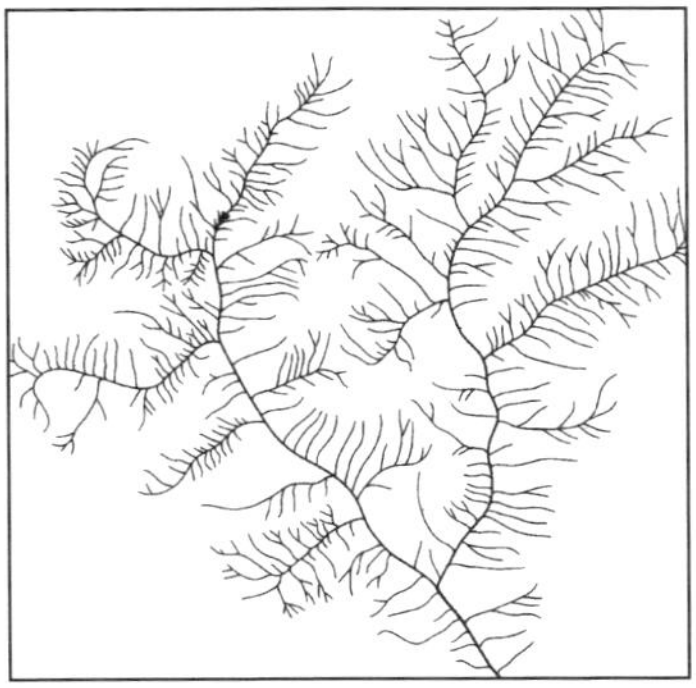

図5－2　右の図5－3を30倍程拡大したもの。それぞれの谷がさらに枝わかれしている。

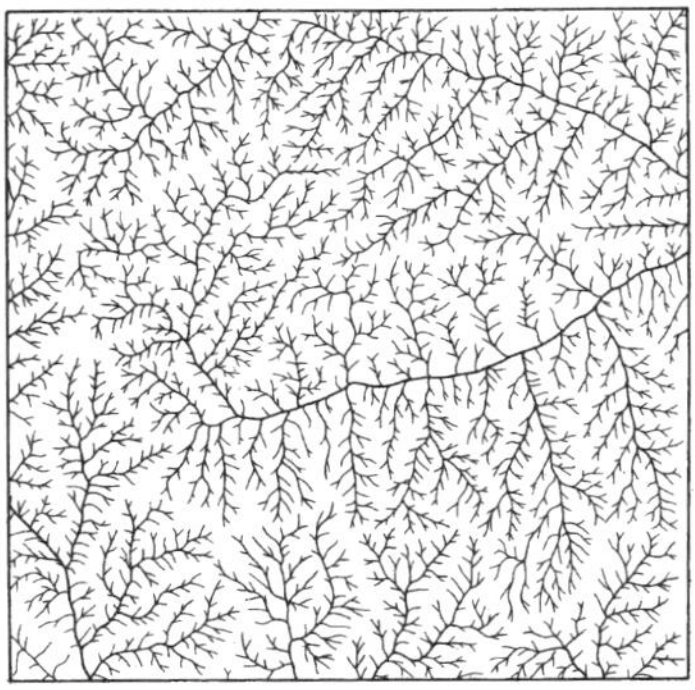

図5－3　黄土高原侵食谷密度図

両図ともに中国科学院遥感应用研究所・中国科学院水利部西北水土保持研究所（1991）『陕北黄土高原地区遥感应用研究』科学出版社、p.7より転載。

うになっている河谷は、黄河に流れ込む支流である無定河（第一レベル）から派生する第二レベルの支流である。その下位に第三レベルの支流、さらに第四レベルの支流が描かれている。現在の行政村の多くは第二レベルの分枝をいくつかに分割するようなサイズで分布しており、多くは第三レベルの分枝を数本ないし十本程度含む空間をその範囲とする。たとえば図5－4は米脂県内の河谷と村落分布を示したものであるが、第二レベルの河谷が一〇から二〇程度の行政村落に分かれていることがわかる。

図5－5はこの地域の黄土高原と砂漠のつながりを示したものである。右下が黄土高原で、稠密な河谷が描かれており、左上部分の平坦に見えるところが砂漠地帯である。そのちょうど境目のところに楡林という街がある。かつては

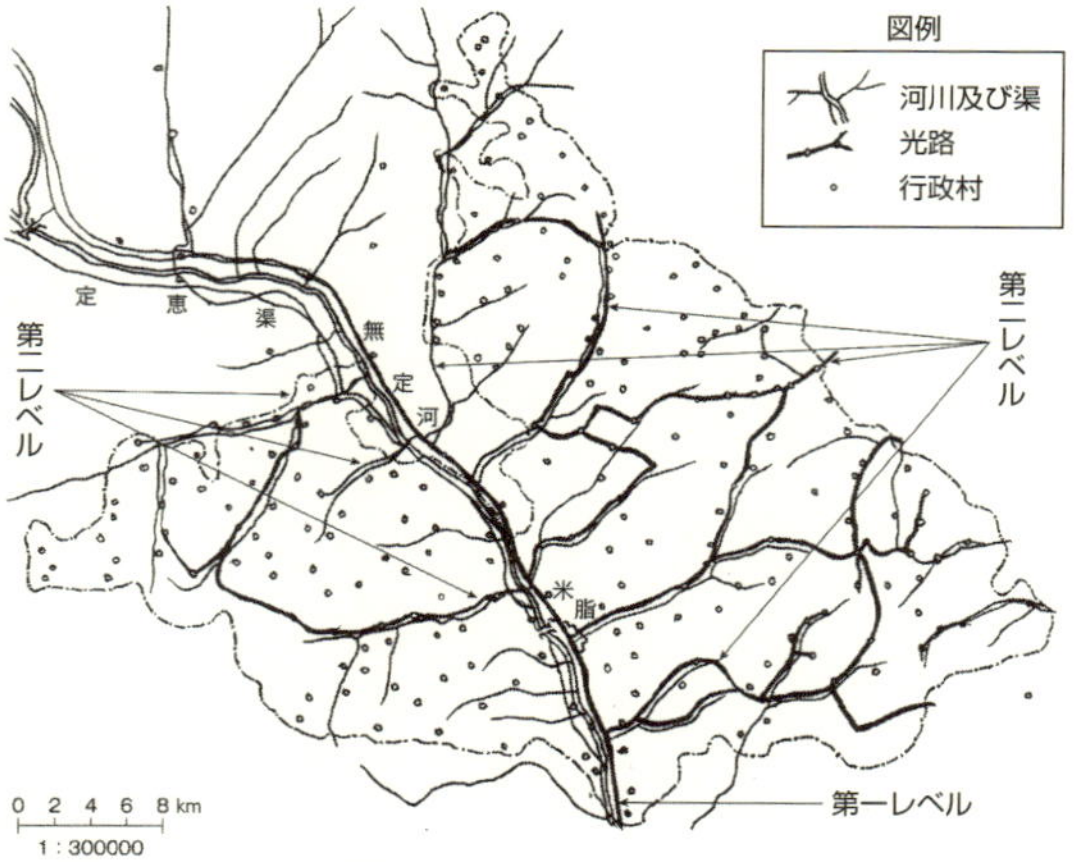

図5－4　黄土高原の河谷と村の所在地

陝西地図出版社（1987）『陝西省地図冊』p.40 より作成。

人口五万人程度の小さな辺境防備と異民族との交易の歴史を受け継ぐ街であったが、近年地下資源開発を経て、爆発的に成長し、現在その人口は一〇倍近くにもなっている。ここは解放後、中国を代表する砂漠緑化の拠点都市でもあった。

楡林より北西は、かつては内モンゴルの草原であった。その後、砂漠の拡大によって、砂が表面を覆うようになり、解放後、重点的に植林が行われるようになった地域である。つまり砂漠化との攻防の第一線の地域であった。

図5-5　黄土高原と砂漠の境界線（地図内丸囲みが楡林）

右下が「溝」（食谷）の広がる黄土高原。左上が砂漠でもともと草原であった場所。陝西师范大学地理系（1987）陝西省楡林地区地理志编写组『陝西省楡林地区地理志』陝西人民出版社、p.29。

今日でも黄土高原と砂漠の境界は視覚的にも歴然としている。細かなシルトで覆われた黄土高原は、その岩盤となる地形によって、さまざまな侵食のパターンを示す。図5－4で侵食谷が描かれている右半分の地域である。深いところで二〇〇メートル近くもの厚さのある黄土層は、水による縦の侵食の力を強く受け、深く削り取られたような侵食の跡をあちこちに露出させている。

一方、砂漠のほうは、風で運ばれてきた砂漠の砂がなだらかに地表面を覆い、縦に深く削られた地形はない。砂がそのような形状を維持しえないからである。黄土高原の辺縁部に砂漠の砂が覆い被さる現象も発生しているが、少なくとも景観上、両者は相容れない様相を呈している。万里の長城は、まさに砂漠と黄土高原の境界を走っており、そこから南は切り立った崖が続く河谷の大地、北は砂漠のなだらかな地形となっている。

万里の長城沿線には楡林、神木、横山、靖辺、定辺などの街があるが、これらは「辺防」の要塞を起源とする。こうした都市は、かねてより「蒙漢互市」の交易地点として栄えてきたという背景を持ち、清代中期には「地商」によるオルドスの耕地化や開発にともなって(4)、交易地として空前の発展をみたという。漢族の居住地域から布や、茶、穀物や日用品、皮革加工品などが「輸出」され、内モンゴルからは各種の毛皮や塩などが「輸入」される、「蒙漢」交易に引き寄せられて、山西や河北などからも商人がこの地に集まってきたといい、その賑わいは

二〇世紀初頭まで続いていた。また、黄土高原河谷地域の県城はいずれも川の合流地点に位置しているが、それはおそらくこの流通経路と関係している。

商業鎮《ちん》（マーケットタウン）の典型といえる、鎮川《ちんせん》は清中葉から民国期にかけて、陝北、寧夏、内モンゴルの物資の集散地として栄えた。民国二〇～三〇年頃には、同鎮には八〇軒あまりの商店や貨桟《かさん》（倉庫を備えた問屋）、旅館や飲食店などが軒を連ね、天津、河北、山西、甘粛などの客商がここに店を構えて、毛皮や羊毛、薬材などを専門に買い付けていた。また、アヘン交易などもこれに加わり、鎮川の商人は毎年この皮革交易とアヘンで巨万の財をなしたという[5]。

解放後、この地域の交易は急速に衰え、八〇年代までの鎮川はそれまでの繁栄を偲《しの》ぶすべもないほどに衰えていたが、伝統経済の中で、同地域の商業的中心地が、地域内流通の中心地としてというよりは、内モンゴルと華北一帯を結ぶ結節点として機能していたという点は、農耕地域と遊牧地域の境界地域に位置する商業鎮の特徴を示すものとして注目に値する[6]。

3　噂の伝わりかたと共有される厚い語り

こうした歴史的背景のもとに現出した特徴ある黄土高原の河谷構造は、そこに住む人びとの

コミュニケーションに、大きな影響を与えている。ここではミクロな世界に視点を移し、河谷に広がる村と、そこで展開される人々の営み、ところどころに浮かぶ県城（行政の中心地）や鎮（経済の中心地）が果たす役割と周辺との関わりがどのようにつながっているかを考える。

帯状平地と河谷の二元的空間構造

黄土高原の侵食谷のひだが稠密に分布する河谷地帯の「ムラ」世界と、河川の周辺に開かれた平坦地はかなり明確なコントラストを示している。県城やそれに準ずる「マチ」は一定程度開けた河川流域に立地するのに対し、その周辺に展開する河谷は、そうしたマチを有する帯状の平地の両側に幾重にも連なって広がっている。

両者の「境界」は景観的にも明確である。たとえば楡渓河、無定河といった、主たる河川の周辺は、水田として利用されており、渠灌漑《きょかんがい》なども施されている。ここは地域全体が干ばつに悩まされている時でも、作物が青々と実り、緑豊かな別天地である。(7)

また、マチに居住する人々が「農村」あるいは「山」といえば明確に境界線で区切られた「河谷」の連なる地域を指すことが多く、たとえ県城に近接していても、河谷や起伏のあるところに入ると、そこは厳然と農村ないし「山区」（山間部）として捉えられる。

また、無定河流域では舗装された道路が走っているのに対し、河谷にいったん足を踏み入れ

るといきなり「土路（tǔlù 舗装されていない道路）」となることからも、その違いを実感させられた[8]。二〇〇〇年代に入って、そうした状況には劇的変化が起きつつあるとはいえ、こうしたコントラストは戸籍制度が固定化され、公路が整備された一九五〇年代以降、顕著となったと考えられる。ただ近年は「ムラ」から人口が流出し、近辺の「マチ」に流入しているため、この構造に変化が見られる。

空間的にこのような二元性を持つこの地域であるが、そこに伝わる情報、あるいは人々のネットワークは必ずしも、二元的に分断されているわけではない。むしろ、両者は情報の流通の上で互いに異なる働きをして、補い合っている。

冒頭にも触れたように筆者が陝北に足を運ぶようになって、最も驚かされたのは、この黄土高原の谷間に流れる情報の伝播力の強さとその速度であった。筆者が『黄土高原の村』[9]で言及したように、たとえばわれわれがフィールドワークを行った村の中で、われわれをめぐる情報が瞬く間に伝わって行くこと、また人々の重大な関心事である廟会や劇団についての話題が、驚くほど広域で共有されていることなどは、交通不便で一見外界と隔絶されているかに見える黄土高原の河谷の「ムラ」に降り立ったわれわれに、新鮮な驚きを与えた。

なかでも当時復活の勢いの著しかった廟会[10]が、またたくまに急成長し、一〇万人を集客する祭りに成長する過程は、きわめて興味深い事例として立ち現れた。これまでに何度か紹介を試

みた黒龍潭の廟会はまさに、その典型例である。(11)

なぜ劇団や廟会にまつわる噂や情報が、交通不便なこの地域で、数百キロ離れた場所でも共有され、しかも熱狂的なまでの人々の凝集をもたらし得るのか、さらにこうした人々の噂が、なぜ廟会の盛衰を左右するような増幅作用をもたらし得るのか。この謎について、陝北特有の空間構造との関わりから説明したい。

陝北における情報の伝達モデル

図5－6は陝北における情報伝達モデルを図示したものである。

陝北における情報の流通には大きく分けて以下の三つの層があると想定される。基層レベルは河谷の末端および河谷内部での情報流通である。これを「溝《ゴウ》(gōu)」レベルとする。その上位のレベルはそれらの溝が集まって形成される河谷ないしは数本の河谷での情報の流通、これを「河谷レベル」の情報流通経路とする。更にその上位は県城などを含む都市で流通する情報流通レベルで、帯状平地を通って情報が広域に伝達される経路である。これをここでは情報のハイウェイパスと呼ぶ。

「溝」レベルは村落内部や同じ河谷の近接する村落程度での情報の流通ないし共有で、ここでは日常の瑣末な噂やささいな出来事までが、常時循環的、反復的に交換されている。

次の河谷レベルは、いわば情報のフィルター的機能を持つ段階であるといえる。「溝」レベルの情報で、浸透力のあるものがこの河谷レベルに広がり、その中でさらに浸透力があるものが、ハイウェイパスへと持ち込まれる。いったんこのパスにのると、情報は広域に流通する可能性を獲得し、別の河谷レベルに同じ経路を逆に通って浸透する。つまり、きわめて広域に、かつ「溝」の細部まで情報が送り届けられる可能性が生じるのである。

陝北の河谷では、いたるところに情報交換ステーションが設けられている。それは、村の片隅であったり、外から入ってくる情報をキャッチするのにも便利な村の中心地にあったりする。こうした情報交換ステーションで、人々は仕事の合間に集まっては四方山話を繰り広げ、またそこで得

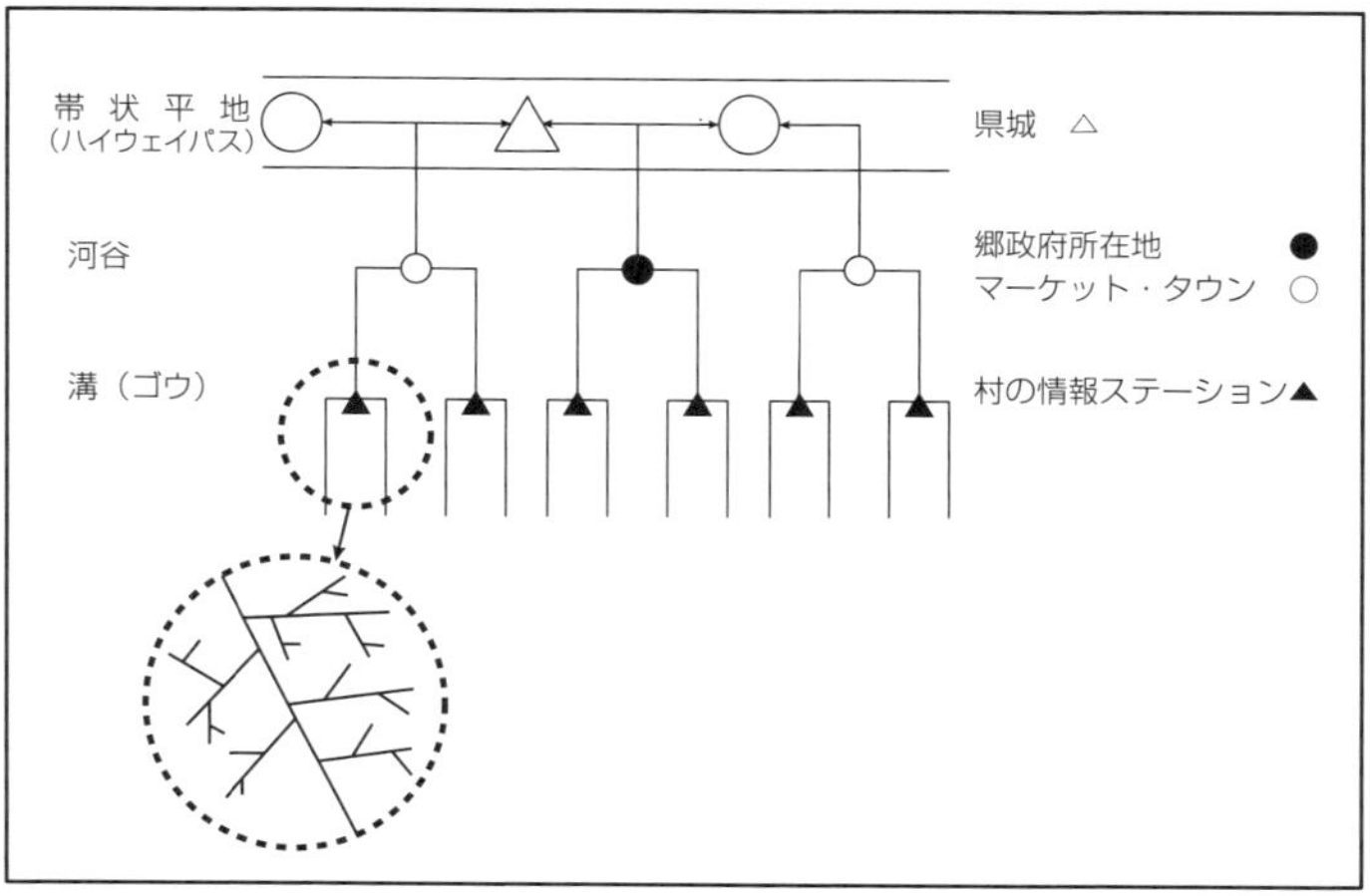

図5－6　黄土高原の河谷における噂の伝播モデル

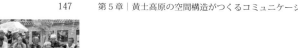

た情報を持って別のところに行って伝達する。

この情報交換ステーションが、すべての河谷の分岐点に存在すると仮定しよう。すると河谷レベルが一つ上がるごとに、その分枝の情報がそこに集められ、その情報のなかから価値あるものが上のレベルに持ち上げられることとなる。また、外部からの情報も、それが浸透力をもつものであれば、この分岐点を経由して、まるで生体組織の毛細血管の細部に行きわたるように伝達される。

一方、外に出てゆく情報は、レベルを一つクリアするごとに、数倍、数十倍の流通範囲を獲得することとなり、伝わる力を持つ情報は、加速度的にその流通範囲を広げることができる。情報が伝えられる道筋としてトーナメントのようなツリーが描かれるのである。

以上のように、河谷構造と幹線の組み合わせにより、陝北における情報伝播は広域性と浸透性の両方を有することが可能となり、さらにそのフラクタル構造によって、人々の興味を獲得し得た情報は、きわめて効率的に高速に、各レベルを吸い上げられたり、降ろされたりすることが可能となっているのである。

さらに各レベルの情報にはもう一つ重要な違いがある。それは情報の反復と滞留時間の差異である。たとえば河谷レベル内部で交わされる情報は、村内部での人の噂など、面会範囲を越えて話題になることはほとんどないが、逆に反復して交換されることが多く、また人々の記憶

にも長くとどまっている傾向が強い。つまり、情報の滞留スパンは比較的長い。

それに比べて、広域に流通する情報となると、伝わる範囲は広くても、その情報が反復的に語られる機会は減少し、情報の滞留期間も短くなる傾向にある。それは広域情報の流通量の多寡によっても左右されるが、生活に密着したものではないだけに、他の情報によって取って代わられたり、また時間の推移によって忘れ去られたりする可能性も高い。

村で取り交わされるパーソナルな情報は反復的、長期的に語られる傾向が強いのに対して、県城などでは日々多くの情報が流入するため、その流動によって情報が淘汰される可能性が高まる。こうした県城などのレベルで情報を長期的に残すためには、県誌などの文字媒体への記録という形が取られるのであろう。つまり文字として残される情報というのは、先の図でいうと河谷レベルを通り抜け帯状平地にまで到達した情報のなかから、さらに選ばれたものであるという可能性が高い。

こうした、情報の流通する範囲と滞留時間の関係に関する特徴は、おそらく普遍的な特性と言えるであろうが、黄土高原で興味深いのは、それが空間的特性と結びついて、鮮明に捉えられるという点である。

このような情報特性は、この地域が中国共産党革命の根拠地となったことと、大きな関係があるのではないか、と筆者は考えている。毛沢東が率いる共産党軍がこの地域に逃げ込むと、

それを追いかける国民党軍は、急に劣勢に立たされることになったが、その背景にはこの地域が持っていた情報流通機能が関係している、と見ているのである。

たとえば、国民党軍が共産党軍を追いかけて河谷地域に入ったとすると、その情報が急速にこのルートを駆け巡り、各地に点在する紅軍兵士に伝わったのではないだろうか。もちろんこれには、この地域の住民が共産党を支持している、という条件が必要であるが、ひとたびこの条件が満たされれば、両者の間の情報非対称性は共産党軍に有利になったであろう。

4　時代の流れにも変わらぬ語りの空間

実は前節で描いた状況は主として一九九〇年代を対象としたものであり、その後この地域は大きな変化を経ている。

二〇一〇年にそれまで戸籍のない場所で子供を就学させるには、「借読費」[12]を納める必要があったため、農村の流動人口に一定の歯止めがかかっていた。しかし、少なくとも名目上は撤廃されたため、村に残っていた出稼ぎの家族が、こぞって近隣の県城などに雪崩のように押し寄せ、村の学校の多くがいきなり廃校になる、という現象が起きた。

これによって、村の若い世代が一気に県城や近くの都市に流れ込み、人口の大規模な流動が

起きたのである。その人達は当初、県城などで家を借りて住んでいたが、数年を経ずして、ローンで家を買うようになり、携帯電話、マイカーの普及とともに、その生活スタイルを一変させた。これは「新農村建設」と呼ばれる新しい都市化政策とも合致し、農民が近隣の街でマンションを購入し、マイカーに乗って、老人が残る村と往復しながら生活するような新しい社会経済を人々が享受しはじめた。

それとともに農村に点在する都市のサービス業や商店なども激増し、遠方に出稼ぎにゆく生活から、近隣の都市で都市的生活を享受する方向へとシフトしている。これら一連の変化により、農村のおしゃべりステーションも、噂の伝播の方法も、劇的な変化をとげている。

つまり、黄土高原の侵食谷がおりなすフラクタルな河谷空間と、人々の噂の伝播も、車や携帯電話の普及で、以前のような明確な階層構造から、より空間の影響を受けにくいものへと変わっている。その意味では、かつてのような地理的特性によって規定された濃密な情報空間はもはや存在しないのかもしれない。ただ、黄土高原の、一見誰もいないかのように見える空間に住む人々が、厚い語りの空間を共有し、情報の伝播や社会の動きに影響を与えていることは今も変わらない。

第6章

黄土高原における「交換」と人間関係の形成プロセス

村の人が助けあって窰洞を造る。谷から石を運び上げる重労働。

1 人々の関係を支える交換のネットワーク

黄土高原の河谷はフラクタル状に展開しており、その線に沿って人々が濃密なコミュニケーションを繰り広げる情報交換のネットワークが広がっていることは前章で見てきた。この情報経路のフラクタル構造が、この地域の社会的コミュニケーションのダイナミクスを特徴づけている。では、そこで取り交わされる情報の内容はどのようなものであり、それが彼らの日常の社会生活にいかなる影響を与えているのだろうか。また、人々の間で取り交わされる「交換」は「社会関係の構築」にどのような影響を与えているのだろうか[1]。

ここでは、人々が日常的に交わす「噂話」に注目し、この偶発的でゆらぎに満ちた語りの中から立ち上がる関係を明らかにする。

周知のごとく中国では一般に金銭についての詮索や噂話はタブーではない。初対面の人に給料を尋ねたり、持ち物の値段を聞いたりするのは無礼でもなんでもなく、むしろ相手に対する積極的な興味を示す話題とされる。黄土高原の中心地域である陝西省北部の農村（陝西省米脂県楊家溝郷楊家溝村）でも同じことであり、インタビューを通じて調査を行おうとする者もまた、この種の飽くなき詮索に晒される。

その関心の対象は当然のことながら外来の調査者に限られるものではない。村人が家屋建築などの労働に従事した際に受け取った仕事の謝礼の内容といった、村をめぐる賃金や謝礼の相場については、人々は強い関心を持ち、その内容について頻繁に情報交換を行っている。その種の噂話の内容は実に詳細であり、謝礼として支払われた金額に留まらず、その時に出された食事の内容、休憩時に提供されたタバコの銘柄にまでおよぶ。ところがこれほど細かい詮索が熱心に行われている一方で、それとはまったく異なる現象がしばしば見られる。それはある一つの仕事、たとえば「窰洞《ヤオトン》（yáodòng）」の建設や儀礼の際に、報酬を受けて働く人と、無報酬で働く人が互いに矛盾をきたすことなく混在しているという点である。村人が労働の対価の水準についてきわめて敏感である一方で、具体的な仕事の場面で支払われる謝礼の金額がさまざまであり、無償奉仕まで含まれているという一見矛盾する事実はどのように理解することができるであろうか。この謎が以下の具体的な考察の対象である。

この問題を考察する上で、中国農村における贈与と人的紐帯《ちゅうたい》との関係をフィールドワークに基づいて論じたYan Yunxiang[2]の研究が重要な視点を提供している。Yanは中国黒龍江省の農村における贈与（gift giving）に着目し、市場経済への依存が急速に拡大してゆくなかで、人々が戦略的にネットワークを構築してゆく具体的過程を明らかにした。この研究によって農村における贈与が「関係《グアンシ》（guānxi）」を確認すると同時に再生産させる機能をもつことが明ら

かとなった。[3] この機構を作動させる基本的プログラムの役割を果たす人々の感情の動きを「人情《レンチン》（rénqíng）」と呼ぶ。中国農村社会は各人の張り巡らす「関係」の集積として形成され、この網の目の上を贈与が流れてゆく。また Yan は中国における贈与が送り手ではなく受け手の権威を高める作用があり、人々は他人からの贈与を期待して贈与を行うことを明らかにした。

ここでは、上述した問題を論じるための理論的足がかりを、C・ギアツによるモロッコのスーク（バーザール）についての研究に求めたい。ギアツは一九六〇年代半ばからモロッコの中部アトラス山脈の麓にあるセフルーという市場町についてフィールド調査を行い、その地域のスークの仕組を明らかにした。[4] この論文のなかでギアツはセフルーのスークが、さまざまな動機で、さまざまな周期で、さまざまな行為により参加する多様な人々によって構成され、人々の間の絶え間ないコミュニケーションの「渦」として形成される機構であることを発見した。そしてこのコミュニケーションが、「常連化」と「交渉」の相互作用を通じて、「おしゃべりな群集」の作り出す喧噪のただなかで再生産されるというモデルを提出した。

このモデルは、中国農村における人々の相互作用をモデル化する上で重要な役割を果たすと考えている。なぜなら中国では（一）伝統的に市場的貨幣的関係が農村地帯にも深く浸透しており、（二）その前提の下で共同性を確保するための戦略やルールが発達し、（三）さまざまな日常的接触やおしゃべり、さらには労働の相互提供や贈与といった行為を通じて「関係」を構

築・再生産する機構が歴史的に形成された、と認識され得るからである。中国農村社会はそのような「関係」を要素として自己再生産する構造と見なし得る。この様相はギアツが描いたモロッコのバーザールと共通性があり、そのモデルを理論的な出発点とすることを可能としている。

残念なことにギアツはそのモデルの構成要素である「常連化」と「交渉」と「おしゃべり」の相互関係を明確にしていない。しかも、この機構が具体的な場面でどのように作動するかを示す事例すら挙げていない。この意味でギアツのモデルは具体性を欠く上に未完成であるという欠点をもつ。本章はこの欠点の克服をも目的とする。

本章第2節では「相夥（xiānghuǒ）」と「雇（gù）」という労働提供方式を説明し、その具体的な様相を家屋の建築における労働提供に注目しつつ詳述する。第三節ではこの労働供与方式と「関係」と「おしゃべり」の相互関係を理論的に構成して一つのモデルを提出する。第四節ではこのモデルをめぐる諸論点について考察を加える。

2 「相夥」と「雇」

これまで多年にわたる観察調査を行ってきた陝西省北部地域では、労働提供について

「相夥《シアンフォ》（xiānghuǒ）」と呼ばれる相互扶助方式と「雇《グー》（gù）」と呼ばれる現金決済方式が隣り合わせに混在し、人々の〈関係〉の濃淡に従って使い分けられている。「相夥」という言葉は主として密接な「関係」にある人々の間での無償の労働提供を指し、母親の洗濯を娘が手伝うような軽い労働から、葬式や結婚式の手伝い、さらには数日から十数日におよぶ家屋建築の手伝いまでを含む。これに対して「雇」は、現金を代価とした労働力の提供を指す。

　ここでは家屋の建築という大量の労働力が調達される場面に注目し、この二つの労働調達方式の具体的様相を説明することから始めよう。まず、これについての三つの特徴的な例を以下に掲げる。

　第一の例は、かつて村の会計を務めていた男性Mのケースである。Mは九〇年代前半に七つの「窰洞」(5)の連なった住宅を建設した。この際に総計四〇名以上の男性が入れ替わりで計二〇日あまりの間、労働を行った。ところがMはこの労働に対して一元も支払っておらず、日々の食事や酒、タバコをふるまったに過ぎない。すなわち、全員が「相夥」の形態での労働提供を行なったのである。Mは、村の会計を長く務めていたほか、冠婚葬祭などで重要な役割を果たし、またシャーマン（同地では「馬童《マートン》（mǎtóng）」と呼んでいる）として病気治療を行うこともあった。こうした活動の結果、Mは村の中に層の厚い人間関係を構築しており、窰洞を建築するにあたって、何十人もの人が次々と「相夥」に訪れ、結果として誰一人雇うことなく、窰

洞を建設することができた。
もちろん、彼と四人の息子も毎日現場で働いたほか、本人と息子の嫁は終始、働きに来た人々の食事の準備に明け暮れた。このように大量の「相夥」の提供を受けることができた背景には、四人の息子が将来、同様の労働を「相夥」で返す心積もりと、能力があることも作用している。この事例は、「相夥」が過去と未来の「関係」のありようと密接な関係にあることを示している。

第二の例はこれと対照的なケースである。八〇年代初期に結婚して以来、二〇年以上にわたって出稼ぎを行っていた男性Lは一年にひと月も村にはもどって来ない。農業は妻が請け負った土地をほとんどを自力で耕作している。農作業における労働の相互供与はかつて近所に住んでいた女性との間で植えつけと、刈り入れのシーズンに数日間労働を交換する程度である。この家族は長男を結婚させるために新しい家屋を建築したが、これは「窰洞」ではなく、レンガとコンクリートを使った「平房（píngfáng 平屋）」であった。「窰洞」建設との違いは、労働コストが圧倒的に安いということである。この家屋建築のために使った労働力はすべて現金決済の「雇」によった。

これは、出稼ぎを続けてきたために村の中で労働提供をほとんど行わなかった人物の例である。このように現金獲得目的の労働を外部で続ける場合、村内部で労働供給を受けるには「雇」

の形態によらざるを得ない。その理由はこの家族が「相夥」による労働提供を他の村人に対して行ってこなかったこと、またたとえ「相夥」による労働提供を受けたとしても、この家族にはそれを長期的に返しうる労働力基盤がないこととである。

また現金獲得によって裏打ちされた行動のために生ずる労働需要の決済には、「相夥」が適用されるのではなく、「雇」の形態が採用されるのが普通であるという事情もこれに加わる。たとえば、タバコを栽培する際に必要な労働には現金支払いが多く見られるのに対し、ジャガイモの種イモを切る作業などは「相夥」で行われる。それは、タバコが商品作物であるのに対してジャガイモが自家消費財としての性格が強いためである。この論理を適用するとこの家の労働力不足の原因が出稼ぎによる現金獲得のためであるので、外部からの労働力を調達する場合には現金による決済を必要とすることになる。

この家族が窰洞を建てず「平房」を建てたのも、調達できる労働力が少ないことと関わっていたと考えられる。平房は、コンクリートのスレートやレンガなどの扱いやすい建材を用いるため、窰洞建設にくらべて材料経費は高くつくが、工期は短くなり、必要な労働は窰洞より少ない。またこの新築の平房はガラスの破片が埋められた高い塀で囲まれており、入り口の厚い鉄扉に大きな鍵が付いている。現金によって購入された家具や電化製品などが家の中に多く並べられていることがその主たる理由であるが、戸主が長期間村にいないために、村落内に強固

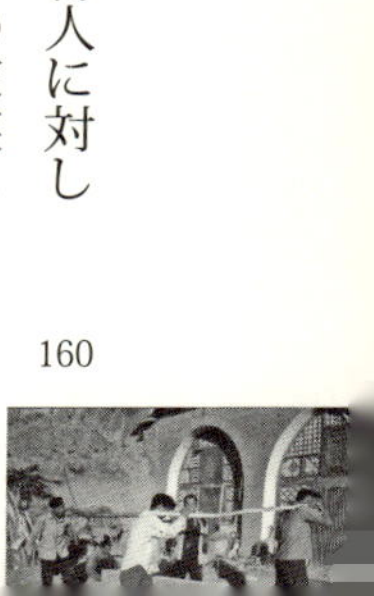

な社会関係を築いていないこともその重要な背景をなす。

　実は隣村には「包工頭（bāogōngtóu 出稼ぎ請負頭）」として財をなした二軒の家があるが、そのうち村における「関係」を積極的に維持している一家の家屋は、そうした防衛機能をほとんどもたないのに対し、村での社会関係をほとんど放棄している一家の家屋は堅牢な要塞のように硬く入り口を閉ざし、あらゆる塀の上にガラスの破片や鉄条網が張り巡らされている。つまり家屋の排他的な外観は、その家の村落における社会関係を反映しているのである。

　第三は廟[6]の「会長（huìzhǎng）」を務めていた男性Sのケースである。なお、「会長」とは廟を運営するボランティア団体である「廟会（miàohuì）」のメンバーのことを指す。Sは廃屋になっていた人民公社時代の製紙工場の建物を購入し、これを改修して家屋とした。この家屋の改修には「大工（dàgōng）」と呼ばれる技術労働者一名が一八日間雇われた。それは「磚瓦工（zhuānwǎgōng）」と呼ばれる煉瓦職人で、一日三五元に三度の食事とタバコ一箱が支払われた。このほかに一般的な労働力である「小工（xiǎogōng）」として「自家人（zìjiārén）」および、友人がそれぞれ数日ずつ、労働を提供した。これらは「相夥」による労働で、基本的には一人につき二〜三日の労働提供であり、その報酬も三度の食事とタバコのみであった。

　ところがそこで興味深い現象が見られた。「相夥」に来ていた友人Lが一八日間にわたって労働を提供し、施主であるSはこの人物の労働が、「関係」を基礎とする無償労働として処理

するには過大であると判断し、報酬を支払うこととしたのである。Sが提示した額は三六〇〇元で、その計算根拠は「雇」によって「小工」に支払う一日二〇〇元前後に一八日分の日数をかけたものであると考えられる。ただし、この両者はそもそも「関係」によって労働を提供しあっているので、純粋な「雇」で精算してしまうことは適当ではない。そこで友人のLは提示された三六〇〇元のうち、二〇〇〇元だけを受け取ることによって「相夥」と「雇」の間の適正な値をとった。

この事例は特に注目に値する。なぜならこれは「雇」と「相夥」が単純な二者択一ではなく、その中間の支払形態のあることを示しているからである。この場合「雇」と「相夥」の中間のどの水準の支払水準にするかを決定していたのは受け取る側で、提示する側は受け取る側に判断をゆだねるべく、ひとまず〈雇〉の形で価格を提示している。そして最終的に受け渡された額が両者の「関係」の濃淡を示しているのである。

聴き取り調査の過程で、家屋建築の事情について建築主の記憶がきわめて詳細かつ鮮明であることが明らかとなった。彼等は何年の何月何日に工事を始めて何日に終わり、その時に誰と誰が何日来て、それが「相夥」であったか「雇」であったか、その中間であったか、また彼等に何を食べさせ、どういう銘柄のタバコを提供したか、という情報を正確に記憶し、あるいは記録として残している。これは家屋建築に限ることではなく、葬送や結婚式などの儀礼に関し

ても同様である。興味深いことに、こうした労働交換や雇用に関する情報を、当事者と「関係」の密接な人もよく記憶しており、窰洞建築に誰が来て、誰が「相夥」で、誰が雇われていたか、を当人と同様に答えられるほどである。

また、われわれの調査グループはこのような労働提供に対する謝礼の支払等で紛争が生じていないかどうかを調べた。この質問に対して村人は、そうした問題は起こらないと断定する。それは「雇」においても「相夥」においても基本的に同じであるようだ。実際に村人同士の協力や雇用関係において、予想した額が支払われなかった、あるいは過大な額を要求されたといって問題になったケースをほとんど聞いたことがない。われわれの知る唯一のトラブルは、筆者自身が、一九九五年に村で主催した芝居上映の際に、神の位牌を下ろす儀式で演奏を依頼したチャルメラ（嗩呐 suǒnà）奏者が、追加の報酬を求めて、訪ねてきたという一件である。当初、一日八元でよいといっていたところが、一日一三元に変更して欲しいと、イベントがすべて終わってから筆者を訪ねてきたのである。

この、まれなトラブルの原因は、（一）村の中で発生する雇用労働の中で、儀礼の際に雇われるチャルメラや太鼓など演奏が、儀礼の性質や支払い主の財力に応じて価格が変動する唯一の事例であること、（二）主催者が村の外の人間であり、村の人々との「関係」の濃淡について、十分な共通認識が確立されていなかったこと、にあるものと考えられる。

村人の間で労働雇用に関して齟齬が生じないのは、（一）村の内外で貨幣を介して雇用する場合の労働報酬の相場が明確に認識されていること、（二）「相夥」による労働交換を支える「関係」について、村人の間で相互に一致した認識が存在すること、この二つが少なくとも条件として挙げられる。

聞き取り調査の結果、この村では「雇」の場合の謝礼の水準についての合意が形成されていることが確認された。しかもその時間的推移も人々にはっきりと認識され、記憶されている。窰洞建築において雇われる人は、「大工」と「小工」に分けられる。「大工」というのは、「石工」や「木工」、さらに「泥匠（níjiàng）」と呼ばれる室内の塗装を行う職人をさす。われわれ調査メンバーが長期滞在していた二〇〇二年一一月時点では、「泥匠」が最も高く、一日三五元である。つづいて石工と木工は一日二〇から二五元である。これに対して、技能職ではない「小工」は一日一五元から一七元ということである。現金のほかにいずれの場合も一日三回の食事と、タバコを吸う人の場合には、一箱一・五元の「公主」という銘柄のタバコを一日一箱支給する。これに対して「相夥」の場合は報酬はなく、三度の食事とタバコのみが支給される。

同一の相場を共有しているのは大体、県城と県内の隣接する農村地域、といった範囲であるという。もし中国農村社会の「基礎的単位」を求めるとするならば、同じ「雇」の相場が通用

表6－1　1988年代の村の雇用労働の1日あたりの給与相場

	人民公社時期（元）	1980〜1985年（元）	1987年（元）	1988年（元）
大工	1.5	3、5、7、8	6、7、8、10	20、25
小工	1	2、3、5、6	4、5、6、8	18、20

※ちなみに2018年現在では1日の相場は労働に応じて100元〜350元にもおよんでいる。

している範囲をとることも可能であろう。また、この同一相場範囲は閉じたものではなく、外部と常に連動している。連動しているのは大都市（具体的には蘭州・西安・包頭・北京など）における賃金の相場や穀物価格の相場であると認識されている。

その相場は現在では概ね安定しているが、月ごとに変化していた時期もあった。ある村人の記憶によれば、一九八八年までの相場の変動は次のようであった。もちろん、その後外部への長期出稼ぎが一般化するなかで、この相場は毎年何割かずつ上昇し、二〇〇〇年代には大工は一日二〇〇元から三〇〇元以上に、小工でも一日六〇元から一〇〇元程度に上がっており、実に三〇年ほどの間に、一〇倍から二〇倍近くに上昇している。

改革開放のごく初期の段階での表6－1の数字の中で一年間にいくつかの数字が出ている時期は、月単位で相場が変動したものであり、一九八七年から一九八八年にかけての急激な変動以降は、比較的落ち着いており、一九九〇年代後半、同地域で干ばつが長引いてからはむしろ下降傾向にある。こうした相場はかなり厳格に守られており、雇用者が裕福であっても貧しくても基本的にこの相場に従って支払われる。人々は、この相場の変動

と、実際にどこで誰がどのような条件で雇われたかについて詳細に情報を集め、常に更新している。その際に重要な機能を果たしているのが「噂《うわさ》」つまり「消息（xiāoxi）」である。なお、日本語の「相場」あるいは標準中国語の「行価（hángjià）」に相当する表現は地元では用いられず、あくまで「工銭（gōngqián）」と呼ばれている。

もう一方の「関係」についての情報は個別のものであり、「雇」の際の工銭の相場ほど公開されてはいない。とはいえ、村人が互いにどのような「関係」であるかについて村の誰もが基本的な見取り図を持っており、その変化が生じた場合にもかなりの速度で情報が更新されている。「関係好（guānxihǎo）」と認識し合う親密な家同士では、「相夥」も頻繁にやりとりされ、村人も誰と誰が「相夥」を行っているかについて、情報を共有している。

たとえば、先に挙げた窰洞建築の事例として、誰がどの家の窰洞建築に「相夥」で助けに行ったか、という情報については、当事者以外の多くの人々が記憶している。しかし先の「雇」に関わる情報と異なって、「関係」の内部における種々のやりとりについては詮索の度合いが格段に弱まる。窰洞建築に関するものではないが、われわれの体験した事例として次のようなものが挙げられる。既述のごとく、村に滞在している際、誰かに何らかの支払を行う毎に、他の人からその仕事の内容と支払金額について頻繁に詮策を受けた。たとえば調査者が長期に宿泊している農家に対する謝礼の金額、毎日の食事の内容などである。家主の女性に作っても

らった「布鞋（bùxié　布靴）」をはいて村を歩くと、「誰が作ってくれたのか」「いくら払ったのか」といった質問をしばしば浴びた。実際の額を伝えると、調査者が世話になっている農家にどのような影響を与えるか測りかねていたが、ある時ふと「これは〈関係〉だから」と答えてみると、人々の詮索はそこで停止した。[7]

筆者ら調査者の主催で、村に劇団を招請したことがあったが、劇団に支払った金額についても、「関係」による価格であると答えると、金額の詳細を持ち出さなくとも、人々は納得した。もちろん、われわれが村に滞在する際の宿泊費などについては、その後も詮索の対象にはなっているものの、それはパブリックな情報としてではなく、憶測を含んだ半ば隠蔽された情報として流通している。

つまりすでに示唆したように、「雇」をはじめとする「関係」の要素のないやりとりに関しては、噂が頻繁かつ執拗に取り交わされ、徹底的に情報の共有が図られるのに対し、「相夥」をはじめとする「関係」の内部におけるやりとりについては、情報の詮索の手が緩められる。しかもその情報そのものが「関係」の濃淡によって、流れたり流れなかったりする。一般に、「関係」の中で処理されている情報は、面と向かって聞いても、明らかな答えが返ってこないか、正確な情報が与えられるかどうか疑わしいと考えられている。村人に、「関係」をめぐるやりとりに関して、明らかにしたくない情報について聞かれたらどうするか、と質問したとこ

ろ、「事実とちがう答えをする」、という返答が返ってきた。このことについて聞かれた方が「嘘をつく」ことを聞く側もあらかじめ予期している。またこうした質問は、「不合適的(bùhéshìde)」ないしは「不適説（bùshìshuō)」つまり、話すに適さないことと認識されている。

このように、この村のなかにおける情報の流通過程には次元の異なる二つの層が存在し、使い分けられていると同時に、その両者に関する情報のやりとりに違いが存在する。「公開(gōngkāi)」たるべき情報が公開されない場合には、人々の疑惑を招くことになる。そのような場合の詮索や噂話は特に執拗であり、たとえば郷政府の幹部に対する村政府の接待の内容に疑惑が生じた際には、その接待の場面の片づけに行った人が目撃したという食事の残飯の詳細やビール瓶の本数が克明に噂された。

また、村に下ろされた水利費や、学校建設費などの使途についても、常に人々の関心が向けられ、いささかでも明らかでない情報が存在すると、すぐさま疑惑を引き起こすもととなる。これらは、公開であるべき情報についての人々の監視と詮索が非常に活発であることを示している。またそれは、「雇」における相場の事例と同様、地域で共有すべき価格や相場に関する情報への人々のあくなき探求が、地域における情報の場を形成する重要な要素となっていることを示唆している。

以上の内容をまとめよう。まず陝西省北部の農村における労働供給方式には、純粋の現金払である「雇」、純粋の無償労働提供である「相夥」、その間のさまざまな水準の中間形態がある。その形態を決定するのは両者の「関係」の濃淡である。また、人々はそのような現金支払の相場に敏感であり、執拗な詮策と噂を行うが、それはほぼ「雇」の形態の場合に限られており、濃い「関係」のなかで行われる支払には踏み込んで立ち入ることが少なく、それゆえ「関係」内部の情報が広範囲に流通することはまれである。

3 農民間の相互作用のモデル

本節では本章第1節で論じたような具体的な判断がどのように行われているかを説明するモデルの構築を目指す。そのための出発点として、本章の冒頭に述べたように、モロッコのスーク（バーザール）についてのギアツの議論が有効である。そこでまずギアツのモデルのエッセンスを抽出することから始めよう。

ギアツのモデル

ギアツはまずスークにやって来る人々を「スーワーク（市場参加者）」として把握する必要

を主張する。その意図は、個々の市場参加者が担う具体的な役割以前に、そこに参加してコミュニケーションを行っているというその基礎的役割を重視するからである。目的が何であれ、ただの散歩であっても、とにかくスークという場に出現して歩き回る人々の総体が、市場そのものの再生産されるための場を形成することになる。これらの人々が相互に取り結ぶ「関係」の「複雑」な構造の上で、情報と物資の「やりとり」が行われる。このような動的なネットワークの総体がスークなのである。

また、ミクロレベルで見ると、人と人との個々の相互作用には「交渉（bargaining）」と「常連化（clientelization）」という二つの層がある。交渉とは「情報探索」の具体的に行われる過程である。この交渉の場面で相対する人々は、たとえば売り手と買い手という非対称な立場にあり、商品の価格・数量・品質をめぐる果てしない情報交換と折衝を繰り返す。この場合、両者は本質的に敵対的な関係である。一方でこのような交渉を繰り返すうちに両者の間に常連化が起きる場合がある。

こうして両者の関係が強化されると、この関係を通じて交渉という情報探索過程が展開されることになる。つまり「常連化」は「関係をつくる行為」であり、「交渉」は「関係を実効化する行為」なのである。常連化と交渉は一方がもう一方に従い、しかも他方の変化を惹起するという円環の関係にある。

ギアツ自身は明確に指摘していないが、この二つの層のタイムスケールが大きく異なる点は注目に値する。すなわち交渉というのはその場限りのやりとりであり、秒か分のオーダーである。ところが常連関係は場合によっては何十年と続くものであり、常連化の層の継続時間は交渉の層よりもはるかに長い。

モロッコのセフルーのスークには、さまざまな出身地・文化・習慣・宗教・職業を持つ多様な人々が多様な行為を通じて関与しているが、それぞれの市場参加者が個人的に形成するやりとりの常連関係を構成し、そのように構成されたネットワークとしてスークが成立しているため、この多様性が道理に叶った形で編成され、安定的な形をとることが可能となる。

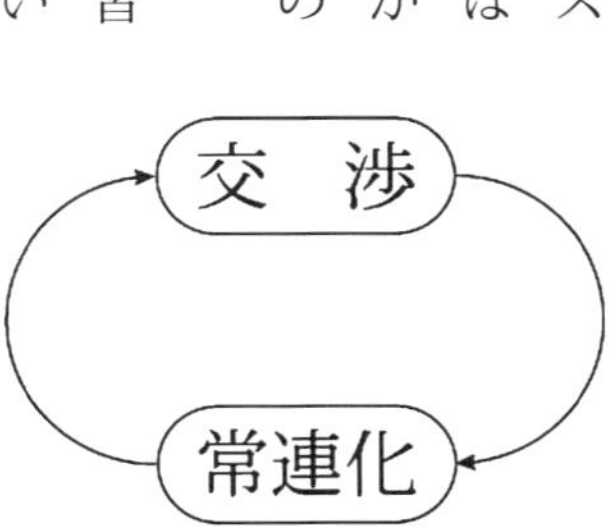

図6－1　交渉と常連化のダイナミクス

「相夥」と「雇」のモデル

ギアツのモデルは抽象的で思弁的なものであり、具体的な人々の相互関係を表現するにはさまざまな変更を加える必要がある。ここでギアツから継承するのは、

一．異なるタイムスケールの二つの層
二．二つの層のダイナミカルな相互作用

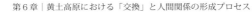

三．このミクロ的機構の結果として構成される人々の関係の構造物としての全体という三つの理論装置である。

陝北の村で長いタイムスケールの層に属するのは「関係」である。短いタイムスケールの層に二つの性質の異なった範疇が含まれる。ひとつが「雇」であり、もうひとつが「相夥」である。この両者の最大の違いは「相夥」が「関係」を前提として行われ、しかも「関係」のありように影響を与えることを主たる機能としている点である。言い換えれば「相夥」は「関係」というメモリへの「書き込み操作」である。もちろん、ギアツの「交渉」という市場的で敵対的な関係が「常連化」の機能を持つように、「雇」もまた「関係」と影響関係を持つはずである。とはいえ、主たる機能が現金と労働力の直接的交換である点は動かない(8)。

村人は「関係」がある程度密接である人に対しても、「工銭」を支払って「雇」による労働力調達を行う場合がある。そのような手段を選択する理由を村人に聞くと、「麻煩（máfan）」（面倒）であるからだ、と答えが返ってくる。これは「相夥」が長期のメモリへの書き込み操作という面倒を伴っており、「雇」によればこれを回避しうるというメリットがあることを示す。

では具体的に、ある人物Aが別の人物Bから労働力の提供を受ける場面を想定してみよう。この時AはまずBとの「関係」の水準を勘案し、「相夥」でゆくべきか、「雇」でゆくべきかを考えねばならない。なお、ある程度の「関係」のある場合でも、上述のごとく「麻煩」を避け

るために純粋の「雇」を採用することもあり得る。

中間形態を採用する場合には、全体の何割を「雇」にするかを考慮せねばならない。まったくの他人と密接な「関係」を両極端としよう。支払側のAは、Bとの「関係」の水準がこの中間のどこにあるかをまず判断する。次に三番目のS氏の例で見たように、労働量が「相夥」提供されるには過大であると考えた場合、Sの場合はまず「雇」によって雇用した場合の額が提示され、受け取る側がその「関係」の濃淡に応じて受け取り額を決定した。つまり、提示された額の一部分だけを受け取って、残りを返金したのである。ただし、この場合もあくまで「雇」の場合に適用されるべき謝礼の相場を起点として、額が決定されている。「関係」が濃いほど受取額は少なくなり、純粋の「相夥」と判断された場合はゼロになる。

このような労働の調達とその支払が行われると、それはAとBの「関係」の次ステップにおける水準に影響を与える。たとえば、それまで日常的に良好な関係を維持していても、それほど親しいとはいえなかった者が、窰洞建築の際に何日にもわたって「相夥」に訪れたことにより、さらに親しさを増すこともあるかもしれない。そもそも、「関係」そのものが形成されるプロセスがこうした、相互行為の蓄積過程であるともいえる。また、儀礼の際に贈る「帳(zhàng)」と呼ばれるご祝儀の額は、あらかじめ当人同士によって確認されている「関係」の濃淡を反映したものであるが、その額が明示的に示されることによって、「関係」を再度確認

したり強化したりする働きもあると考えられる。つまり、「関係」は行為の蓄積という実践によって形成されるのと同時に、その「関係」のありようが、次の支払い形態に影響を与え、その結果がまた「関係」の濃淡に反映されるのである。両者は円環関係にあり、「関係」の濃淡はこうした行為と実践によって時間発展し、時に消滅したりもするのである(9)。

すでに論じたようにこの判断過程を間違いなく実行するために必要なことは、

(一)「雇」の場合の相場を知っていること、

(二)「関係」の濃淡を支払形態に変換する関数を相手と合わせること、

である。

先に、「雇」による支払いについては入念に噂され、詮索されるのに対し、「相夥」の内容になるとその詮索の手が緩められるという現象を示したが、これは上のモデルを前提とすれば合理的に理解することができる。すなわち、「関係」の濃淡の水準についての情報が個別的なものであり、しかも時間的に変化する可能性を持っている以上、「関係」が密接な場合の謝礼の支払が適当かどうかを第三者が判断することは難しい。それゆえ多数の人間が共通の話題とし得るのは、「関係」との相互作用を伴わない「雇」の場合の謝礼に限られる。「雇」についての入念な噂は単に村人が「詮索好き」であることを示すばかりではない。それによって、常にその地域における「相場」を確定し共有する作業を行い、(一)を実現しているのである。

次に（二）の「〈関係〉の濃淡を支払形態に変換する関数」をどうやって合わせるか、という問題を考える。この調整は（一）ほど容易ではなく、また（一）ほど一般的に調整しておく必要のある問題でもない。一定の密接な「関係」に入っている人々との繰返しのなかで調整をすれば良いのである。

われわれが見聞したところの事例では、谷の両側で母と娘が行っていた情報交換の例がある。この母子と「関係密切（guānximìqiè）」な人が県城の病院に入院し、娘がその病院にお見舞いに行った際に何を持っていったか、がその話題である。まず母親が「現金か、おみやげか」と谷のこちら側の家の庭先から娘に問いかけ、これに対して谷の向こう側で農作業をしていた娘が「二〇元持っていったよ」と返事をしていた。こうした情報は一般に広がるとは考えにくく、「関係」の濃い人の間で、必要に応じて交わされる。ただそのやりとりの場が村の中の谷をはさんだ両側であり、谷にひびく大きな声で交わされていることから、プライバシーとして隠ぺいする、という感覚は稀薄である。

知人や親戚間で取り交わされた借金についても、あまり公になりにくい情報である。ことに利子がゼロとなるような貸し借りや金銭の授受については、表面に出ることはない。それはその情報が公になったとしても、他者による参入や置き換えが不可能であるため、公にする圧力が比較的少ないためであると考えられる。

　またこの村では、儀礼の際の祝儀の額の相場がこの調整の問題をより広い範囲で解決する手段として機能している。結婚式や葬式の際に送られる「帳（zhàng）」とよばれる祝儀や香典は関係の濃淡によって微妙に差異が設けられ、序列化されている。「帳単（zhàngdān）」と呼ばれる「祝儀帳」は公開のもので、人々はそれによってその家をめぐる関係の濃淡を認識することができる。祝儀を送る際に、送る側は日頃の「関係」を考慮して「帳」の額を決定し、その時点で関係の可視化の作業が行われていることはいうまでもない。しかしここで重要なのは個別の「関係」を確認する意義があるのと同時に、関係の濃淡を現金に変換する際の換算率が確認されるという点である。つまり、どのくらいの「関係」であればいくらぐらい、という率である。

　表6-2は二〇〇三年に村の劉という姓の家で行われた結婚式の祝儀の額である。一般的な「関係」の友人や知人が二〇元であり、「関係」が密になるにつれて祝儀の金額は上がる。この上がり具合が「関係」を支払形態に変換する関数の形を示している。この種の儀礼が行なわれるたびに同様の表が作成され、噂によって人々に周知徹底される。これを基準にして、「関係」の強さを現金に変換する「関数」の調整が可能となるわけである。

　この表ではほとんどの人は親族・友人関係の階層に従って贈与を行っている。最も高額の贈与を行っているのが母方と父方の祖父の一八八元であり、そのあとには母方の上位親族が続

表6-2　楊家溝におけるある婚礼での祝儀表

	人名	金額	関係		人名	金額	関係
1	銭×業	188元	母方祖父	32	曾戦○	28元	還礼
2	銭×有	186元	母方オジ	33	馬　○	20元	
3	呂宏○	180元	母の姉の夫				
4	呂徳○	180元	母の妹の夫	34	馬明○	20元	
5		180元	?	35	馬明△	20元	
6	呂亜○	60元	母の姉の子	36	高海×	20元	
7	呂亜△	60元	母の姉の子	37	馬汝○	28元	
8	呂亜×	60元	母の姉の子	38	劉錦▽	40元	
9	銭○業	40元	母のオジ	39	郭価○	20元	
				40	周錦○	40元	父の友人
10	劉樹○	188元	祖父	41	劉　○	40元	父の友人
11	劉錦○	168元	父方オジ	42	劉　△	40元	父の友人
12	劉錦×	168元	父方オジ	43	劉錦□	40元	父の友人
13	馬小○	168元		44	劉錦◎	40元	父の友人
14	馬成○	40元	大朋親	45	劉戦△	20元	
15	宮真○	40元	大朋親	46	馬光△	20元	
				47	高守○	40元	
16	馬正○	20元		48	楊志○	40元	
17	劉樹○	20元		49	高守△	28元	
18	馬正△	20元		50	劉樹△	20元	
19	高世○	20元		51	馬　△	40元	
20	馬竹○	60元	友人・関係密接	52	劉樹×	48元	自家
21	常錦○	40元		53	劉樹▽	48元	父方オジ
22	楊徳○	20元	友人	54	劉錦☆	46元	父方オジ
23	劉錦△	20元	友人	55	王会○	44元	
24	劉永○	20元	友人	56	馬光□	44元	自家
25	馬樹○	20元	友人	57	李文○	44元	親戚
26	高治○	20元	友人	58	高同○	44元	
27	高　○	20元	友人	59	馬　▽	20元	
28	馬来○	20元	友人	60	楊汝○	38元	遠い親戚
29	張××	20元	友人	61	高智○	38元	遠い親戚
30	馬智○	40元	老朋親	61	馬樹△	38元	遠い親戚
31	張　○	20元		62	姜××	38元	遠い親戚

＊人名は、個人名の特定を避けるために一部を記号化したが、輩行による親族の遠近の違いがわかるように　中一文字は、不明な場合をのぞいて記載した。同じ輩行や同姓で異なる名前の場合、記号をそのつど○△×▽☆というように使い分けたが、この記号が特定の文字に対応するものではない。
＊ここで示されている額は2018年現在その5倍～10倍へと上昇している。

く。全体に父方よりも母方の親族の方が大きな額の贈与を行っている。これは「関係」形成における女性の役割を強調したyan の主張と整合している。(10)

父の友人は四〇元、本人の友人や特に強い関係のない人々は最低の二〇元を出している。二八元出している人物は以前に受けた贈与の還礼を含んでいるためである。このなかで注意すべきは20番の人物で、これは本人の友人であるが、配偶者同士が同じ村の出身であり、特に関係が密接であるため六〇元でという母方親戚クラスの贈与を行っている。この表では特に密接な関係にない人々の出した二〇元が「雇」の相場に相当しており、「関係」が濃くになるに従って贈与額が大きくなってゆく。

最後に注意すべきは、この噂の展開する場として「関係」が機能している点である。「雇」の謝礼についての情報を最初に聞き出す人物は、その当事者と密接な「関係」をもつ人物である。「関係」の濃い場合の変換式の調整は、主として密接な「関係」にある者同士の間で行われる。こうして構成される複

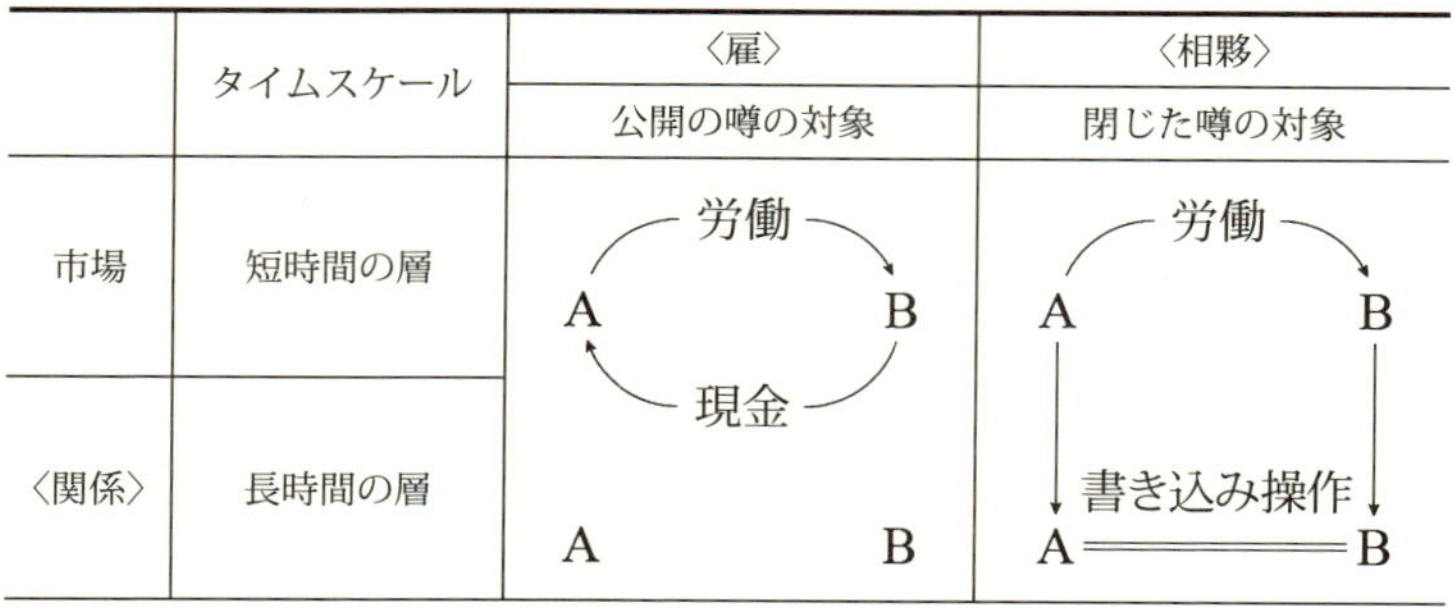

図6-2　長時間スケール層と短時間スケール層の関係

雑な「関係」のネットワークの上で噂が広がり、変換式が調整される。噂される内容のうち「公開」のカテゴリのものは「議事台(yìshìtái)」と村人が呼ぶ村の情報ステーションなどで展開されるおしゃべりの場に持ち出され、共有される情報となる。「雇」の「工銭(gōngqián)」の相場はこうして決定されてゆく。

以上のモデルは次のように図示することできる。まず、短い時間スケールの層と長い時間スケールの層を明示する形で表現すると、図6－2のようになる。短い時間スケールの層は市場的で「公開」の噂の対象となる。ここで行われる労働と現金のやり取りはその場で決済されて消滅してゆく。これに対して、長い時間スケールの層は個々人の間に結ばれる「関係」を要素として形成されており、この内部の情報は閉じた性格のものである。労働の提供が「相夥」で行われる場合には「関係」の濃度を参照しつつ決済が行われ、そのやり取りによって「関係」のレベルへの書き込みが行われる。

「労働提供の決済」、「関係」、「噂」、という三項の関係は図6－3のようになる。すなわち、「関係」を基礎として噂が展開し、それによって「変換関数」のレベルの調整が

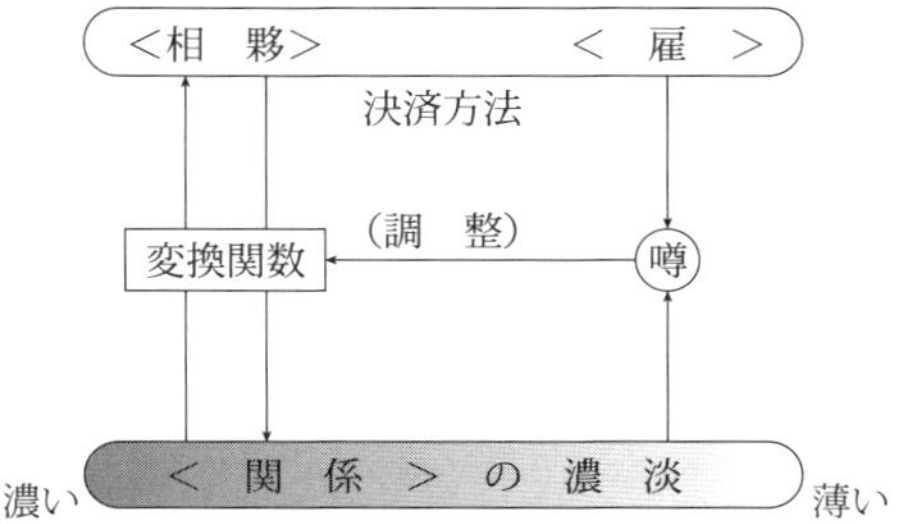

図6－3　労働提供の決済方法と関係の濃淡と噂

実現される。この「変換関数」を用いて「関係」の濃淡が具体的な支払い形態に変換される。具体的な支払いが行われると、「雇」の形態の場合は広く噂の話題を提供し、そうでない場合でも常連関係内部での情報交換を引き起こす。また、実際に行われる労働の提供とその決済方法によって「関係」が確認され、場合によってはその内容の変化が起きる。

以上が、黄土高原農村における労働交換と、噂のネットワーク、関係の濃淡、という一見関係がないかに見える事象の相互作用に関するモデルである。このような労働の相互交換をめぐるシステムが人々の行動の根幹に据えられていることは、貨幣が十分に提供されないこの地域で、非貨幣的交換関係を円滑にするために不可欠であったことが推測される。すなわち、メンバーシップのはっきりとした強固な共同体の存在を前提とせずに、個々のネットワークや目的別の行為ごとに互酬性を成立させ、互酬的行動を実現するためには、こうした計算根拠とメカニズムを共有することで、任意の相手に対しての互酬行動が可能となるのである。この交換モデルは、人間間の交換にのみ適用されるばかりではなく、人と神との間にも適用され、それがゆえに、本書で論ずるような廟会の活動への、自律的自発的な労働が提供され、自己組織的な活動が展開することとなる。これについては以下の章でさらに詳しく論ずる。

第7章

人間のコミュニケーションが生み出す「緑」

夏のおわり。すいか売りに人々が集まり値段交渉する。

筆者が、黄土高原を訪れて、最も多くを学んだのが「緑聖」と呼ばれ、廟会植林を広げた朱《しゅ》序弼《じょひつ》という人物とその周辺に集まった人々である。

朱序弼については、すでに『黄土高原・緑を紡ぎだす人々[1]』で紹介したが、廟会を通じた植林という方法を編み出し、権威や金銭と無縁で、砂漠緑化や黄土高原の植物の多様性の回復に生涯を捧げた人物である。その活動の背景には、この地域特有の互酬性や噂話によるコミュニケーションのネットワーク、そして地域の人々が自発的に組織運営し、さまざまな活動を紡ぎ出す「廟会」と呼ばれる不定形な組織が存在した。朱の活動は一体何を背景に、どんな意味付けによって成り立っているのか、当初は理解するのが困難であったが、現地での調査を続けるうちに、徐々にその構造が明らかになってきた。本章では、朱の活動の来歴を振り返り、その活動を支えた地域社会の構造について論ずる。

1　朱序弼をはぐくんだ「陝北」という土地柄

朱は一九三二年、陝西省北部楡林地区の鎮川の古い「窰洞」に生まれた（写真7-1）。鎮川鎮といえば、楡林から六〇キロメートルほど南にある街で、明代以降、蒙漢互市（蒙漢胡市とも書く。遊牧世界と農耕世界の交易）で栄えたマーケットタウンである。塞外（万里の長城

の外）から持ち込まれたモンゴルの皮革や毛皮が、華北から持ち込まれる雑貨と取引され、鎮川鎮の商人は遠く天津まで通商網を有していた。家畜市などもかなりの規模で行われていたようである(2)。

朱序弼が生まれた頃、朱家は大変貧しく、二人の弟と妹を抱えて、小学校も途中までしか通うことができなかった。彼は一〇歳の時、奉公に出た。奉公先は比較的豊かな家で、そこで三〇匹あまりのヤギの放牧をするようになった。

来る日も来る日も羊を放牧し、草を食べさせる日々。そんな中で朱は厳しい環境に生える草の種類を覚え、羊がどんな草が好きかもわかるようになった。同時に、いつも空腹に悩まされていた朱は、羊がお腹いっぱい食べられる草がたくさん生えていることが何よりも嬉しかった。なぜなら、羊が草をたくさん食べられた日には、雇われ羊飼いの朱もごちそうが食べられるからだ。ごちそうといっても高粱《コウリャン》やジャガイモ、「銭銭飯《チエンチエンファン》（qiánqiánfàn）」と呼ばれる大豆や黒豆を潰したものを入れた粟《あわ》粥、などである。羊の餌が足

写真7-1　鎮川の生家の窰洞・中央に立つのが朱序弼
（筆者撮影　2004年）

りない時は、薄めた粥だけだ。後に朱が緑化にあらゆる力を注ぐようになったのは、幼少期のこの経験が決定的に大きな影響を与えたという。[3]大きくなったら木をたくさん植えて、草をたくさん育て、羊をたくさん飼う。それで貧しい家の子も、家中の人も村中の人も皆がお腹いっぱい食べられ、学校に行けるようにしたい、それが子供時代に放牧を経験した朱の夢であった。[4]

同時に陝北の植物の知識もこの頃身につけた。たとえば旱柳、白楡、青楊、小葉楊の新芽は羊の大好物で、鎖牛牛、馬奶奶、奶子草、知母、車前、狗娃草、猪尾巴草、賓草、寸草、香毛草、打碗碗花などもヤギが好む草だ。[5]また、陝北の野草を用いた薬草治療についての知識も深まった。麻黄、款冬花は咳に効くし、銀花、柴胡、須葱白は風邪によく効く。馬歯莧、大蒜は下痢に、仙人掌は腫れ物の痛み止めに、久齢菊は止血に効く。朱は家族や親しい友人の病気を、この薬草の知識で治すこともしばしばあったという。

一九四五年、一二歳になった朱は、こんどは鎮川名物の「乾炉（gānlú）」（保存用の食糧として固く焼き上げた乾糧）（写真7－2）や「碗托（wǎntuō）」と呼ばれるそば粉でつくった「涼粉（liángfěn）」（くず餅やところてんのようなつるつるした食感の薄片。タレやゴマなどを混ぜて夏季によく食べる）や先の「銭銭飯」などを売る商売を始めた。その頃は遠く200キロメートル離れた延安などへも売り歩いたようである。

そうして迎えた中華人民共和国の成立から間もない一九五一年三月、朱はその真面目な働きぶりが買われて、楡林農業学校の実習農場に職を得た。当時一九歳であった。その後、朱は重点研修対象者として業余学校（社会人向け教育機関）で学ぶ機会を与えられ、農場の隊長にも任命された。こうして小学校の学歴ももたない朱は、懸命に勉強し、植物や気象、造林、苗圃管理などの基礎を身につけた。

そして解放後の植林事業が本格的に始まる一九五五年楡林農校から陝北防沙造林局へ、さらに数回の移動を経て、七三年に楡林地区林業科学研究所に移り、その後数十年にわたって、植林や造林、接木や希少種の保存育成など、緑化事業に全精力を捧げ、技術員から工程師（エンジニア）、高級工程師にまでなった。

一九五〇年代初期、社会主義建設の高まりの中で、砂漠化防止に献身することで、共産主義を実現できる、との理想を抱いた朱は、一九六一年に共産党に入党し、生涯「為人民服務」（人民のために奉仕する）、「自力更生」を心に刻み、故郷の大地の緑化事業に全身全霊を捧げ

写真７－２　鎮川鎮の名物、乾炉（gānlú）
『镇川志』2000年、カバー写真。

た。

ここまで書くと、あたかも朱が、模範的な労働英雄であるかのような印象を与えるかもしれない。もちろん、彼の努力と献身は、いわゆる「社会主義的模範英雄」にふさわしいものであると言えるが、彼を知る人は、そういう人物像とは異なるイメージを抱いている。

まず、朱は非常にユーモラスな人格で、いつもタバコを口にくわえ、行く先々で人々と冗談を交わし、タバコでいくつも穴のあいた人民服を着ている。会議などで形式的な挨拶や美辞麗句が繰り広げられるのが嫌いで、すぐに「こんなことは嘘ばっかり。言葉だけでなく、実際に行動することが何よりも大事」といった発言をして、参加者を驚かせる。また自分自身を「憨憨（hānhān 愚か者）」と呼び、自らを愚直な実践者と位置づける。人々はその風貌とユーモアゆえに、朱を慕い、教えを乞いにやってきたり、弟子入りしたりする。

初めて筆者が朱に出会った一九九〇年頃の朱は、ともかく植林の基地にずっと張り付いていて、家族がいるのか、家に帰っているのか、生活はどうなっているのか、皆目わからない様子であった。後に家人に聞くと、植林事業に熱中している朱は、朝飛び起きて苗圃地に向かうと言って出て行ったきり何週間ももどらないことがしばしばで、お金もわずかな給料だけで、ほとんど持ち帰らない、と愚痴をこぼしていた。

しかし、こういう行動は彼独自のものではない。当時、朱が身を置いていた、黒龍潭の廟会

には、同じように廟で数か月も奉仕をしている人や、廟の活動に熱心な余り、寝食を忘れたかに見える人物がたくさん立ち働いていた。あるものは数百キロメートル離れたところに自宅があり、もうここに来て何か月にもなる、と言いながら廟の台所の手伝いをしていた。彼らの行動を理解するには、この「陝北」という地域の特性や人々の生きる世界そのものを理解する必要がある。

2 利益を顧みず働く人を支える「相場感」

朱は、朝から晩まで植林や苗の接ぎ木の事ばかり考え、現場に何か月も張り付いて家や子どもや友人づきあいも顧みないような日々を送ってきた。彼が報酬として受けていたのは、林業科学研究所のいくばくかの給料で、家族全員がそれをあてに生活するにはとうてい十分とはいえなかった。さらに実際の仕事をしていた廟会や村の現場では、苗木代など実際に必要な経費以外は、一切謝礼を受けとっていない。では、どうしてそんなことが可能なのか、それに対して地元の人々はどのように感じているのか。

その答えの鍵は、前章より繰り返し述べているように、この地域のコミュニケーションの特性にあるようだ。

前章で述べたように、黄土高原の谷に住む人々の間には濃密な情報交換のネットワークが存在した。人々は日常のさまざまな話題、注目に値する人物に関して、あるいは天候に関する情報、農産物の値段、出稼ぎに行く場合の相場、政治について、些末なことから一大事まで、常に濃密に話題を取り交わしている。家族の間でもそうであるが、村のそこここにあるおしゃべりステーションに、人々は頻繁に足を運び、村の内外の情報を収集する。それは単に興味本位というよりは、日々の生活を続けるうえで必要な情報を得るための行為で、それによって農作業の作付を決めたり、売り買いの時期を決めたり、出稼ぎの行き先を決めたりすることになる。

筆者が黄土高原の村に通い始めた一九九〇年代は、市場経済がこの地域にも浸透し、人々の生活もそれほど豊かではなかったため、物の値段に関する噂がきわめて頻繁に取り交わされていた。と同時に人々の評判も頻繁に論じられた。村長や書記が有能であるかどうか、不正を働いていないかどうか、私利私欲に駆動されていないかどうか、に始まり、村の「ごろつき」が最近やらかしたこと、最近起こった不正事件について、などから、当時盛んに復活していた廟会の評判や、その会長がどれほど公正な人物であるか、などもこと細かに論じられた。

筆者自身が黄土高原に比較的長期に滞在するようになったのは、この一九九〇年代に香港中文大学に留学中の時期で、香港から直接黄土高原に向かうこともあった。当時香港の社会は隙

間なく空間が埋め尽くされ、パブリックな共有空間や、誰もが集える場所がきわめて限られ、どの空間も個人ないし団体によって管理されており、自由に無償で使える空間というものが非常に限られているように感じた。日本も自由な公共空間が多いとはいえないが、香港はさらに空間密度が高く、無料の公衆トイレを探すのも一苦労である。それが黄土高原に行くと、谷間のそこここに人々が集まるステーションがあり、農作業や出稼ぎの合間の人々が、自由にそこに立ち寄って日がな一日おしゃべりをしたり、情報交換し合ったりし、人々が自由に社会の中に解き放たれているのを感じさせられる（写真7－3）。

写真7－3　黄土高原の村のおしゃべりステーション

どの村にも大抵一か所から数か所はある。冬のある日、出稼ぎから帰った人や、農作業の合間に訪れた人でにぎわう。（筆者撮影　2004年）

村の人々は、食事の後には村の中をぶらぶらして、おしゃべりをするのが日常である。さらには食事の時間ですら、家の中に座って食べることはせず、見晴らしの良い庭先に出て、人としゃべりながら食事をする。北方中国では、個人的空間がより開かれているような感覚があるが、ことに黄土高原は、個人の生活が見えるところに展開しているという状況にあった。

村では、しばしば夫婦喧嘩を公共のスペースで行うことがある。都会でも、かつて住宅が狭かったという事情もあるが、公園や街角で、夫婦が言い争い、それを取り囲む群衆が、その両者に加勢し、軍配を下すという光景がしばしば見られた。黄土高原の村に滞在していた時も、村の中心地の購買部の店主が、派手な夫婦喧嘩をその店の前の広場でやってのけ、村ではその話題でもちきりとなった。密室だと、まわりに加勢し、判断を下す人がいないため、片方が一方的に力の論理で言い負かしたり、逆に決着がつかず膠着状態になると人々は考えているようである。

黄土高原の農村は、その大半が「溝（gōu）」と呼ばれる侵食谷の中にあり、多くの農家は谷に向かって開かれた前庭を持ち、村の人は家の中で過ごす時間よりも、畑や村の中で過ごす時間のほうが多いといってもよい。何よりも、黄土高原を特徴づけているのは、先にものべたように、食事の習慣だ。黄土高原は、午前一〇時頃と夕方六時頃の一日二食が一般的なスタイルであったが、その二度の食事を、実に多くの人々が遠くを見渡せる庭先や、家の門口、さら

には家からお碗を持って近くの踊り場のようなところに出てきて食べるのである（写真7－4）。

これについて地元の人は、かつて黄土高原では食糧が十分でなく、飢餓に悩まされていたことがあるので、食事をするときは、人に見えることところに出てきて、ちゃんと食べているということを示す、と説明していたことがある。ただ、私はそれ以外に、この地域の人々が基本的に情報探索や人とのコミュニケーション、自然状況について常に外部の情報を得ようとしているために、なるべく見晴らしの良い場所で食事をするという習慣が身についているのではないかと考えている。この地域では食事をする際に、固定された場所や家族で、という概念は存在せず、任意の庭先や戸口に寄りかかったり座ったり、しゃがんだり立ったりして食べる。

写真7－4　村人の食事風景

家の前庭の道路に面したところでお碗を持って食事をする男性。右手前の板のようなところにしゃがみ込んで、眼下の道路を見ながら食べ、人が通りかかるとおしゃべりをする。（筆者撮影）

近年はテレビと携帯電話の普及によって生活の空間的配置が随分変わりつつあるが、それで

も二〇一七年の夏に黄土高原を訪れた際も、午前の食事の時間帯に車で谷を通り抜けると、門のところに四、五人腰掛けて道路の方を向いて丼飯を食べている様子が、あちこちで見られた。ちなみに、歩きながら食事ができるというのは、食事の内容が、麺やすいとんのような小麦粉や雑穀による粉食、あるいはお粥や、「洋芋擦擦（yángyùcācā）」と呼ばれるジャガイモをすって蒸したものなど、基本は大きなお碗に盛り付ければそれで一人前となるようなものであることが重要である。

さらに食事という行為は半ば公共化されており、食事の内容、何を食べているか、いつごろ食べているか、については、日々の人々の話題に上る。中国語を学ぶ人は、中国人の挨拶言葉は「你好（Nǐhǎo）」ではなく、「吃饭了吗？（Chī fànle ma）」（この地方では「吃了吗？（Chī le ma）食事は済ませました？」の意）であると教えられるが、それは言外に、もしもまだであれば一緒に食べましょう、という意が含まれていることもある。もちろん通常は、たとえまだ食べていなくても「いや結構です」と固辞し、決して安易に誘いにのってごちそうになったりすることはない。しかし、親しい者どうし出会った場合は、ともに食事をすることもまれではない。また、われわれ外国人が滞在している時は、村で一体何を食べているか、が大きな関心事となり、しばしば話題に上った。食事をしている間も重要な情報交換の時間であり、谷の向こう側の人とおしゃべりをしながら過ごす。こうした感覚は窰洞という建築物に住んでみな

いとピンと来ないかもしれない。窰洞は谷に向かっていくつもの開口部が開いており、よほど厳寒の冬や雨でなければ、基本的に前庭に出てきて過ごしたり、前庭の先端の見晴らしのよいところに出てくるのが自然な流れとなる。

　こうして日々の日常生活で、村の人はより開かれた空間で対話しながら過ごし、外部の状況や、出稼ぎ情報、村の人の動静などつぶさに把握する。また、かつて拙著『黄土高原の音・空間・社会』でも論じたように、村に数カ所のおしゃべりステーションがあり、農作業の空いている時間、食事のあと、などはそこに出て行っておしゃべりに興ずる。窰洞がオープンスペースに向かって開放的であること（写真7－5）が、さまざまな意味で家族や地域社会を相互につなげ、開かれたものにしている。と同時に、谷が深く重層的にえぐれている構造が、逆に情報の流れるルートを制約し、より迅速に谷に住む人々に外部の情報を届ける役割を果たしている。その噂の伝達機構が、人々の行動や動きを構成し、自己の利益を顧みず自らを投入する

写真7－5　谷に向かって開かれた空間となっている窰洞
（筆者撮影）

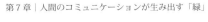

人々を支え、そこにより多くの力が投入される原動力を作り出しているのである。

そしてもう一つ、この地域で人々の活動を支える重要な社会機構がある。それは網の目のように織りなされた互酬関係のネットワークである。「互酬関係」とは、人と人が互いに助け合い贈り物を贈り合い、便宜を図り合う関係のことをいう。これは通常、貨幣を介在した「市場的交換」と対置される。一般的に、互酬関係は「共同体」の内部での交換を指し、共同体の外部に広がる関係に対しては、貨幣が介在して商品交換が行われる、と考えられてきた。特に日本社会では「互酬関係」というと、すぐに「家族」や「友達」「組織」の絆によって助け合うことを想定し、その関係の外側に、金銭を介在した関係があると考え、そこは「雇用」やお金で売買し、やりとりする関係、として区別して考える。

しかし、前の章で触れたように、「互酬関係」は必ずしも特定の集団に属する者のあいだに見られるのではなく、開かれた関係性の中に展開しており、逆に「貨幣的関係」や「市場交換」は共同体内部にも見られる。つまり、「互酬関係」と「市場関係」は共同体の内部と外部を分かつものではなく、関係の濃淡に応じてつまり、私とあなた、といった二者関係の上に、濃淡をもって展開され、それらが巧みに使い分けられていると考えた方がよい。集団に所属し、集団に守られることに慣れてきた日本型社会では、認識が困難であり、またキリスト教と、教会の作り出すコミュニティを基礎とし、外部との差異化を図ってきたヨーロッパ社会に

とっても、あまり馴染みのない世界だ。

一方、イスラムや中国、といったネットワーク型社会においては、二者関係のつながりを基礎とした互酬関係の網の目という思考はむしろ一般的で、それゆえに個人と個人のつながりを重んじ、そのネットワークによって世界の各地へ移民戦略を繰り広げ、起業し、ビジネスを展開する。そこではいわば「強固な互酬関係に支えられた貨幣的交換」といったものが普遍的に見られる。(6)

黄土高原においても人々はそれぞれ自前のネットワークを有していて、その個別の関係性の中で、さまざまな互酬行動を展開し、それで現金の不足を補ったり、あるいは現金を用いた投資や資金の貸し借りを行ったりする。

西欧や日本などの集団型社会においては、金銭を介する「市場経済」と互酬性を基礎とする「贈与経済」を二分して考える認識モデルが暗黙裡に共有されているが、中国やイスラム世界などに見られる彼我の二者関係に基づいたネットワーク型互酬社会においては、「金銭」を媒介するかどうかは重要な区分とはならず、友人関係の中に金銭が入り込み、市場関係の中に個人的互酬関係が入り込む。そして、金銭による交換関係と、金銭によらない互酬関係が、相互に矛盾することなく人々の関係の網の目の中で共存する。その際に必要不可欠なのが、「噂」による情報の共有である。人間関係の濃淡と、それに応じた互酬的な交換は、「共同体」とい

う組織によって担保されるのではなく、個別の人間関係によって担保される。すなわち、Aさんと B さんは、どの程度親密な間柄であるから、どのくらいの互酬関係があってもよい、といった「相場観」が人々の噂のネットワークのなかで常に確認される。その相場は、一定不変ではなく、日々のやり取りの中で取り交わされる具体例によって、常に変動し、更新されてゆく。このような情報の網の目が背後にあって初めて、人々は親密な間柄での無償の労働交換や、物品の交換を安定的に行うことができ、また同時に貨幣を介した交換においても、相場を常に確認することができるのである。

　前章でも触れたが、黄土高原では「関係」にもとづく無償の労働提供を「相夥（xiānghuǒ）」と呼ぶ。それは親しいもの同士の労働の相互提供のみならず、廟や神、あるいは通りすがりの人との関係にも用いられる。[7] 廟や神との互酬関係は、労働を提供する代わりに「ご加護」（保裕 bǎoyoù）や「効能」（顕霊 xiǎnlíng）が得られると考えて労働提供が行われるものである。通りすがりの人との関係についてはあまり一般的ではないが、バスに乗ったら荷物を持ったお年寄りがいて、荷物を運ぶのを手伝った、といったちょっとした「お手伝い」を含む言葉でもある。いずれにせよ「相夥」とは「金銭的報酬」を期待せず、労働を提供することを指し、これによって「共同体的制約」や強制力を介在させず、また、雇用などのための現金準備なくして労働を調達することが可能となる。

朱が廟会における植林に目をつけたのはまさにこの点にある。この地域では人々は、廟や廟の神様のためであれば懸命に無償労働を提供する。特に文化大革命期の宗教弾圧を経て廟会の活動が復活した、一九八〇年代から九〇年代にかけては、各地で廟が復興し、そのための普請が大小さまざまな廟で活発になっていった。その時期、山の上に石を運んだり、廟の小屋を建てたり、といった土木工事が行われたが、その大半がその廟のご利益を得られた人々の無償労働であり、それは「給神仙相夥」（神仙のために奉仕する）と表現された。

朱が実質的に廟での植林を最初に実行したのは、一九八〇年代の陝北で急成長を遂げていた「黒龍潭」という廟においてであったが、苗木の移植から水やりに至るまで日々の作業を支えたのはまさにこの廟に集まる数多くの「相夥」による労働力であった。

通常政府が行う植林は「義務（yìwù）」という義務労働かお金が支払われる「雇（gù）」のどちらかである。人民公社時期はこの「義務」が過半を占めていたが、市場化する今日においては「義務」は頻繁には行われず一日数十元が支払われる雇用労働となっており、日本でいうところの「公共事業」となっている。そうなると一定の資金補助がなくなり次第その労働は途絶えてしまうこととなる。

廟会における「相夥」による労働調達は、無償労働を調達できるばかりか、常にさまざまな人が訪れて労働を提供するため、多くの人の関与を可能とする。こうしたことから、廟会で植

林を行えば、長期にわたって人々が関わり、永続性のある緑化事業ができると朱は考えたのである。

つまりこれは神々と人々の互酬関係の中に、植林を持ち込むことで、活動の永続性を得ようという試みだった。こうして朱は何か月も無報酬で廟会に常駐し、「相夥」の人々とともに苗木の移植やさまざまな樹種の育成を行った。彼が接続を試みたのは、地域の互酬性に基づく神々との交換の場であったのだ。では、ここで朱が依拠した同地域の廟会における人々の自己組織的な活動が、どのような互酬関係によって成り立っているのか、それはどのような広がりと、ダイナミクスをもっているのか、以下に掘り下げてみたい(8)。

3 廟会活動を支える境界なき柔構造

まず、年に一度の祭りを有する廟では、その維持管理を中心になって行う「会長(huìzhǎng)」と、廟の祭りの運営や廟の建設等に資金や労力を供出する「会(huì)」の構成員が名乗りでる。その会は「廟会(miàohuì)」と呼ばれたり、より伝統的には「社(shè)」とも呼ばれていた。「会長」は基本的に無報酬で「会」のための雑務をこなし、「会」の運営を任う。この「会長」にあたる人々の威信は先にも少し触れたように直接的に廟の盛衰に影響をおよぼすが、

「会長」の選出は実は原則として自薦である。「会長」は多くの場合複数存在し、その中から「正会長」や「副会長」などが選出される。このプロセスは「会長」による互選や「問卦（wènguà）」と呼ばれる木片を転がして行う占いなどによって進められる。また、「会長」ではないが、その周縁で「会」を金銭的、労力的に支える会員ともいえる構成員がいる。これも固定的なものではなく、一つの村に複数の廟会が存在することもあるし、また村の中でも廟の活動に参加しない者もいる。また、地縁的要素はほとんどなく、廟会長のシャーマン的治癒能力を凝集力に、遠方の人によって構成される廟もある。日本の村落における「神社」や、長期にわたって固定的な関係を結ぶ「檀家」によって成り立つ「寺」とはおよそ異なる開放的システムで運営され、人々が参集している。

　廟は一定規模以上になると、年に一度の祭りに他所から訪れる不特定の観衆によるお布施やあるいは、おみくじや願い事に日頃訪れる参拝客の返礼によって財政的に支えられる。先の黒龍潭などはそうした収入だけでも年間で数十万元（一九九〇年当時）から数百万元（二〇一〇年当時）にものぼる（日本円に換算して数千万円から数億円相

図7-1　廟に関わる人々の諸相

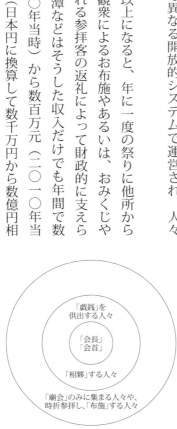

当）。こうした廟をめぐる人々の構成を図示すると図7－1のようになる。

ここで重要なのは、この中心と周縁の関係は、支配被支配関係あるいは上下関係を意味するものではなく、むしろ周辺から中心に対する評価システムといったほうがよい。

「会長」の資質は廟会の規模や廟会の成否に直接影響を与え得るが、人々の抱く価値基準に沿う行為を続けなければ、その座を維持することは難しい。「会長」は社会的影響力を持ち得るが、一方で神への公僕ともいえる位置づけであるといってよい。つまり噂話によって、不断に人々の評価にさらされているため、その座にいることの正当性は常に流動的である。

さらにもう一つ重要な点は、それぞれのレベルの参与者が、各々独自の互酬関係をもって廟会に参与している点である。以下それぞれのレベルでの互酬関係を見てゆきたい。

まず「会長」を務めたり、廟への奉仕労働に参加する最も直接的な交換関係は、廟の神に何かの祈願をし、その願いが叶えられれば「会長」を務めるとか、何日間奉仕労働をするといった約束をしたことに由来するものである。筆者が滞在した村の黒虎霊官廟の「会長」は、数年前に妻の病気を治してもらった際に会長として廟に奉仕することを約束し、そのために現在も「会長」を務めていると語っていた。

また、黒龍潭の廟会は規模が大きいため、祭りの最中に数十名の奉仕労働者が、各地から駆けつけ、厨房の料理係や掃除係などを務める。こうした人々は周囲三百キロにおよぶ遠方の各

地から集まっており、廟の奉仕労働の登録係で登録し、一〇日間や一五日といった自分で約束した日数を働いて帰る。延安近くの安塞県にある三百キロ離れた村から来た料理人の奉仕労働者は、毎年一五日間来ると数年前に約束して以来、どんなに農作業が忙しくても必ず来るようにしている、と語る。こうした奉仕労働者が黒龍潭の場合、一年を通して絶え間なく訪れ、植林地の苗の手入れや水運びなどに献身的に働いている。

もちろん奉仕労働だけでなくお布施（ローカルタームでも「布施（bùshī）」）も同様である。周辺の村から来た女性は、隣の家と敷地の境界線を争う裁判のことで黒龍潭の廟を訪ね、裁判に勝つことができれば千元のお布施をすると「口願」（願かけ）をした。神の前で願をかける際、この地域では周囲の人に聞こえる大きな声で公然と自分の窮状を訴え、そして神がその願いを聞き入れてくれるようにと、お布施の額や奉仕労働の内容などを提示する。神の前で必要とされていることは、説得力のある語りと神が十分満足してくれる条件を提示することであると考えられている。

こうした交渉は、個人の場合でも、また村などで雨乞いをする場合でも同様で、神の意思を聞くために行う「問卦」は、自分達の必要な答えが得られるまで、執拗に繰り広げられる。さまざまな表現を用いて窮状を訴え、一方で、劇の奉納や廟の修復などさまざまな成功報酬の条件を上乗せする。神への約束は、こうした対面的な交渉によって構成されており、奉仕労働や

お布施の多くはこうした交渉の結果、行われているのである。そのシステムは人間同士の労働の互酬関係や交渉のあり方と酷似している。

また、いったん約束した内容は必ず履行せねばならないと考えられており、先の年間一五日の奉仕労働を行う農民も、ある年どうしても植えつけが忙しく奉仕労働に来なかったら、その年は悪いことが続いた、やはり「黒龍大王」との約束に背いたからだ、と語っていた。また、約束が果たせない場合、お金を払って誰か人を雇って、返礼の労働に派遣するケースも見られるという。このような神との互酬関係は、第6章で論じた人間間の互酬関係に用いられている「相夥」と共通する。

人々のローカルなレベルでの解釈では、神との関係は「給神仙相夥」（神のために「相夥」する）と認識されている。そうすることによって徳を積み、「神仙保祐」（神の保護）が得られると考えられている。ただ、どの神にでも、あるいはどの廟にでも献身的に働くわけではない。そうした労働をささげるにはその神が「霊」（霊験あらたか）である必要があり、また同時に廟会や廟の建設を主導する会長もまた「霊」（この場合は英明で徳が高く、公正無私な働きぶりを示していること）でなければならないのである。そして人々は、どの神が「霊」（あらたか）であるか、どの廟会の評判が良いか、といったことに関して頻繁に情報を交換し、黒龍潭のように二つの条件を兼ね備え、また新たな建築群や植林など話題にも事欠かない廟が出

現すると、そのニュースは数百キロ圏外の離れた土地にまで伝播する。そして自発的奉仕労働に訪れる人の範囲も広がるのである。

　このように、廟をめぐる自律的組織は非常に変化に富む柔構造をもつものであるが、まったく自発性にまかされているわけでもない。先の黒龍潭にしても、またその他の村レベルの廟にしても、そのほとんどが主として依拠する村をもっており、その村では「会長」の呼び掛けに応じてほぼ義務的に労働が供出される。もちろんこの場合も一方的な労働供出ではない。たとえば黒龍潭のように大規模に成長した廟の場合、廟会の際宿泊用に用いられた数千枚のシーツを洗濯するのは、主として周辺村落の女性であるが、それに対して、村に廟の資金で学校を建設したり、大型パラボラアンテナを設置してテレビが全戸ではっきりと映るようにする、といった実質的な利益が還元される。

　もっとも、すべての村がこのように報われるわけではない。筆者らの調査チームが滞在した村の黒虎霊官廟では一九八〇年代初期に村人が山頂まで何往復も石を担ぎ上げ、多大な苦労をして廟を築き上げたが、その後の衰退で二〇〇〇年代にはすでに現在は訪れる人もまばらで、病気治療祈願のお布施の収入もなくなっていた。年に一度の芝居も村人から一人当り二元ほどの現金を徴収して続けている状態で、それでも資金が不足するため、名の通った劇団を呼ぶことも難しく、祭りの存続すら危ぶまれる状態へと転落している。このような状況を村の人々は

我がこととして悲しみ、「われわれは廟会すらまともにやり遂げられない、誰も人々に呼び掛け、惹きつける人材がいない」と嘆く。廟会の盛衰が人々の意識の高揚と直接関わり、村や地域の凝集性の高まりが人々の自己認識までも左右するというこの関係も、人々と廟との関わりの深さを示しているといえよう。

4 「会長」の互酬性と廟の事業展開

以上、さまざまなレベルで廟の活動に参加する人々の互酬性について見てきたが、その中で最も関与度合いの強い「会長」と廟会活動との互酬性について次に見てゆきたい。というのも「会長」の関与は他の一般的な参拝者や奉仕労働者とは時間的にも労力的にも大きく異なることが多いためである。また、興味深いのは、一般の参加者と「会長」との間には往々にしてずれがあることである。ここでいくつかの会の「会長」を例として取り上げる。

まず、黒龍潭の「会長」王克華の事例を取り上げる。王の活動については、これまですでに何度か紹介を試みたことがあるが[9]、その略歴を簡単に振り返る。一九四二年生まれの王は地元綏徳の師範学校に優秀な成績で進み、その後教師生活を送った。しかし文化大革命が始まる直前に教師の座を退き、農業に従事する傍ら、得意な石の彫刻などを行う。一九七〇年代末から

は絨毯の交易などで財をなし、一躍万元戸と呼ばれる裕福な農家となる。王は、内モンゴルや華北の石家荘との交易の要衝、鎮川の街に店を設け、商才を発揮する。しかし、そうした商業活動のみでは飽き足らず、一九八〇年代初期に廟会活動が許可されるやいなや、近隣の仲間と「文物管理会」を結成し、荒れ果てた黒龍王廟の修復と復興に取り組む。人々の推薦を受け「会長」となった王は、持ち前の匠人としての能力を存分に発揮し、数年のうちに立派な山門を設計し、黒龍王廟へ通じる参道の入り口に建設した。こうした活動が次々と話題を呼び、一九八一年に再開した旧暦六月一三日の祭りは瞬く間に数万人規模に膨れあがった。その運営は「総会長」である王を中心に、九つの村の二四人の「会長」が中心になって行った。一九八四年からは王の提案で植林を始め、二〇〇〇年頃には福祉、教育、治水、治安などの事業は、かつて陝北最大の廟であった白雲山を凌ぐものとなっていた。そうしたことから、白雲山からも王に廟の管理を受け持ってほしいと依頼が来るほどであった。王はこれらの活動を行うために、歩いて二〇分ほどの自宅から、しばしばこの廟にやってきて、人々を見回って会議を開き、さまざまな事項を決定したり、また具体的な図面を引いたり、と多くの時間を費やした。

　家業の農業と店はほとんど妻と息子にまかせ、自分は廟のことで時間の大半をとられることもあった。しかし、これらの活動からはまったく収入を得ておらず、常に公正無私に務めたこ

とを王は強調する。当然そのことが神話化され、人々の間で語られることを知っての上であり、また万が一にも廟の金に手を染めることがあれば、そういったことにうるさい村人たちの格好の非難の的になり得ること、そのことにより事業全体が決定的ダメージを受け得ることも十分承知の上でのことであろう。王は廟に足しげく通っていても、客人をもてなす時以外、廟の食事には手をつけず、常に帰宅してから食べるようにしていたと語る。村人の信任を得るにはこうした点で、神経質なほどに配慮せねばならないことを王は十分に理解していたからである。しかし、こうした王の活動にも一度だけ重大な危機が訪れた。地元の村で王の活動を妬ましく思っていた当時の村長が、王の口座名の下に置かれていた水利費が法律で決められた半年の期限を一日越えたことを理由に公金横領罪で訴え、王は数か月間の取り調べのため、公安に拘留されることになったのである。一九九一年に起きたこの事件の噂はやはり瞬く間に広がり、王への疑いも広まった。このことで王が細心の注意を払って築き上げてきた地位と威信は危機に瀕し、一家は憔悴のまま正月を迎えた。数か月後、無罪が証明され無事釈放された王は、それまであまり重要視していなかった村の要職を自身と自らの近親者で固めることに力を注ぎ、王を貶めようとした政敵を退け、村書記と村長の座を確保した。こうすることによって、王は再度安定的に廟会の活動を再開し、また威信も復活させることができたのである。

一九九五年夏の廟会はその意味で、王の勝利宣言がなされた年でもあった。谷を埋め尽くす

数万人の観衆の前で王は、「黒龍潭はこれまで多くの人の支持によって今日の姿に発展してきた。途中一部の人々の妨害にもあったが、現在はそれらを排除し、発展の確固たる基盤を得たことを喜ばしく思う」と高らかに宣言した。

　このカリスマ性を備えた「会長」について特筆すべき点がいくつかある。まず、廟会を運営するにあたって、あくまで民間の活動に終始しようと努めている点。止むを得ない事情から村政府については実権を獲得しようとしたが、それ以外の政治的権力の取得に彼は一切興味を示さない。それどころか政府側からのさまざまな歩み寄りを拒否し続けている。こうした行動の背景には、王があくまで民間に依拠し、民間に還元することを目標としていることが挙げられる。彼が求めているのは、「農民の農民による自らのための場の創出」ということである。廟の祭りにしても、人々から集めた資金で誰のためでもない、自分達のための娯楽や教育の場を提供することを目的としている。

　次に特徴的なのは、彼自身は神の存在を信じておらず、あくまで人々のなかで有効に機能する事業の場として廟会を捉え、手段として廟会を用いている点である。その点で彼の周りで彼を支える人々との間にはずれがある。他の人々は神とその神につかえる有能な「会長」として彼を信頼し、活動に参加しているのに対し、王はその役割を演じながらも、自らの意図は別のところに置いている。王は、はっきりと「私は神を信じない、神を超えるのは人であり、神も

人が作り出すものである」と語っている。このアプローチは、この場を最初の民間緑化拠点と決めた朱のアプローチと酷似している。

それは神の「保祐」（加護）を求めるために行われるのではなく、ましてや政治的権力の獲得のためでもない。地域に存在する威信構造の中で、自らの行為を投入し、人々の廟との互酬的な労働交換を背景として、緑化活動や、学校建設、公共の場としての廟の建設を行う、というものである。朱も、会長の王も、神を信じないと明言しつつ、廟を活動の場として、事業を展開する。その活動を展開する必要条件は、従事者が「無私」で「私利私欲」によらない行動を維持することである。

5　廟の祭りのマネジメント

廟の祭りの準備は規模の大きなものでは半年以上前から行われるが、最も重要なものは劇団との交渉である。廟の祭り「廟会」は主として夏の時期に集中するが、春節を過ぎた頃から人気の高い劇団には日程の予約が入る。この劇団との交渉が廟会が対外的にもつ最も重要な関係であるが、その過程は以下のようなものである。まず、廟の「会長」が集まって、今年の廟で招聘する劇団の候補を決める。決定のための重要な条件は予算の規模と話題性である。黒龍潭

のように規模の大きな廟会では遠く河南省や寧夏回族自治区、山西省などから劇団を招請する。その場合、往復の旅費や芝居道具の運搬費用、滞在経費に至るまでを廟側が持つことになっているため、劇の上演費に加えてこうしたもろもろの負担を加えると数万元となる場合もある。また芝居も最も小規模な場合でも三日にわたって五本の芝居を上演するのが一般的な形式であるため、県レベルの劇団でも一度の招聴で少なくとも三〇〇〇元は用意せねばならない。

その重要な交渉の過程をこの地域では「写戯（xiěxì）」と呼び、代表を劇団に派遣し、劇団の責任者と値段の交渉をし、日時と契約内容を確定し、互いに契約書を交わすまでがその過程に含まれる。この交渉は一般には限られた予算の制約のなかで、いかに意中の劇団の芝居をより有利な条件で確保できるか、という廟会の成否に関わる重要な事項であるため、その任務は重い。一方、劇団の側としても、相手の資金能力を見きわめながら、可能な範囲で自己に有利な条件を提示する。このようなやり取りの末、劇の日程が決められるのである。また、こうした交渉自体、劇団の本部で行われる場合もあるが、劇団が各地で巡業公演をしている間は、その劇団の巡業先をつきとめて直接そこに赴く。人気の高い劇団であれば、いつどこで公演を行っているかという情報は容易に入手できるからである。

祭りが近づくと、村や周辺に通知が貼り出され、廟会期間中の役割分担が決められる。その

分担は、結婚式などの際と同様の役割分けで、水汲み、料理係、皿洗い、電気担当、会場整理、神を安置する台の護衛、などを割り振り、劇団の宿泊先、食事の場所などを手配する。劇団員は自分の布団を常に一式持って移動するため、適当な窰洞かいくつかの民家を割り当てるだけでよい。こうして、前準備が進められ、祭りの初日、楊家溝のように舞台が廟の正面にない場合は、「嗩吶」（suǒnà チャルメラ）の音に導かれて御神体が舞台の正面に安置される。その後劇団が到着する。舞台裏の詰め所で慌ただしい準備が行われた後、午後の公演に向けて準備が進む。さらに黄土高原では、芝居の上演に必要な電力を確保することも重要な準備作業の一つとなる。いっぽう観劇に熱心な村の老人達は、劇団が到着する頃から手製の椅子を持って野外劇場の最前列を占拠し始める。こうして三日間におよぶ芝居が上演され、村や廟の周辺は祭りの興奮に包まれるのである。

劇団としても民謡や腰鼓、踊りなどを取り混ぜたバラエティーショーなども用意して、舞台の多様化を図る。最近の傾向としては、ミラーボールや電子楽器を取り入れ、農民が足を運ぶことのない街の「舞庁」（ダンスホール）さながらの光景を舞台の上に作り出すといった趣向が施され、人気を博している。古典劇に至っては老人などは生涯に何度となく繰り返し見ており、セリフや物語の展開を熟知していることが多いが、それでもなお感情移入して芝居に見入り、名場面ではともに涙を流す。心を打つ芝居のあとは、人々も普段より饒舌になり、芝居の

合間に旧知に出会っては人生を語り始めるといった光景が随所に見られる。こうして芝居を奉納する舞台とそれを取り囲む広場や斜面が、より豊かな語りの場となって立ち現れる。

廟会のもう一つ重要な点に、毎年決まった日時に行われるということが挙げられる。通信や交通の不便な黄土高原の村落にあっては、近隣の村と往復するだけでも一日仕事である。ましてや少し離れた村の親戚等を訪ねるといっても、事前に連絡をすることもできず、あらかじめ日取りを決めるということも難しい。そうした状況下で、祭りの日取りに関する情報は広範囲に共有されており、その祭りの日に合わせて親族や知人を訪ねることは、共通の了解事項となっている。受け入れる側も、その日は遠方から知人がやってくるかもしれないことを考慮し、何らかの準備をしている。中国農村において、廟会の日が見合いや商談や親族訪問などさまざまな社会的機能を兼ね備えているといわれる由縁である。われわれ調査団一行は参与調査の一環として調査を行っていた村で祭りを主催したが、その際も村の人々は、外国人が祭りを主催する噂は各地に広まっているので当日は相当の数の人が集まるであろう、と口々に言っていた。果たして、当日は何と人口一千人余りの小さな村に一万人以上がつめかけ、親戚の家に泊まる者、野宿する者、などさまざまな人が村を埋め尽くした。ある農家では七〇人以上もの親戚がやってきたと悲鳴をあげ、集まった範囲も、延安や西安、遠くは銀川におよんだ。彼らの情報入手ルートは当然ながらすべて口コミで、村の人も当日になるまで、一体誰がどのルー

トで情報を入手してやってくるか見当がつかない。

このような廟会の賑わいを一世紀前の一九世紀末に華北で調査を行ったアメリカ人宣教師A・H・スミスも次のように表現しており、さまざまな政治的変動を経過しても、廟の祭りに対する人々の熱狂ぶりは何ら変化するところがないように見受けられる(10)。

> 劇団を招聘した村落では、各家庭はお客で一杯で、夜は横になる場所もなく、したがって一晩じゅう座って話していなければならぬことが珍しくない。――中略――芝居は三日間より短いことはめったになく、ひょっとすると四日間以上も続けられるから、劇団を招いた村落は如何に重い負担を背負わねばならぬかは想像に余りがある。

その結果、一家が半年もかけて使うような燃料をわずか一週間で費やしてしまう家も見受けられ、貧しい家などには大きな負担となる、とある。このように、廟の祭りは村の生活にとって、最も華やいだ時であり、それゆえ廟会に関わる情報は驚くべき迅速さと正確さで人の間に伝えられてゆく。つまり、噂の結節点としても、噂で取り交わされる情報としても、「廟会」は重要な場となっていたのである。

黄土高原の人々にとってきわめて重要な社会の結節点である廟会は、このようなメカニズム

で運用されていた。朱は、こうした社会のダイナミクスを背景として、自らは何も所有せず、人々のネットワークと互酬関係の中に身を置き、それによって植林事業やさまざまな緑化事業を永続的に行うというアプローチをとった。「私は無神論者である」と公言する朱が、なぜ廟に身を置いて植林活動を行ったのか、なぜ資金も政治権力ももたない状態で、社会的事業を成功させることができたのか。それを理解するためには、ここで述べたような地域のコミュニケーションに関する理解が必要であることが本章で明らかになった。本章および前章の内容をまとめると以下のようなものとなる。

一．廟会など人々のボランタリーな活動が組織されるにあたって、同地域が爆発的な運動特性を示し、その鍵は地域における噂の流通にあると考えられる。

二．噂が特異な伝達のパターンを示すのは、黄土高原に刻まれたフラクタル状の河谷に沿って人々の動きが制限されていることと関わっていると考えられること。そして村に必ず一つ以上存在する、情報ステーションの存在が、その伝達に重要な役割を果たしていること。

三．地域を構成する村落社会のありようが、いわゆる閉鎖的な共同体ではなく、相互に取り結ばれる関係の束としてのみ存在しているように見えること。しかもそうした、互酬的

な関係の束は貨幣を介在する功利的な関係と常に隣り合わせに存在し、不断に変容する相互的な関係認識を基礎として、巧みに使い分けがなされていること。

四．こうした、自律的かつ自生的な関係形成や人々の共同関係の形成のありようが、噂の伝達や噂を共有し、伝え合う人々の関係の網の目によって不断に再生産され、また動的な構造を作り出していること。

以上のような、社会背景を前提として、この地域の人々の行為は理解されるべきであり、地域の生態系回復へのアプローチも、こうした社会的特性を理解したうえで行われ、解釈される必要がある。

第8章

「利益」を顧みない人々の手法

県城の古い小学校の校庭で。

黄土高原における生態系回復を考えるうえで、生態系回復とは無関係に見えるコミュニケーションのパターンとそのダイナミクスについて述べてきた。それは、現在の黄土高原が、人間と自然の関わりの結果つくりあげられた里山としての景観であり、その生態系回復の道も、人間社会のコミュニケーション・パターンと無縁ではないと考えるからである。本章ではさらに朱を始め、この地域の生態系回復に寄与した人々が、どのようなコミュニケーションに働きかけてきたのかを、紹介し、生態系回復との関わりを今一度考察する。

1 朱序弼と廟会植林

朱序弼（一九三二〜二〇一五）（写真8-1）は、「生態系回復は、お金がなくても困らないが、人がいなければ困る（生態回復、不怕没銭、就怕没人）」といった言葉を残し、実際に木や草花を植える活動とともに、人々が木や草花を植えたいと思うようになるような働きかけを続けてきた。

筆者が注目した「廟会植林」はその一環である。朱は、人々が熱心に参加する「廟会」の活動で植林が行われれば、陝北の各地にみどりの根拠地ができるだろうと考え、まず代表的な廟会、黒龍潭でお布施を利用した大規模植林を行うことを提案したことは前章で見てきた通りで

ある。

その後、黒龍潭民間植物園が成功し、注目を集めるようになると、「第二、第三の黒龍潭を」と新しい廟会に拠点を移し、完全に民間の資金や労力で賄われる「民弁植物園」や、絶滅危惧種を集め、保護育成し普及させるための「絶滅危惧植物園」、在来植物の回復に力点を置いた「生態植物園」などの技術的支援や人材育成に力を注いだ。二〇〇二年には筆者らとともに「国際民間緑色文化ネットワーク」を立ち上げ、各地で廟会植林を行う機運を高めた。このアプローチは次のいくつかの理由で、この地域に非常によく適合していた。

まず、本書の第4章で述べたように、人間がくまなく関与する黄土高原で木が生えているということは、その木に何らかの社会的経済的背

写真8－1　故郷の鎮川鎮の緑化拠点で技術指導を行う朱序弼（筆者撮影）

景が付与されていることが重要である。その木は、果樹としてなのか、墓を守るためなのか、家を将来建て替えるための建築材料のためなのか、道路を守るためのものなのか、といったように。また、木が生える場所も、いわゆる「荒れ地」と呼ばれる斜面なのか、川べりなのか山の頂上なのか、農家の庭先なのか、これも何らかの意味を与えられた場所に生えている。

もちろん、政府が呼びかけて、植林地と指定した場所に、政府の動員で植樹された場所もある。それは面積や規模の点では突出しているかもしれない。しかしそれは、何らかの補助金が支払われる事なしには永続は困難な場所であることが多い。

これに対し、廟は黄土高原の多くの場所において歴史的に特殊な意味を持っている場合が多い。どの村にもいくつかの廟が建てられ、それは村の人々や周辺の人々が、主体的に組織をつくって維持管理運営している。長い歴史のある廟や大規模化したものは、そのお布施で周辺の土地を買い集め、あるいは寄進によって、広大な「廟地（miàodì）」と呼ばれる廟の運営、管理に委ねられた土地を持っている。

その「廟地」では、周辺の農民や牧民が、ボランティアで自発的に立ち働き、苗の手入れや水やりをする。「廟地」は文化大革命時期においても存続し、集団所有の形で管理されてきた。その意味で廟会の資産や土地は、この地域の人々にとって、共有地的な意味を有しており、人々は廟を管理運営する廟会会長に関して、常に観察し、評価し、廟が適切に運営されている

かどうかを噂する。噂の関心事である廟や廟会の活動については、話題を集めれば数百キロ先まで伝えられるという特徴がある。

また廟は公共的な意味をもつため、収益が上がれば学校や職業訓練のセンターを運営したりする。先の黒龍潭はその先進的な事例といえる。民弁植物園が広く知られるようになったのも、まさに同じ理由からであろう。朱は、こうした文化的背景を熟知して、黄土高原において廟会で植林を行うべきであると早くも一九五〇年代に提唱し、その後文化大革命を経て一九八〇年代に初めて実現することができた。

また廟会で働くものは、廟会から一切何も個人的利益を得ないことが求められる。その意味で、朱は廟会の会長たちとともに、一切報酬を受け取らず、無所有、無報酬を貫いて植林事業を行った。これが黄土高原における朱の無所有の戦略の原点であった。

この無所有の戦略は大きな武器となる。第一に、誰もその人物を糾弾することができない。第二に、無所有であるがゆえに人々の話題となり、より広く知られることができる。逆に、何らかの個人的利益を得て、その疑いをかけられるような行為に対しては、人々はきわめて敏感に反応し、いずれは糾弾され、その座からひきずり下ろされる。第8章で紹介した黒龍潭の復活をもたらした王会長も、常にその点には細心の注意を払っていた。それほど噂の力は絶大だ。第三に、周辺住民も、廟の財産には手を出すことはできない。廟会の植林であれば、盗伐

される危険性もほとんどなく、人々の目も常に注がれている[1]。
　こうしたことから、この地域で緑化の拠点とするのに、廟会はきわめて好都合なメリットを有している。さらに付け加えると、廟の側としても、文化大革命期の経験から、宗教色を全面に押し出すと、政治的に弾圧される可能性があるが、植林等のこの地域で正当性を有する活動を続けていれば、いざというときにも正当性を主張することができる。こうしたことが、「廟会」を通じて植林を行うことの永続性や公共性、地域での広がりを確保できる大きな理由となっている。

　これらの廟の事例を考える上で重要なことは、さまざまな廟に参加することで、人々は小さな村の世界を越えて、より開かれた社会とつながることだ。環境問題へのアプローチは、自らの生活する境界の中だけにとどまっていては実現が困難だ。たとえば以前、村の人達は、ゴミを自分の家の庭から放り投げるようにして谷に捨てていた。つまり、多くの家では、その下の谷に、割れたガラス瓶などが散乱した状態だったのである。もちろんそれではゴミを処理したことにはならないが、彼らは「洪水がくれば一気に流してくれる」と気に留めない。実際年に何度かの豪雨が降ると、谷の下のゴミは一気に下流に流されてゆくので、目の前はきれいになるが、小さな谷から大量のゴミが流れ出る黄河は大変なことになる。このような狭い認識を越えるには、人々が自らの谷の世界から視点を広げ、より大きな世界から立ち返って自らの身の

回りを考える実践をしなければならない。「廟」の活動は、個々人が自分の家族や村や小さな範囲を越えて、知らない者といっしょに立ち働き、その廟のために力を出し合うという社会的行動を喚起するシステムとして作動していた。

　個人の利益だけでなく、村全体や地域全体の環境回復に身を投じる人もいる。緑化に関していうなら、自分の家のまわりや補助金のもらえる緑化活動だけでなく、広く生態系回復に関わる場が必要であり、廟がその格好の場所を提供していた。

　また、朱と同じ出身地の鎮川鎮の交通警察に勤めていたある警官は、自分の故郷に耕作遺棄された畑がたくさんあることに気づき、みずから大面積の耕作放棄地を請け負い、小流域の環境改善プロジェクトなどを請け負って、緑化活動を始めた。そこは第3章でも述べたように、われわれが参与して、雑草を抜くことをやめ、植樹した木々とともに在来植生の回復を妨げない方法で緑化を進めた場所で、数年を経ずして、一年を通じて植生に覆われた草原のような土地に変貌した。

　この交通警察の警官は自らの仕事の合間をぬってプロジェクトを進め、朱のところに何度も教えを乞いに訪ねてきて、個人で緑化事業を行った。またそのすぐ近くにある廟に幼稚園をつくり、子どもや老人の遊具を設置したことで、人々の集まる憩いの場として機能するようになった。その周辺の山々は瞬く間に野ウサギが走り回り、各種の有用な野草が繁茂し、野鳥が

飛来し、蝶が舞い飛ぶ美しい風景となった。これも廟という場を受け皿に、個人の利益を越えて活動する人が作り出した新しい動きである（写真8－2、8－3）。

もちろん、近年の黄土高原の生態系回復には、一九八九年の大規模水害以来国が示した退耕還林（草）や禁牧（放牧禁止）などの政策が、大きな作用をおよぼしていることは確かである。さらに近年の出稼ぎブームや農村を離れて近場の都市に住む傾向が、農地離れに拍車をかけ、かつてはどんな斜面でも農地として耕作し、ヤギの放牧に使われていたところ、二〇〇〇年頃を境に、耕作遺棄地が目立つようになり、農民が土地にしがみついて生きるという圧力が大幅に軽減した。

しかし、人々が主体的に、緑化に取り組んだ

写真8－2　鎮川鎮の小さな廟会の会長と朱序弼（左）
廟の前に花を植え、人々が楽しめる場所にすることにも力を入れていた。（筆者撮影）

り、花を育てるという行動に駆り立てられるには、別の作動が必要となる。それは一般に「環境意識」とか言われるものだが、そうしたものを「教育」と称して上から押し付けても、効果と持続性に乏しい。それは、それぞれの地域固有のコミュニケーションのルートにのっとって初めて有効に作用する。朱序弼の緑化運動の特質は、まさにそうしたコミュニケーション・ダイナミクスを熟知したうえで行われていた点にあるだろう。

　朱序弼は生前、「生態系回復は国境を分かたず、貧富の差を分かたない（生态回复、不分国界、不分穷富）」としばしば口にしていた。かつて、共産党の思想工作によって、「日本人は悪い人達だ」と思い込んでいたという朱は、その後われわれを含む多くの日本人と親交を深め、日本人への理解を改めたという。また朱をサポートしようとする人々は、ほとんど現金を持たない農民から、企業家、政府関係者までさま

写真8－3　在来植生が回復する耕作遺棄地
手前はかつて畑として耕されていた場所で、耕作放棄数年目で草原に戻っていた。（筆者撮影）

ざまであった。その意味で、貧富の格差も出身地も異なる人々が、朱を通じてつながり合い、関心を共有する。朱の活動は、自己の境界を取り除き、環境を回復させるために必要な行動と関心を呼び覚ますものであったといえる。

朱の呼びかけに応えて、横山県で大規模に植林や花の栽培を行っている、元炭鉱経営者の黄文高の試みも、「廟会緑化」の一つの典型例である。貧しい故郷横山県の出身で、若い頃から炭鉱に出稼ぎに行き、そのうち、知人に声をかけられて炭鉱の株を購入。それが当たって毎月のように、莫大な収入を得るようになった。後に自らも炭鉱のオーナーとなって、財を築く。しかし、人に薦められて投資したホテルで失敗し、財産の過半を失った。それでも四人の息子に家や高級車を買い与え、自身の生活も心配なくなった頃、ただの金持ちとして生活していることに虚しさを感じ、同時に自分が置き去りにしてきた故郷のことが無性に気になり始めた。このまま、ただ金に翻弄されて、浮沈を繰り返していても何も残らない。せめて故郷の村に緑や花を取り戻す活動を始めたい、と文化大革命で破壊された清涼寺という寺で、絶滅危惧種の育成と普及を始めた。十数年の間に、数百万元を投下して、寺の復興、仏像の修復、絶滅危惧花木園の育成などに注力し、現在は徐々に回復しつつある(2)。

ここまでの話は、仏教に帰依した信者が浄財を投じて寺社仏閣を復興するという物語に見えるが、彼とその周辺の人々が、情熱を持って草花の育成に携わり、黒龍潭や臥雲山といった廟

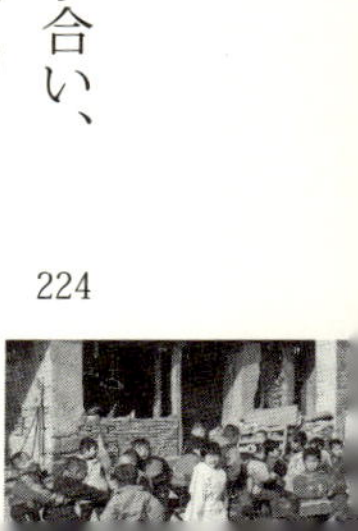

会が運営する植物園から譲り受けた種苗が育ち、花が咲くと、老いも若きも喜んで駆け寄り、花を愛でていたことに驚かされた。黄土がむき出しの大地で、人々は、過去に咲き乱れていた花々が失われてしまったことに、大きな喪失感を持っていたことを、この廟を訪れて初めて知ったのである。こうして、出稼ぎでさびれた黄土高原の田舎の寺は、にわかに活気づいて、訪れる人も多くなり、芝居の上演なども活況を呈するようになってきた。現在横山県には、この廟を中心として、黄土高原国際民間緑色文化ネットワークが立ち上がり、独自の活動を展開している（写真8－4）。

写真8－4　黄土高原国際民間緑色ネットワークの会合を見るために集まった地元の人々

陝西省横山県清涼寺にて（2011年）。この寺は、地元出身で石炭で材をなした黄文高が中心となって寺を復興し、朱の指導のもとに山腹に植林を行っている。（筆者撮影）

2 「境界を越える」緑化マネジメント

ここまでで、長期的に有効性をもつ緑化・生態系回復の活動とは、種々の文化的、社会的意味が付与されていることが要件であった。逆にそうでない場合には、一過性に終わったり、補助金が切れると同時に、もとの木阿弥になったりすることを示してきた。

そして、これらの活動は、単に持続する、というだけではなく、個人の利害や村や組織の利害といった、人々の行動や意識のなかに形成されているさまざまな境界を乗り越えることを可能にする側面を持っている。それは、たとえば朱序弼の活動に典型的に示されるように、「無私」「無所有」というような形で展開される、個人の利得という次元を越えた行動と信念が、日常の枠を越えたコミュニケーションを惹起し、それが人々の築いている心的境界を打ち破り、さらなるコミュニケーションの渦を作り出していく、という過程である。

私がこの地域の生態系回復に向かう人々の活動に、強く深く引き寄せられるのは、そうした「境界を越える」行動が、特定の「宗教」や「行政的働きかけ」といったものとは異なる次元で喚起され、人々の行動を大きく変える事例にしばしば出会うからである。

以下では、こうした「境界を越える」活動を、中国で展開している人々に注目してみたい。

ここで取り上げるのは、黄砂の発生源の土地で生態系回復活動に従事する人々である。

黄砂の発生源で緑化プロジェクトを展開する日本人

オイスカ阿拉善砂漠生態研究研修センター所長の冨樫智と初めて出会ったのは、ＪＩＣＡ（国際協力事業団）北京事務所が主催した中国で活動する民間緑化ＮＧＯの交流会の席上であった。当時、「結皮《けっぴ》」と呼ばれるバイオクラスト（コケ類、シアノバクテリアなどの微生物によってできる表層土壌）の働きに注目し、いわゆる植林ではなく、土壌表皮が回復することが地域の緑化を促進する重要な要因であると考えていたところ、冨樫がまったく同じ認識を持ってすでに実践していることがわかり、その後共同研究がスタートした。

冨樫が取り組んでいるのは、現在でも毎年三〇〇〇平方キロメートルという猛烈な勢いで砂漠化が進行している内モンゴル阿拉善盟での緑化と生活改善のプロジェクトである。ちなみに阿拉善盟の面積は、日本の約三分の二に相当する二七万平方キロメートルあり、ここでの大規模な砂漠化の進行は、黄砂の発生源となっていてきわめて深刻だ。

実は冨樫も、当初はポプラの植林などを手がけ、数年を経ずして緑に茂るポプラの木をみて満足感を感じていたという(3)。しかし冨樫はその後すぐに、すくすく伸びるポプラの木が貴重な地下水をどんどん吸い上げていってしまう、という重大な問題を抱えていることに気づいた。

写真8－5　砂漠に自生するオニク（肉従容）
高価な漢方薬材として利用される。通常はソウソウという木の根元に寄生する。（冨樫智撮影）

写真8－6　現地の人々に、オニク栽培の利点と生態環境保護のメリットを講習する冨樫
（冨樫智提供）

そしてさまざまな試行錯誤を経て、もともとこの地に自生していた梭梭（ソウソウ *Haloxylon ammodendron*）という灌木を植え、その木の根の部分に寄生する肉従容（オニク、カンカと

も呼ばれる。*Cistanche salsa*）を漢方薬材として販売し、地域の牧民や農民の収入源とする、という方法にたどり着いた（写真8－5、8－6）。

現在では、中国国内ばかりでなく、日本の焼酎メーカーに委託し、不妊治療などに効果を発揮する薬酒として日本国内でも販売を開始している[4]（写真8－7）。単に植林そのものを目的化するのではなく、地域の人々がその緑化を通じて、収入を得られる道を同時に考えて行かなければ真の持続的な環境回復は得られない。現在、冨樫は大阪大学や千葉大学などと連携し、さまざまな砂漠の産物の製品化を図っている。

もうひとつ、冨樫が現地で緑化を実践するにあたって実感したのは、放牧生活を営んできた人に対するいわゆる「禁牧政策」や「生態移民」といった中国政府の環境回復のための諸策は、必ずしも生態系回復によい方向に働かない、ということであった。本書の前半でも指摘したように、「禁牧政策」は草地を保護するために、一定期間放牧禁止にした

写真8－7　オニク（肉従容）酒
阿拉善でとれたオニクを原料に、鹿児島の酒造メーカーが製造した薬酒。不妊治療に効果が高いとされ、全国の産婦人科などでも推奨されている。（冨樫智撮影）

り、あるいは全面禁止としたりするものであるが、それによって羊や牛が食べる穀類を生産せねばならなくなり、かえって耕地化を促進してしまう。また、生態移民というのは生態系の劣化が激しい地域の住民を移住させ、他所に定住させようというもので、阿拉善北部も多くの地域が生態移民の対象となって住民移転が行われている。しかし、政府の号令によって強制的に村ごと移住させるこの政策は、文化的社会的継承性を根絶やしにする側面をもっており、実際住民移転が行われた地域の生態系が回復するとは必ずしも言えない。現在、阿拉善では農業などの利用のために、地下水位が低下している。また、強制移住によって無人地帯になることによって、生態系回復に従事する人員も確保できず、工賃が北京よりも高くなるという現象や、さらには人がいなくなったことで、より一層地下鉱物資源開発が容易になり、さらなる破壊が進むといったネガティブな効果をもたらすことのほうが多い。

これに対し、その地域に根差し、地域の環境を熟知した人々が長期にわたって生活する基盤を作り出すほうが、はるかに生態系回復に資することが多い、と富樫は感じている。これは先の第4章で「里山としての黄土高原」という概念を提示したことと共通する。つまり人間が関わることによって環境が維持され劣化を防止するという役割を果たすことが、より持続的な地域のマネジメントとなりうるという視点である。

二七万平方キロメートルの土地に、人口わずか二四万人余が生活する阿拉善に、貧困と生態

系悪化を理由として、無人地区を増やすことが本当に生態系回復に資するのかどうか。むしろ外部資本の流入による一過性の乱開発や、絶え間ない生態系の劣化を引き起こす可能性のほうが高いのではないか。

阿拉善盟は内モンゴル西部の広大な地域を占め、一五世紀に一度はモンゴル世界を制覇したオイラート系の部族が支配する地域であった。年間降水量が多いところで二〇〇ミリ以下。少ないところでは四〇ミリにも達しない乾燥地である。先人はそこにラクダやウマ、ヤギとともに豊かな草原文化を築き上げてきた。野生動物もオオカミやヤクやウシ、ラクダや、ロバ、ヤマネコ、シカ、などが森や数多くの湖や池のほとりに生きていた。人間は、ゲルに住まい、動物たちとともに移動を繰り返しながら遊牧し、羊毛の絨毯や織物といった美しく実用的な調度品を作り出した。

現代では、定住化政策により、ゲルの暮らしは廃れ、人々は街や都会に集められ、牧民も遊牧を禁止され、柵で囲われた牧地で家畜を飼うことが義務付けられている。このように本来この地域で長く生活してきた民族の暮らしを根底から変えるような変化が引き起こされ、結果として表土の流失、湖沼の枯渇、森林の減少といった生態系の劣化が常態化しているのがこの地域の過去数十年の歩みである。(5)

さらに最も深刻な問題の一つが、本書の第1章で述べたように、阿拉善盟の北部地域におい

て一九六〇年代から八〇年代にかけて繰り返し行われたとされる地下核実験であった。第2章でも述べたように、近年激しさを増す阿拉善北部からの黄砂舞い上がりは、この地下核実験により住民が強制移住させられ、人の手が入らなくなった地域由来のものであると地元関係者は述べる。

阿拉善における核実験は公式には明らかにされないが、一九五〇年代に一〇年間地下核実験の責任者であった中国軍部の聶栄臻《じょうえいしん》元帥が、一九六四年初の核実験が南内モンゴルで行われた、と書いており(6)、公然の事実となっている。少し西には酒泉衛星発射センターもあり、人口がきわめて少ないことと、降水量が少なく晴天日が多いことから、軍事的にも中国の宇宙開発事業にとってもきわめて重要な拠点となっている。阿拉善が国境に面した地域であること、ゴビ（礫砂漠）であることから、本来点在する胡楊林などのオアシスに生活していた牧民の生活文化と環境が軽んじられるのは、なかば必然ともいえるなりゆきであった。その結果として生態移民が行われている、という解釈も可能である。こうして、地域の環境を維持する守り手としての生活先住者の位置づけは、きわめて危ういものとなっているのが現状である。

冨樫は、二〇〇一年に北京のNGO関係者に誘われて初めて阿拉善に足を運んだ。大学時代には農学を専攻し、北海道で高校教師をしていた冨樫は、内モンゴルの砂漠化の現状を見て、その改善に生涯を捧げることを決意し、二〇〇六年より公益財団法人オイスカ（国際NGO）

の現地センター所長として阿拉善に赴いた。その後、日本企業や日本のさまざまな援助プロジェクトを同地域に引き入れ、年間三〇〇日近くを現地で過ごす日々が続いている。

小さな二人の子どもたちを含む家族は千葉県に残し、現地と日本を往復する日常。日中関係の悪化で企業や援助などの活動費もさらに減少傾向にある。そんな中、敢えて自分の本分は、乾燥地の生態回復と地域の人々の生活の向上にあるとの信念を保持して、日本からのエコツアーの案内、現地での研究と実験、外部資金の獲得、そして砂漠緑化作物の商品化などに奔走している。現在は中国の環境省にあたる環境保護部のプロジェクトを請け負うとともに、阿拉善以外に、ウズベキスタンなどでも活動を開始している。地下資源開発の盛んな現地では、収入が一挙に増加して、冨樫の年間生活費をはるかに上回る収入を獲得する牧民も出始めているが、あくまでも彼らの生活支援を掲げ、自らの私的利益は一切顧みない。

冨樫の活動は先の章で紹介した朱の実践と共通するものがある。気候変動により、世界各地で人々の生活をおびやかす変化が深刻化するなかで、持続的な生活の維持を可能とする環境を創りださなければならない、という危機感が、冨樫を個人の利益を顧みない行動に駆り立てている。しかし、冨樫は決して利他行動を掲げて活動しているわけではなく、それぞれが経済利益を得るための活動が、環境にもより良いフィードバックをもたらすようなビジネスモデルを構築することを目論んでいる。その意味で、本書が提案するところの、「境界を越える」マネ

ジメントを実践すべく日々奔走しているといってよい。

炭鉱の街オルドスで水源を守り続ける人物

もう一人、黄土高原と阿拉善のちょうど中間に位置するオルドス（内モンゴル）出身で、地域の生態系、特に水源を守るために数十年にわたって活動を展開している人物を取り上げたい。その人物は張応龍といい中国最大とも言われた炭鉱のある神木《シェンムー》県出身だ。

神木は神府（神木と府谷《フーグー》）および東勝をあわせ、中国最大級の炭田を持つ場所で一九八二年に発見され一九八六年に採掘が始まってから今日まで中国全土に良質の石炭を供給し、日本など世界に向けて輸出されてきた。二〇一〇年には神木のみで一・六億トンの石炭を産出し、中国全土で一六億トンといわれた石炭産出量の一〇パーセントを占めるほどであった。これにより、神木周辺はかつての貧困地区から、一転して陝西省内でも屈指の富豪を産する地域へと激変を遂げた。

これについては数多くの逸話が語られている。たとえば、ある神木の農民は友人に進められて石炭を埋蔵する土地を九〇年代に二束三文の値段で買い受けたが、その後、そこで石炭開発が始まり、日本円にして一千万円相当の金が毎日転がり込むようになった。しかし、現金経済しか信用できないその人物は、クレジットカードや振り込みなどの決済は一切行わず、すべて

現金で決済しようとしたため、西安に遊びにゆく時はトラック一杯の現金を積み込んで、マンションを購入し、豪遊した。

西安にはこういう石炭成金が二〇〇〇年頃から大量に流れ込むようになり、一晩で百万円使って遊びたいからなんとかしてくれ、と友人に頼んだり、息子が通うようになった学校の学長室に父親が突然現れ、これで息子をちゃんと教育してくれ、と数十万元の札束を置いて行った、といった逸話が、半ば嘲笑的に語られていた。

また神木では地方政府の収入が大きいため、住民は一切の医療費を支払う必要もなく、住宅も支給され、まったく生活に困らない。かつて農民だった貧しい人々が皆突然金持ちになったため、ベンツやアウディといった高級車を一人一台所有し、買い物などに使うも、運転技術が良くないため、しばしばぶつかってトラブルを起こしているともささやかれた。

さらに西安や地元の中心都市楡林では、高層マンションを多数購入し、また時折訪れる西安で、ホテルの最上階を年間借り上げ、自分の友人知人をそこに泊めて豪遊する石炭成金もいた。中国全土に不動産業者から言われるがままいくつものマンションを買った知人は、「身体は一つなのにいったいどうやって住むつもりだ」と友人に揶揄されていた、という。石炭バブルの煽りを受け、地元楡林や東勝の物価が西安よりも上昇し、これまで多額の現金を手にしたことのない人々が一時期常軌を逸した消費バブルを展開した。

そうした巨大な変化の只中にあって張は常にあることを考えていた。過去二〇年以上にわたって、石炭の乱開発とも言うべき開発が続いた神木周辺は、いつかこの石炭が枯渇したらどうなるのだろうか。大量の地下水を使い果たし、汚染し、空気を汚して、現在巨万の富をもたらしているこの黒いダイヤがある時途絶えたら、そこに残るのは荒れ果てた広大な土地と、汚染され枯渇する地下水。そればかりか地表を流れる河川も汚染と使用量の増加により、各地ですでに干上がっていた。近年有名となったゴーストタウン（「鬼城（guichéng）」と呼ばれる）もここ神木から六〇キロメートルほどのオルドス市に作られた「康巴什（カンバシ）新区」という砂漠の中の新都市だ。

そんな中で襲ったのが二〇一三年以降の石炭価格の暴落である。多くの民間投資会社の投資が焦げ付き、個人金融業者などが次々に倒産。友人から金を集めて投資に回していた人は、その負債を返済できないため、次々と姿をくらましたという。張の案じていた事態が現実のものとなったのである。

張応龍は、当時勤めていた北京の外資系の会社の副社長という仕事を辞し、二〇〇二年禿尾河上流に二〇万畝の土地を請け負い、たったひとりで砂漠緑化（治沙）事業に取り組みはじめた。当時の友人には嘲笑するものもいたし、また、かつての仕事仲間は次々と遠ざかっていった。[7]

当初、張は協力してくれる人が見つけられず、神木市内に買ってあった不動産を売却し、自らの貯蓄とあわせて日本円にして五千万円以上投じて緑化事業をスタートさせた。当時としては巨額の投資に、一度は赤貧を洗う生活となり、友人たちに頼って生活する日々であった。しかし張は、砂漠緑化事業は、後代の子孫におよぶ一大事業であり、現在の結果がどうであれ、取り組まなければいけないと固く信じて疑わなかった。

その後、一〇年が経過し、さらに三〇万畝の土地を請け負い、緑化面積は三五万畝、二五〇〇万株におよび、付近の生態系も大きく変化するようになってきた。その間、自費で各地の砂漠緑化の専門家や研究者を訪ね歩いた。砂漠緑化の素人であった張は、徐々に独自の手法をあみだすこととなる。まず在来の沙蒿（shāhāo）、*Artemisia desertorum* というキク科ヨモギ属の植物で砂漠の流動を抑え、マメ科の植物で保水すると同時に肥力を高め、最後にモンゴリマツ（樟子松 *Pinus sylvesris* var. *mongolica*）やスナモモ（長柄扁桃 *Amygdaluspedunculata*）などで安定的な経済林を構成する、という方法である。

実は先の富樫によると、現地の人は植林といえば通常、モンゴリマツやアブラマツ（*Pinus tabulaeformis; Pinus tabuliformis*）などの常緑樹を植えたがる傾向にあり、かつてこの地域の草原を覆っていた最も普遍的な植物に目を向けない傾向があるという。[8] その意味で、この沙蒿を初期緑化作物に選んだ張の実践は非常に貴重である。さらに、モンゴリマツと並んで、スナ

モモ（長柄偏桃）を植えているのは、西北大学申燁華教授とともに、経済利益を生みつつ緑化することのできる植種として注目し、研究を続けてきたもので、その後国家プロジェクトとしても承認された。スナモモは、果肉、種子、殻（種子の核）などの多種の用途での活用によって複合的な利益が挙げられ、なおかつ表土を破壊しない作物としてその後大きな期待を注がれている。これらに注目し、実際に複合的な植林プランとして取り込んだことには次のような大きな意義があった。

スナモモは砂漠に自生する多年生のバラ科の灌木で、種子からは食用や保湿用、燃料用などのオイルが搾油できる。種子に青酸配糖体の一種であるアミグダリン（amygdalin, $C_{20}H_{27}NO_{11}$）という体内に摂り込むと毒性を持つ物質が含まれるため、これまでの長い間、食用などには用いられず、草原や砂漠の植物としてはそれほど魅力がないと考えられてきた。

しかし、近年はガン治療や痛み止めなどの薬用効果が認められ、抽出技術も発達したことにより、種子の成分の薬用利用も可能となったほか、殻の生物活性炭としての利用など総合的に商品化するルートが開かれてきた。今後、利用価値と経済収益を上げることが目論まれ、現在は大阪大学大学院工学研究科の宇山浩教授とともに共同研究が行われている。

こうした地道な活動に加えて、近年張応龍の活動拠点では、これまでの砂漠化防止というアプローチから砂漠保護と砂の利用という概念に転換し、動的な視点で砂漠化のプロセスを理解

し、砂漠そのものを利用する道を模索している。[9] 現在、スナモモの経済的利用に加え、ブドウやベリー類などの経済作物の育成、都市や畜産から排出される有機肥料の活用へと活動の範囲を広げている。またエネルギー生産基地の生態系回復に関する国家プロジェクト一八億円あまりを請負い、この地に適した「砂漠産業」の育成が進められている。

二〇年あまりにわたる努力によって張は二〇一五年四月全国労働模範に選ばれた。張の父親もかつて全国労働模範となっており、二代続けての受賞となる。張が取り組んできた緑化は、数ある緑化拠点の中でも面積が最大で、その活動の取り組みの科学性において最も優れているという点が評価された。

その後、神木県生態保護建設協会を設立し、そのための研究センターを建設中である（二〇一八年完成予定）。そこは、乾燥地研究者が長期滞在し、実験や観察を行うことのできる拠点として活用される予定だ。また、環境教育の場としても運用され、乾燥地の植物標本などを多数収蔵し、展示する予定である。地下資源の乱開発が行われたこの神木で、石炭ブームが始まると同時に生態系保護と回復事業に取り組んだ張は、石炭バブルが弾けた現在、より着実な産業化と草原の多面利用を目指す拠点として、積極的な役割を果たしている（写真8－8、8－9参照）。

張のようなアクターがどのように形成されたかは、ここで十分に考察する余地はないが、彼

もまた、個人の利得というフレームを逸脱し、短期的な利益獲得、というこの地域の人のほとんどが共有したフレームを越え、石炭産業による短期的で莫大な利益の確保というレースから逸脱した人物であった。しかし、彼の行動はわずか二〇年で他者と圧倒的な差異を獲得し、ありきたりの投資家がなし得なかった事業を実現し、地域の今後の方向性を担う中心的存在とし

写真 8－8　エネルギー生産基地における生態系回復のための国家プロジェクトを示す看板
（筆者撮影　2015 年）

写真 8－9　張の植林基地のなかにある「海子」（hǎizi）と呼ばれる湖沼
張の守る緑化拠点の水源となっている。かつてオルドスや草原・砂漠にはこのような「海子」が多数点在していた。（筆者撮影　2015 年）

て受け入れられている。

石炭投資で資金が焦げ付いた多くの民間投資家や投資会社を運用する人々には、自分の関係ネットワークの中で回っていたお金をもとの所有者に返すことができなくなり、自分自身の資産も暴落し、灰燼に化した。その結果、友人や出資者に顔向けができなくなり、飛び降り自殺やガス吸引自殺などを図った人も数多くいたという。かつて一人一台所有していた大型高級車をすべて手放して、徒歩や自転車生活に切り替えてひっそりと暮らす人もいる。張自身もかつてバブル経済の中で、人々の動きとまったく無縁ではなく、一時は西安にいることが多かった。しかし、近年は資金集めや関係づくりに奔走することをやめ、基地でほとんどの時間をすごし、娘や息子に事業を手伝わせている。

他の投資家と異なるのは、生態系回復という軸を失わず、皆が狂奔した金儲けと消費と一線を画していたということだろう。張の場合は明確なストーリーを描くことができ、その描いた物語の上に、資金確保や行動展開も載せることができた。これも本書の解釈でいうところの「境界を越えた」行動の一例であったと言える。

オルドスから得る利益を生態回復に還元する日本人

先の二人はいずれも、突出した事例ではある。しかしながら、この背景にはさらに多くの、

同様の行動を取る人々がいる。

　たとえば同じオルドスに、一九九〇年代に青年海外協力隊として派遣された坂本毅は、当時の支援先であった中学校で日本語を教えた教え子が、十数年後に再会した際には、地元の干部やエリートとして成長していることを知り、そのつながりを利用して、オルドスの砂漠化防止のための活動を開始した。当初、JICA北京事務所に職員として働いていた坂本は、かつての派遣先であるオルドスを何度か訪れていた。任期を終えて帰国してから、自分にできることは何かと考えた末、NGOを主催するカリスマ性は自分にはない、ならば会社を起こして現地の産品を日本に輸入販売し、その利益の一部で緑化活動を展開しようと思い立ち、有限会社バンベンを設立。内モンゴルの岩塩や重曹などを日本に輸入販売し、その利益の一部を使って、毎年夏に緑化ツアーを行っている[10]。

　さらに、その教え子の一人で、その後日本留学を経て地元楡林学院の体育教師となり、夏のツアーには必ず参加して現地協力者として活動するモンゴル族のノリブ・スレン（諾日布斯仁）も、大学での仕事の合間に、有機液肥の実験を続け、現在は張の拠点での液肥づくりに日本の技術を導入する技術協力を行っている。また、現地で棗《ナツメ》ワインを製造するメーカーと協力し、坂本とともに日本向け健康食品の開発と販売にむけて準備を進めている。

　彼らに明確に見いだせるのは、生態系回復のみを追求するのではなく、一方でビジネスとし

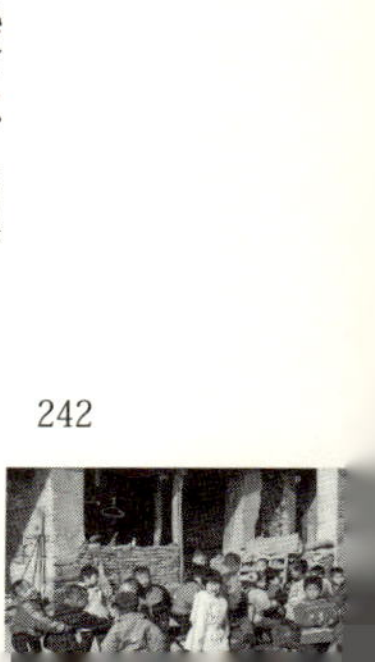

て展開しつつ、生態系回復にも利する活動を軌道にのせよう、という発想である。目的は生態系回復にあり、その手段としてビジネスを展開する、お互いが相互促進パスに入ることを目的として、カシミヤヤギの育成や、エミュー（*Dromaius novaehollandiae* オーストラリアの草原などに生息するダチョウ目の鳥）の活用などを行っている。

ここで紹介した人々は皆、国境や貧富の差を越えて、生態系回復というストーリーに向けて、行動を紡ぎだし、人々を巻き込み、新たな動きと、その結果としての生態系回復を実現している人物である。その活動は現地の人々との間にコミュニケーションの渦をつくりだし、地域の物質循環やエネルギー循環に、わずかずつではあるが変化を引き起こしている。

第9章

開発援助プロジェクトの予測不可能性

結婚式イベントを起こしたロバに乗る戸主と筆者（左）

ここでは、筆者自らが現地で関わった事例を題材に、ある目的をもって開始されたプロジェクトが、当初のもくろみから外れ、さまざまな「意図せざる結果」を引き起こす事例について検討したい。[1]

1 意図せざる結果

京都大学の経済学者、矢野修一によればドイツ出身の経済学者ハーシュマン（一九一五～二〇一二）は、「意図せざる結果」に着目し、複雑で非線形的な事象が相互作用するこの世界において「不確実性」「未決定性」という概念を導入した。[2] ハーシュマンは、「人間社会の行動や社会的決定が当初全く意図されなかったような結果をもたらしがちであることは疑いない」[3]と述べ、「いまよりも少しだけ、『生あるものに対する畏敬の念』をもち、未来を拘束から解き放ち、意図せざるものを許容し、なおかつ、現実離れした希望的観測とは距離をおくこと」[4]が、「変化を誘発する知性」の根幹であるとする。[5]

実はハーシュマンが用いる「意図せざる結果（unintended consequences）」は、一九世紀デンマークの哲学者キルケゴールの「可能なるものへの情念（the passion for the possible）」を引き継いだものであるという。[6] ハーシュマンが「意図せざる結果」に注目したのは、社会の変

革可能性と、人間の行為がもたらす変化にむけての力に価値を見出そうとする意図が感じられる。

一方ここでは、複雑で可変的な人間環境と自然環境との相互作用に対峙する場面において、不可避的に生じる「予期せぬ出来事」や「副次的効果」を無視し、枠組みを固定することの問題性に意識を集中する。問題を「制御可能」と見なして枠組みを固定してしまうと、あらかじめ予定されたストーリーに執着し、そのために現実に起きていることから目を背けてしまうのである。

世界各地で行われている開発援助や環境改善のためのプロジェクトは、常に自律的変化をとげる自然環境と、時々刻々と変化する人間社会とが相互作用しながら作り出す、複雑な事象を対象としている。しかもこういったプロジェクトを推進する人々の集団に目を向けると、プロジェクトの企画立案にあたる人、認証評価を行う人、現場で実施する人、と単純に列挙するだけでも、空間的、社会的に多層かつ多様であり、それらがプロジェクトという行為を通じて相互に関連付けられ、さまざまな対応と決定を迫られる。世界各地で、数え切れないほどのプロジェクトが、それなりに進行し、実際に成果を挙げているという事実は、操作の複雑さという観点からすれば奇跡というほかない。それほどに開発援助プロジェクトは高度なオペレーションを必要とする事態である。

とはいえ、こうした複雑さは特殊なものではなく、自然界やわれわれの社会に満ち溢れている。そもそも生命の活動それ自体の持つ複雑さと柔軟さは、操作という観点からみれば驚異的である。現代の地球上を覆い尽くしている人間社会も、局地的には戦争や紛争を内包しつつ、全体としては爆発的な変調をきたすことなく、一定の安定性を維持しているが、その運動の複雑さは、生命の複雑さに劣らない。こうした、多様で不安定な要素の相互作用が作り出す全体的な安定性は、個人の合理性による最適化という枠組でも、あるいは集中的なコントロールといった枠組でも、説明することができない。

2 開発援助プロジェクトにおける手法の問題点

ものごとを事前に良く調査し、それをもとに計画を立案し、十分に吟味し、その上で実行し、その結果を評価するというアプローチが、問題を解決したり何かの目的を達成するうえで有効な方法であるという認識は、広く一般に受け入れられている。しかしながら、現実には非線形的で複雑なシステムに対して、「調査・計画・実行・評価」という線形的アプローチを適用することは、原理的に不可能であるといってもよく、多くの問題を惹起する。それは本章で論ずる開発援助の場面においても例外ではない。

本節では最初に、この「調査・計画・実行・評価」というアプローチの性格を典型的に表現しているロジカル・フレームワーク（以下、ログフレーム）と呼ばれる枠組を取り上げ、その線形的アプローチの限界を議論する。ログフレームはＵＳＡＩＤ（米国国際開発庁）により一九六〇年代に開発された開発援助のための基本的ツールであり、現在でも世界中の多くの国際機関やＮＧＯで利用されている。そもそも日本の開発援助プロジェクトは近年までログフレームを直接利用してはいなかった。本格的に利用が始まったのは一九九〇年代後半からであり、しかもすべてのプロジェクト運営がこのフレームワークの上で実行されているわけではない。にもかかわらず有効な代替手法が見当たらないため、今日に至るまでしばしば利用されている。

現場から離れたところにいる、指導的立場にある人々によって立てられた計画は常に、現場において多かれ少なかれ齟齬をきたすと考えてよい。近年、「現場主義」という主張があちこちでなされていることは、このような事態の反映であろう。開発援助の分野では、典型的には「参加型」という枠組が提唱されており、これがトップダウン型のプロジェクトの推進を批判し、「現場」を中心として事業を進めるための変革の重要な言説を構成している。

しかし「参加型」を標榜する議論でさえ、基本的には「調査・計画・実行・評価」という枠組を維持している。たとえば、「参加型」の重要なツールとされるＰＣＭ（プロジェクト・サ

イクル・マネジメント）手法の普及を日本で推進している財団法人国際開発高等教育機構（FASID）は、PCMを次のように説明している。

> PCM手法とは、開発援助プロジェクトの計画立案・実施・評価という一連のサイクルを、「プロジェクト・デザイン・マトリックス（PDM）」とよばれるプロジェクト概要表を用いて運営管理する手法です。（FASID、二〇〇一、四頁）[7]

このように参加型プロジェクトのツールが、「調査・計画・実行・評価」という枠組を完全に維持していることが明言されている。それゆえ、以下でログフレームを対象として展開する議論は、そのままPCMなどの代替的手法にも適用されることになる。

非線形性を中心に据えた学問的視野からすれば、ログフレームのように、Aという目的を果すためにBが必要であり、Bの実現のためにはCをせねばならず、そのためにはDをすればよい、というように因果の系列として構成した瞬間に、事態は解決不可能となる。現場を重視した「参加型」の理念をまっとうするためには、一般に当然と考えられているこの言説を覆す必要がある。

ではログフレームとはいかなるものだろうか。ログフレームには、プロジェクトの構成要素

たる「上位目標」「プロジェクト目標」「アウトプット」「活動」「投入」および、プロジェクトを取り巻く「外部条件」「前提条件」の論理的な相関関係が示されることになっている。

では、具体的にこのログフレームを用いてプロジェクトを立案するとどうなるだろう。

まず図９－１の一列目上から二番目の上位目標を「黄土高原の緑化」とする。次にその下のプロジェクト目標として、「耕作地における〈退耕還林〉政策の実行」、とし、それによって得られた指標は「村の緑被率の向上」、として

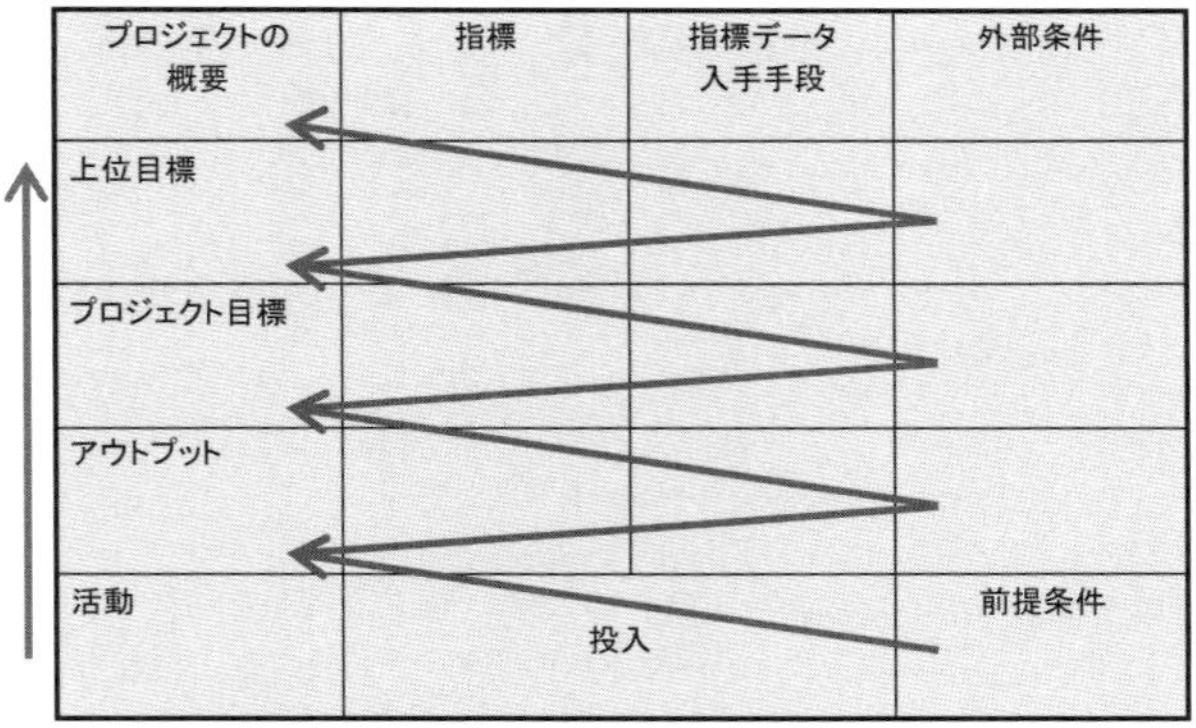

もし前提条件が満たされれば活動が実施される。
もし活動が実施されその横の外部条件が満たされればアウトプットが達成される。もしアウトプットが達成されその横の外部条件が満たされればプロジェクト目標が達成される。もし、プロジェクト目標が達成されその横の外部条件が満たされれば上位目標が達成される。

図９－１　ログフレームの構造
（JICA 事業ハンドブック Ver.1.1　独立行政法人国際協力機構　評価部　2016 年 5 月 p.12 より一部修正のうえ転載。）https://www.jica.go.jp/activities/evaluation/guideline/ku57pq00001pln38-att/handbook_ver01.pdf

おく。それに対する活動とは、「村の耕作地への苗木と耕作放棄を補償する補助金の配布」、とする。

この表は具体的には右下の「前提条件」からスタートする。一定の前提条件に対し、活動を投入すれば、それに対する外部条件が整っていれば、アウトプットが達成され、さらにそのアウトプットをとりまく外部条件が整っていれば、プロジェクト目標が達成される。その上でもう一段階上の外部条件が満たされれば、最終的に上位目標である「黄土高原の緑化」が達成される、という論理的関係がこの表に描かれることになっている。

このような煩雑な手続きをとる理由は、援助プロジェクトが、通常は公的資金の投入を前提としており、出資者や納税者にむけての「説明責任」を果たすためである。この手続きを経ていれば、援助のための資金は、正しく投入され、運用されたことになり、その結果プロジェクトにともなう活動を通じて上位目標の達成に有効な活動が実施されたというストーリーが描かれることになる。

しかし、この枠組みには多くの問題が隠されている。まず、本書でも明らかにしたように、「退耕還林」政策の実行は、必ずしも緑被率の向上に役に立つわけではない。もう少し正確にいうと、「退耕還林」政策が行われた耕地は、樹木が一定割合活着していれば、緑被率がアップしたこととして計算されるが、現実には下草を刈り取るなどの付帯業務を課しているため、

表層土壌に注目するならば、裸地として維持されることが少なくない。したがって、耕地を請け負っている村民が出稼ぎに行って、耕作を放棄している場合に比べて、「退耕還林」政策を実行している耕地は、「裸地」率が高く数字上の「緑被率」は上がるものの、実際には低下する、といった事例が多数見られる。

さらに、このプロジェクトは数年単位で行われるが、「退耕還林」政策が行われなくなり、補助金が打ち切られたあとの持続性については、保証の限りではない。きわめて一般的に見られることだが、七年継続のプロジェクトが終了した直後に、補助金が打ち切られるとともに再度耕地に戻されたり、逆に補助金が打ち切られた後の方が、耕作も下草刈りも放棄されるので、逆に雑草が生い茂って実際の緑被率がアップしたりする。

また、現在の黄土高原の村では、村人が頻繁に長期不在となっているため、プロジェクトの担い手であるはずの農民そのものが不在となる現象がきわめて普遍的に見られる。こうした「外部条件」の変動は、あらかじめ予期することは困難で、たとえば出稼ぎにより村の小学校が閉鎖されるという事態が起きると、わずかに残っていた子供をもつ家族が一～二年以内にすべて姿を消すといった事態が発生し、事前に「調査」「計画」「実行」「評価」を行う時間の中で、外部条件が決定的な変化を遂げることもしばしばである。

つまり、この枠組みで表現可能なのは、「こういう因果関係が起こると好ましい」という願

望ないしは、「つじつま合わせ」のストーリーではあっても、実際のプロジェクトの進行がこのように描かれるためには、数多くの「もし……であれば」をクリアせねばならず、しかも逆に想定することのできない「もし……が起こっていなければ」ということまで視野に入れなければ、実行不可能であることがわかる。

開発援助が関わるような多数の人間が環境と相互作用しているシステムは、システム構成要素自体が常時入れかわるという意味で不安定である上に、要素間の相互作用の不安定性はそれをさらに上回る。このようなシステムに、ログフレームのような枠組みを当てはめて、それでも何かが実現してきたとすれば、それは驚くに値する出来事である。

こうした驚くべき出来事の背後には、この枠組みの引き起こす矛盾をなんとか解決しようとしてきた、開発関係の人々のたゆまぬ努力があったからである。このような努力はまさしく人々のもつ複雑さに依拠した能力に依存するものである。たとえば、援助の世界ではプロジェクト・マネージャーという職業があり、主としてコンサルタント会社の職員がその役割を担っている。彼らは援助をする側と受ける側の双方に挟まれる微妙な立場にありながら、全体の調整に甚大な努力を払っている。問題は、こういった努力のかなりの部分が、本来の目的のためではなく、制御的手法の引き起こす矛盾を調整し、辻褄合わせをし、隠蔽するために消尽されてきたことにある。(8)

このような無理のある枠組が採用される大きな理由は前述のとおり、「責任」という概念にあるように思われる。開発援助がしばしば「公金」を投入して行われるものであり、たとえそれを受けて実行する主体がＮＧＯであろうとも、公的な資金を使用している以上、その使途について、説明責任や、実行責任が問われることになる。この場合、行為に対して生じる結果に安定した関係が期待できないと、特定の部署や人に「責任」を問うのは難しいので、強引に原因と結果との間の線型的関係を前提とすることになる。

たとえばある通行人が道端でなにげなく右手を振りあげたところ、偶然、そこを通りかかったタクシーが客が居たと思って左に寄って、その瞬間に左からタクシーを抜こうとしていたバイクが転倒し、そのバイクの運転手が大怪我をしたとしよう。このとき、この一連の出来事の「原因」は明らかに右手を振りあげた人物にあるが、だからといってバイクの運転手の怪我の「責任」をその人物に問うことは困難であるし、その通行人が、それは私の「責任」ではない、と主張することも十分に可能である。

もし、プロジェクト進行にこのような原因と結果の関係の不安定性があることを前提として認めるなら、「責任」の所在をはっきりとさせるような行動計画を作ることはできない。この責任言説を維持するためには、原因と結果が安定した関係を持つということを、無理にでも仮定せざるを得ない。ログフレームのような枠組が、さまざまの不具合を指摘されながらも生き

残ってきた理由はこのあたりにあると考えられる。

このような「目的」と「因果関係」に依存した認識枠組の惹起する問題についてアメリカの文化人類学者で精神医学者でもあるグレゴリー・ベイトソンの文章を引用したい。

意識に届くものがもっぱら「目的」に従って決定されるとした場合、自己と世界のサイバネティックな姿が意識のスクリーンに映し出される可能性はきわめて低い。というのも目的に導かれた議論は、一般にリニアル［線型的・非回帰的］な形式をとるからだ。「望むのはDである。BはCに通じ、CはDに通じる。したがってBからCへと進めば、Dを得ることができる」というふうに。しかし精神全体のしくみも、外界の出来事も、通常、因果の連鎖が循環するリカーシブ［回帰的］な形式をもつものだ。そこにリニアルな把握形式を持つ意識が押し当てられた場合、データのサンプリングにどのような偏向が生じるかは明らかである。すなわち、意識にすくい上げられるものが、自己や外界のシステムの全マトリックスからではなく、出来事の循環回路の一部だけを切り取った「弧」からのデータに限られてしまう。意識の狭く鋭い「注意」が、回路全体から「弧」を切りとって、それらがすべてであるかのようにしてしまうのだ。――中略――こうした目的意識が陥りやすい偏狭な見解を矯正することに、〈智〉wisdom と呼ばれるものの本質がある、と言え

るようだ[9]。

さらに、開発援助プロジェクトに豊富な経験を持つ野田直人は、その著書のなかでＰＣＭ手法について以下のように指摘する[10]。

もし問題の因果関係が直線的ではなく、複雑に入り組んでいて、さらには外部条件が常に変化しているとしたらどうであろうか？　そのような状況でログフレームをもちいることには、あまり意味がないことがわかると思う。川を渡れないのが問題であるとする。この場合は川に橋をかけるという単純な因果関係で理解できるし、それに必要な外部条件や投入の量なども比較的容易に決まるし変化も少ない。こうしたものはＰＣＭにうってつけである。しかし、貧困層の生活改善プロジェクトを考えてみよう。果たして、貧困の原因となっている問題は一つの中心問題に絞ることができ、かつ単純な因果関係ですべてを理解することができるであろうか？　そして貧困層を取り巻く外部条件は、果たして一定であろうか？　外部条件の急激な変化が貧困に拍車をかけていることが多い現状を考えれば、ＰＣＭ的な考え方ではいかんともしがたい状況が多いことも理解できるであろう。

3 参加型開発の意義と問題点

このような硬直化した開発援助プロジェクトへの反省から、近年さまざまな手法が考案され、実際に試みられている。その中でも代表的なものが「参加型開発」という手法で、そこでは多くの実践事例が蓄積されている。

「参加型開発」の目指すものは、本書が主張する点と思考方法において、多くの共通点を有する。たとえば同手法についての代表的な学術書とされている『参加型開発と国際協力』の著者、ロバート・チェンバースは複雑な対象を単純化する認識をつぎのように批判する。

> 中心にいる専門家によって単純化された影としてしか把握されないリアリティは、実際には多様である。人々や営農システムや暮らしの多様性は、その一つひとつが複雑な全体であり、実体であり、しかも常に変化している。——中略——典型的な専門家にとっては都合が良く制御しやすいために、周縁部にいる貧しく弱い人たちの地域的、複雑、多様かつダイナミックで予測できないリアリティではなく、リアリティの平面的な影を、専門性に捕らわれた囚人が、自分たち自身のために飾り立てている（チェンバース　二〇〇〇、一四一－

一四二頁)。

チェンバースは、「最初の人を最後に（Putting the First last)」「最後の人を最初に（Putting the Last first)」という標語に象徴される理念を掲げた。そこで批判の対象となったのは、集権的で、画一的で、権威的で、硬直的な開発援助の枠組であった。チェンバースは、より「力がない」と考えられる人々が自ら考え作り出し、そのことによって本来の力を発揮するような、人間中心的で、多様で、ダイナミックで予測不可能な開発のシステムを打ち立てることが、肝要である、と力説する。キーワードとして挙げられるのは、地域主義、複雑系、多様性、予測不可能性、動的プロセス、などである。

こうした試みを具体化させる方法として、主体的参加型農村調査法（PRA = Participately Poverty Assessment）が編み出され、住民参加のインタビューや調査に基づく計画立案などが行われている。これは、援助が行われる地域の住民が、自らの環境を調査し、学習し、立案することを意図したもので、住民自身が身近な生活環境を図に描いたり、ディスカッションを通じて、住民自らが貧困緩和のための手法を編み出す、といった手法が重視される。また、調査の手法自身も住民が編み出すことが狙いのなかに組み込まれており、それは「半構造的インタビュー」と言われている。こうしたアプローチは「現地との相互作用を重視し」「行動や反応

の不可測性を十分に認識する」という指向を持つ。また、こうした実践は住民の主体的な自覚や認識を促す、という点で、トップダウンによる弊害を回避する有効な手段となっている。[11] しかしながら、チェンバース自身も指摘しているように、現場における数多くの実践から得られたこうした知見は、「なぜうまくいくかに興味がある理論研究者」ではなく「何がうまくいくか、何がよりうまくいくか」に関心をもっている実践家によって獲得されてきたものであり、「なぜ」、という理論的考察を欠いたまま、ノウハウやスローガンとして現場に共有されるにとどまっている。そのことは、実践的成果を上げることに貢献はしていても、首尾一貫し、より貫徹したシステム変容をもたらすことを阻み、折衷的で接合的な形で実行される、という事態を招いている。チェンバースが豊富な事例を用いてトップダウン的なやり方の弊害を繰り返し訴えなければならないのも、新しい行動パターンの実行を声高に訴えなければならないのも、それが現行のシステムの中で実行困難であることを示しているともいえ、より本質的な代替案の提示には至っていない。

　開発援助プログラムの中に、「参加型開発」があらかじめ取り入れられた場合に起きた皮肉な事例を紹介したい。

　これは南米チリで井戸を掘ることを中心に企画された援助プログラムの事例であるが、[12] そのプロジェクト手法として「参加型開発」をうたっていた。チリではこの種のプロジェクトは頻

繁に行われていたため、参加型開発プロジェクトを得意とする村がいくつも形成されていた。そこで、その援助プロジェクトは、「井戸を掘る」必要性のある村よりも、「参加型開発」に適応し、経験のある村を対象地域として選ぶ、という事態が発生した。さらに、住民の参加に重きを置いたため、あらかじめ村人をいくつかのグループに分けてプロジェクトへの参加を促したところ、同じグループに関係の悪い村人どうしが組織され、より問題を複雑化させることとなった。

この場合、問題点はプロジェクト実行の手法として「参加型開発」というモデルが適用されたために、実際に「自発的参加」が得られるかどうかよりも、「参加型開発」というプロジェクトモデルを実行するということが、タスクとして加えられたという事態が発生した。このように、援助モデルの刷新と適用には、限りなく現実のつじつま合わせを惹起するというトラップが待ち構えているといってもよい。

参加型開発の理念と実際については、先の野田直人が重要な指摘をしている。[13] 野田は、「参加型開発」を標榜するプロジェクトのなかに複数の種類が混在しているとする。すなわち「参加型開発（ありがちなパターン）」と野田が呼称するタイプは、「参加型手法」あるいは「参加型ツール」を使っているだけで、「外部者による目的設定・時間設定」が維持されているタイプである。このようなタイプは本来「参加型」と呼ぶべきではない。これに対して、たとえ参

加型手法を用いていなくとも、住民の側に主導権があり、受益者が主体的に開発プロセスをコントロールしており、臨機応変に動きつづけるタイプのプロジェクトを「参加型開発（理念を尊重するパターン）」としている。

4　黄土高原における援助プロジェクトの失敗例

ではここで、筆者自身が関わった援助プロジェクトの失敗例を挙げよう。その考察を通じて、当初の意図と現実の展開にどのような齟齬がおきるのか、それはプロジェクトの遂行上どのように説明されるのか、予想を超える結果がもたらす展開の意味について論じたい。

二〇〇三年八月に大妻女子大学の藤本悦子教授を中心とするグループが陝西省楡林市の調査地区に入り、日本から持参したパックテストにより水質検査を行った。この結果、この地域の水質汚染が深刻なものとなっていることが判明した。もともとは良質の地下水に恵まれていることで有名な楡林市内は言うにおよばず、山間部の農村の井戸ですら化学物質によって著しく汚染されていることが明らかになった。化学的汚れの指標であるＣＯＤの水準が三〇～四〇ｐｐｍという結果がいくつもの井戸で得られたが、この水準は日本の下水道や大都市を流れる河川の下流の水準値である。藤本がその後行った調査では、パックテストのＣＯＤ測定値は、

四割方低く出ると推定されており、実際の数値はもっと高いものと考えられる。(14)

この汚染の原因は、農地に大量に投入される化学肥料と、合成洗剤であると考えられる。化学肥料は土地面積あたりで、日本の十倍以上が投入される場合があり、合成洗剤も衣服一枚あたり数十倍が使用されていると推定される。また、黄土には乾燥すると固まり、水に触れると容易に溶けるという性質があることから、地下にスポンジ状とも言うべき無数のトンネルを持つことも地下水汚染に関連していると考えられる。地表の水は濾過されることなく、このトンネルを通って地下水に流れ込んでしまうのである。つまり、黄土高原の井戸水はいわゆる地下水ではなく、雨水や生活汚水がそのまま地下に滞留したものである可能性が高い。

当時現地で調査にあたっていた筆者を代表とする調査グループは、この問題を重視し、米脂県の共産党委員会と県政府に働きかけ、同県の婦女連合会を主体として、日本大使館の草の根無償援助プログラムに「陝西省米脂県農村飲用水和城市糞尿無害化項目」を申請した。この計画では、県城に北海道の小清水町でジャガイモでんぷんや畜産糞尿の分解処理装置として実用化されていた小清水式糞尿処理装置を設置し、都市の糞尿問題を解決すると同時に、この処理装置が産出する有機肥料を農村部に送り届けて化学肥料に代替し、農地の汚染を軽減するものであった。また、この計画には簡単なパックテストを用いた住民自身による水質検査、合成洗剤の重曹電解水による代替、活性炭による水浄化を盛り込んでいる。

この計画に対して二〇〇三年一二月末に六七・七万元（日本円にして一千万円）の資金供与が決定した。二〇〇四年の二月一七日に大使館の一等書記官が米脂県を訪れ、調印式が行われた。調印式には西安から陝西省外事弁公室国際交流中心の四名が派遣され、楡林市から李涛米脂県担当副市長が参加した。副市長はこの儀礼の最中にこのプロジェクトの重要性に鑑みて、五万元を供与すると提案した。

しかし中国内陸部黄土高原農村における水質汚染問題を解決するために講じられた同プロジェクトは、立案、申請、実行のすべての段階において、予想外の展開を見せ、当初のもくろみとはまったく異なる展開を見せることとなった。

まず、在中国日本大使館（北京）が当時行っていた「草の根無償プログラム」とは、日本円にして一千万円を限度とする比較的少額の援助で、ＮＧＯなどの活動を通じて、教育、貧困対策、環境問題などの案件に対して行われてきたものである。[15]

二〇〇三年から二〇〇四年にかけて、天津科学技術大学を拠点として断続的に現地を訪れ、調査を継続していた筆者は、当時北京大使館に勤務していた知人を通じて草の根無償援助の存在を知り、調査地域での援助申請を考えた。当初考えていたのは、滞在中の村で収穫される無農薬のりんごを加工してジャムにし、村の名前を冠したブランドとして商標登録し、販売するルートをつくり、村での雇用と村で採れる果樹の安定的販売を確保しようというものであっ

た。そのために、最小規模でのジャム加工のための設備投資やブランド化のための経費、などが計上された。モデルとなったのは日本の軽井沢で展開する多品種少量生産の高級ジャムであった。

この村は、中国共産党が同地域でゲリラ活動を行っていた時代に、革命根拠地であった揚家溝という村で、全国にその名を知られており、しかもその所在県である米脂県《べいしけん》の「米脂婆姨《ミージーポーイー》(mǐzhīpóyí)」は、米脂の女性・美人女性の代名詞として知られる。この「米脂ブランド」を利用して、高付加価値の緑色農産物（エコ食品）の販売を促進することで、環境の回復と生活水準の向上がはかれると考えた。当初県当局はこれに関心を示さなかったが、ちょうど同じ時期、数百キロ南の延安の家政学校が、「保姆《バオムー》(bǎomǔ)」あるいは「阿姨《アーイー》(āyí)」と呼ばれる「お手伝いさん」のブランド名として「米脂婆姨」を使用すると噂されたことから、一挙に関心が高まった。この、お手伝いさんのブランドの登録商標化は二〇〇三年一〇月中旬から準備が始められ、一〇月三一日に陝西省で商標申請する、という情報が入った。

隣の地域での、この動きに触発されて、米脂県では一〇月三〇日に県長以下数名のスタッフが北京に赴き、数日間の調査の後、一一月三日にこの商標の登録を国家工商局に申請した。この競争的商標登録騒ぎは中央のメディアで報道され、米脂県の知名度を引き上げるという意外な宣伝効果を発揮した。県当局によれば、北京などに出稼ぎに出ている米脂出身のお手伝いさ

んの給料が上がる、というような影響がすでに見られるということであった。

しかし、筆者らはこの考えに賛同せず、「出稼ぎ労働力」として県外に送り出すのではなく、県内での雇用を図るために「米脂婆姨」のブランドを活用することが優先であると考えていた。そこで、地域で加工できるりんごジャムのブランド化を考え、村の名前を冠して「楊家溝婆姨的苹果果酱（楊家溝おばさんのりんごジャム）」とすることとした。

しかし、このプランで援助プロジェクトを企画しようと打診すると、在中国日本大使館の担当者より、「採算事業につながるようなプランは援助対象とはならない」旨の返答があった。貧困対策、雇用創出、のために、村で事業を起こすための準備資金として援助プログラムを投じるのは、資金の性質上そぐわない、というのである。担当者によれば、貧困対策であれば、住民の健康保持や、環境悪化の防止、といった公益性の高い活動でなければ、援助プロジェクトの対象にならない。収益につながらず、村の状況を改善することを目的とするような申請が望ましいとのアドバイスであった。

そこで、当時同時進行で行っていた村の水質検査と、同地域で問題となっていた糞尿処理施設の導入、川で合成洗剤を用いて洗濯することで引き起こされている水質汚染と地下水汚染を改善するための、重曹を用いた無害な洗剤（洗浄液）の導入や、村人が自宅の水がめで簡易に水質浄化を行うことのできる活性炭の導入といった内容で具体的な内容を含む、水質改善のた

めのプロジェクト案件を作成した。

ところが、日本式の援助スキームによって作成された援助案件のフォーマットは、現地の事情にことごとくぶつかり合う。

まず、すべての機材の導入、調達に関して、基本は三者見積もりが要求される。これも入札の公平性といった日本での公金支出においてはきわめてまっとうで当たり前な要求なのであるが、実際に中国内陸部の農村で、物資を調達することを前提に三者見積もりを取るというタスクは恐るべき困難を伴う。

同プロジェクトは糞尿処理施設を運用するため、糞尿を回収できるトラクターを改造した回収車を調達することが必要だ。しかし小さな県城には、そういう加工を行う業者は一店舗しかなく、三者見積もりを取るためには別の街に出向いて、事情を説明し、「報価単」と呼ばれる見積書を作ってくれる業者を捜し出さねばならない。しかし、買うかどうかもわからないのに、書面で価格を提示するなどということを考えたこともない地域の業者は、「お金を払ったらそれをつくってやる」とか「買うことが決まったら書いてやる」といってらちがあかない。さんざん交渉した結果、何とか残る二者に価格見積もりを書面で取り付けることができたが、本来ならば、よほどの「関係」があるか贈り物でもしなければ、ありえないことであっただろう。それほど、現地の商取引は、「関係」の中で取り交わされており、「競争入札」というまっ

たく異なる商環境にある取引の常識が通用する世界ではない。

　さらに、活性炭の調達と納品においても、現地企業は大きなロットの取引しかしておらず、小口のロットでの注文はなかなか受けてもらえなかった。次に日本から輸入する重曹電解水の製造機器は、輸入手続きをとる必要があるが、プロジェクトの主体が「米脂県婦女聯」という輸入取引のための資格を有する団体ではないため、天津に荷物が到着した後、受け取りに困難をきわめた。これについては、結局輸入代行業者を見つけ出し、いったんそこを経由して受け取って現地に送る、という手続きを天津港の荷揚げ業者のところまで赴いて行う必要があった。結局その際には、別途贈り物を用意し、プロジェクト代金以外から手数料を支払う必要に迫られた。

　最終的に、送られてきた重曹の洗浄水は、合成洗剤に代わる洗濯液として、一般の農家に配布することになるのだが、そのプロセスは、請負主体が婦女連であるため、草の根レベルで主婦にきめ細かく配布し、使い方を説明する、ということが可能となった。また現地のほとんどの農家は、井戸から汲み上げてきた水を、いったん自宅の甕《かめ》に移し、そこから上澄みをすくって飲料用および生活用水として用いていたが、その甕の中に、小分けにした活性炭を入れて、少しでも不純物を吸着する、という試みを行った。後者に関しては、あまり理解を得ることができなかったが、前者の洗浄水に関しては、合成洗剤を使うようになってから、手が荒れた

り、合成洗剤で洗った衣服を着ることで首まわりなどにアトピー性皮膚炎が出る、という被害が農村女性に意外に多いことがわかり、それが軽減されると好評であった。プロジェクトは最後の検収が終わるまで、地元婦女連はスタッフ全員が一丸となって取り組み、糞尿処理施設の運用、水質検査の実行、水質改善のための努力を行った。水質検査にあたっては日本から持ちこんだパックテストと呼ばれる簡易検査キットを用いて日本人の会田伸子が村に数か月間滞在し、井戸水の水質検査を行った。こうした取り組みを経て一年後には無事、北京大使館の大使館員の立会いの下でプロジェクトの最終検証が行われ、全行程を終えることができた。

　しかし、より大きな問題が、プロジェクトが完了したあとに発生した。糞尿処理施設は、曝気を行う過程で大量の電力を消費することがわかり、プロジェクト運用中は運転を続けていたものの、プロジェクトが終わるとともに、電気代を捻出するところまで液肥の販売が軌道にのっていなかったため、立ち行かなくなった。また、農家に配布した活性炭も追加供給はないため、一回きりで継続性を持つことがなく、重曹水にしても、婦女連が配布するというプランはその労力とコストが見合わないため、継続困難となった。プロジェクト終了後、われわれは現地を離れていたため、詳細なプロセスは定かではないが、三年後に現地を訪れ、現地の糞尿処理施設を見学しに立ち寄った際、あまりの変貌ぶりに、言葉を失った。

　県城のはずれの畑を借りてつくられたコンクリート三槽の糞尿処理池は、ほとんど原型をと

どめないほどに様子が変わっており、唯一残っていた二つの槽は、空っぽになっており、中でブタが飼育されていた。また敷地内のコンクリートで固めてあった地面ははがされ、すでに菜園として農作物が植えられ、糞尿処理施設の管理用の建物では、見知らぬ農家女性が、中で昼寝をしていた。聞くと、プロジェクトが終わった後実質運用が停止し、土地の借り上げ費用も捻出できないため、もとの地権者に返還され、付近の農村女性が、この場を請け負って菜園と養豚をしているという。女性によれば、こんなに大きなコンクリートの池は非常に使いにくく、もう少し浅いものをつくってくれればブタを飼うのに使いやすかったのに、と愚痴をこぼした。当初大きな看板がかけられていた「陝西省米脂県農村飲用水和城市糞尿無害化項目」という看板もすでに朽ちており、結局、同プロジェクトは、数年後その痕跡をほとんど残さないまでになっていた。

本プロジェクトは、米脂県婦女連の女性たちの熱い思いでスタートし、多大な努力を傾けて行われたが、プロジェクトを中心になって進めた婦女連の主席が退職するとともに、一切が継承されずに終わってしまった。このプロジェクトの立案実行過程で、彼らとともに奔走し、また日本大使館との板挟みとなって苦悩したわれわれの努力も、水泡に帰したのである。

これは援助プロジェクトの典型的な失敗例としてその教訓が残されるべきものといえるが、実は大規模プロジェクトにもこのような事例は枚挙にいとまがない。たとえば、中国の発電所

に脱硫装置をつけようと奔走した定方正毅（当時、東京大学工学研究科教授）は、その著書のなかで、中国東北部の発電所に取り付けられた高性能の脱硫装置が数年を経ずして、実際には使用されないケースがしばしば見られると指摘している[16]。理由はやはりランニングコストとなる電力を節約したいためで、何らかの検査がある場合のみ稼働し、日頃は一切使われないまま、硫黄酸化物が大気中に放出される、という結果を招いている。

結局、援助プロジェクトとして外部から資金を投入し、装置を導入しても、プロジェクト終了後の運用を補償する手立てはなく、数年後には導入された装置が放置される、という結果はしばしば起きる。これは先のログフレームになぞらえて考えると、プロジェクトが資金提供できる範囲の「限られた時間」にのみ照準をあててその達成可能性や効果を切り取るために、その時間を超過した段階において、何ら拘束力をもたない、という問題点を浮き彫りにしている。

それは第3章でのべた、植林プロジェクトの問題とも通底している。短期的な緑化を求める植林プロジェクトが、数年後地下水位が低下し、水を吸い上げることができなくなって立ち枯れ、結局残されたのは土壌の塩類化の進んだ、より深刻化した大地となる。これも植林の成果がもてはやされるのは数年で、資金や技術を提供した外部の者は、その後その場所がどのようになっているかについて継続的に関わることがないために、短期的成果を報告して立ち去り、

後にはさらに荒廃した大地が残されるというものである。結局、プロジェクトの説明責任や、論理的因果関係は、あくまで切り取られた時間においてのみ有効で、その範囲を超えた変化については、フレームの外部であるため、関与するところではないのである。ここで典型的に示されているのは、「切り取られた合理性」「単純化された因果関係」であり、それがもたらす現実の副次作用や、より長い時間軸や文脈での明確な因果関係が、「外部化」される、という事態である。

5 当初のもくろみとまったく異なる効果を生み出した事例

次は、筆者らが同じ時期に取り組んだもう一つのプロジェクトについて取り上げる。当時村でわれわれが展開していたのは、「生態文化回復活動」と称する一連の活動で、激しい土壌流失や黄砂に悩まされる黄土高原の生態系と人間が生きる環境を回復するとともに、この地域特有の文化を復興しよう、というものであった。

「生態」と「文化」を同時に回復するという呼びかけは、乾燥した大地と過酷な環境に悩まされつつも、独自の生活空間を作りあげ、アーチ状の窰洞に剪紙などのアートをあしらう、美しい造形を自らの手で作り出してきた村の人々に、ストレートに響くものがあった。近年出稼

ぎが盛んになり、貧しさの代名詞であったこの地域の人々も、都会風の生活スタイルを持ち込んだり、長く故郷を離れて生活し、家を多年にわたって空き家にするといった現象が見られ、独自の生活文化が急速に失われつつあった。環境の回復というのは、その地域に長く暮らした人々の文化や生活のアートを復興することと同時的に実現しなければ、持続的な回復の道すじを構築することは難しいという考え方から、一連の活動を「生態文化回復活動」と名付けた。

当時村に常駐していたのは、筆者と安冨歩（東京大学）であったが、先に記したように、滞在先の村や拠点となる楡林学院に糞尿処理施設を導入したり、村で栽培されているりんごを用いたジャムを村人とともに作り、「揚家溝」ブランドで売り出すことを試みたり、村の井戸水の汚染が進行していたため、簡易の水質検査を行ったりといったさまざまな活動を行っていた。そのなかでイベントとしては最大規模となり、後にも大きな影響力を持ったのが、黄土高原独自

写真9-1　県城の家畜市でロバを購入する農家の主人、馬智慧（右）

布で隠して握りあった手で、価格交渉をするという中国の伝統的家畜市での価格決定の場面。（安冨歩撮影）

の様式による伝統的な結婚式の復活という行事であった。

この陝北の伝統的結婚式復活プロジェクトのそもそものきっかけは、この地域の文化に欠くべからざる存在であったロバ（毛驢）が、近年農耕手段としても、農耕手段としてもその用を果たさなくなったため、次々と姿を消し、ロバ肉工場に送られていくのを目にしていた安冨が、なんとかロバを復興できないかと考え、家畜市場で農家の主人に頼んでロバを一頭購入したところから始まった（写真9－1）。

かつて「陝北人（Shǎnběirén）」といえば、頭に手ぬぐいを巻き、羊の毛でできたジャケットを身にまとって、キセルをくわえながらロバに乗っている様子が描かれるのが定番であった。しかし輸送手段はオート三輪やミニバン、あるいはバイクへと置き換えられ、農作業もロバよりは力の強い牛に、さらには出稼ぎで耕作が放棄されるに至って、徐々に生活の場面から姿を消している。

ところが、家畜市で買ってきたロバは、なにも労働をしないばかりか、毎日たくさんの干し草を食べるため、滞在先の目の不自由な男性が毎日干し草を集めるために、多大な労力を費やすこととなった。そればかりか、ある日お世話をしてくれているその男性を蹴とばしてけがをさせるなど、迷惑ばかりかけていた。何とか事態を打開しなければ、と考えた安冨は、ロバに活躍の機会を与えることはできないか、と考えた。そこで、かつて陝北の結婚式では、新婦を

迎えに行く隊列には必ず装飾を施したロバが先頭を歩いていたことを思い起こし、伝統的な婚礼を復活させれば、ロバに活躍の場が提供できるのでは、と思いついた。そこで、ある日滞在先の農家の夫婦に、伝統的な「陝北」の婚礼を復活させてみたいのだがどうだろうか、と持ち

写真9－2　婚礼当日の台所

村の調理の腕利きが集まって肉料理などを着々と準備する。（以下断りのないものはすべて黄土高原生態文化回復小組撮影）

写真9－3　婚礼当日の「洗碗」担当

屋外は極寒のため、あらかじめお湯を沸かして茶碗を洗う。

掛けたところ、意外なことに夫婦とも大変乗り気で、それはぜひやろう、ということとなったのである。それが「伝統的婚礼復活」の始まりであった。

結婚式を挙げるのは、当時北京在住で、結婚はしたものの、二〇〇三〜〇四年の重症急性呼吸器症候群（ＳＡＲＳ）の流行騒ぎのために、披露宴を挙げていなかった日本人カップルということになり、翌年の春節あけに、村で婚礼を行うこととなった。正式に決まってから婚礼の日までわずか一か月余りとなり、われわれの滞在先の農家は家族総出で結婚式の準備にとりかかった（写真9－2、9－3）。

まず当日に人々が着る衣装を当時の様式で、手作りで揃えようということになり、村の女性たちで裁縫の得意な人々が総出で伝統的な冬の綿入れとズボンの制作に取りかかった。さらに当日たくさんの人がかけつけることが予想されるため、食事の用意も特大の蒸篭を借りて進める必要がある。農家の長男も次男も、当日に必要な道具類の借り出しに奔走した。途中まで準備が進んだ段階で、ふと農家の女性が、「婚礼といえば昔は神輿《みこし》に乗って嫁入りした」と言い出し、ロバは新郎の親戚が、新婦を迎える際に乗るものであり、花嫁は神輿で新郎の家に運び込まれた、という。しかも村には、かつての地主の時代の古い神輿が残されていて、長年手入れされていないものの、少し修復すれば十分に使えるだろう、ということになり、西安で仕事をしているその家の次男が春節に合わせて帰省し、彼が中心となって神輿に赤い布を巻き、補

強して再生させた。

　嫁入りの神輿の復興は、村に大きな変化をもたらした。老人たちは口々に、当時神輿にのって嫁入りした時のことを語り、ある女性は、「私が最後に神輿に乗って嫁入りしてきたのよ」と自慢げに語った。神輿の修復が終わった当日、神輿を担ぐ予定の人たちが集まり、数十年ぶりに神輿を担ぎあげた瞬間に、何か表現しがたい興奮が村の人々を覆った（写真9－4）。

　そこから、この結婚式イベントは、神輿を中心として進んでいく。このイベントの情報は近隣の村へとまたたくまに広がっただけでなく、遠くに住む親せきや友人にも村人がこの知らせを伝えた。そしてイベントが行われる数日前には、数百、数千キロ離れた都市に出稼ぎに行った人や、長期村を不在にしていた人が次々と、

写真9－4　神輿の復活の瞬間
長らく倉庫に眠っていた古い神輿に赤い布を巻き、修理を済ませてこれからいよいよ初めて担ぎ上げる。

このイベントを見ようとやってきた（写真9－5）。

　このイベントの前後には、遠くの親戚や友人が次々と泊まりに来たが、ある農家には一五人以上もの人が泊まりにやってきて、その食事の準備や接待に疲労困憊した、という。そういう話をわれわれは、イベントが終わってから次々に聞くことになった。

　一方、県政府ももはや傍観者ではいられなくなった。この一大イベントを格好の宣伝材料にしようと、県の文化局が全面的にバックアップすることを申し入れ、当日は、米脂電視台がすべてのプロセスを撮影し、イベントのピーク時には県長はじめ県の幹部もやってくることとなった。さらに西安のメディアも駆けつけ、全国の地方新聞に配信する記事を書くこととなり、小さな村で企画された結婚式イベントは、瞬く間に急成長を遂げた。

　当日、人口四〇〇人ほどの小さな村に、一万人以上が駆けつけ、気温はマイナス二〇度にも

写真9－5　村を練り歩く神輿
新婦を乗せた神輿が村の中を練り歩くにつれ、沿道から次々に人が集まる。

写真９－６　新郎の家にみたてた窰洞の前庭
人が立錐の余地なく集まり、農家の屋上にもびっしりと人が並んでいる。

写真９－７　婚礼の様子を一目見ようと山の上や木の上にも人が集まっている

およぶ冬の厳寒の中、人々は山の上や農家の軒の上に鈴なりになって、結婚式の様子を見ようと集まった（写真９－６）。われわれが滞在する農家の庭先にはあまりにも多くの人が集まったため、身動きもとれない状態となり、窰洞や庭の崖が崩落するのではないか、と心配されたほどであった（写真９－７）。

そしてこの結婚式イベントの模様は、春節休み明けの月曜日、陝西省の新聞のトップ記事となった。筆者と県長と新婦である当時北京大使館勤務の阿古智子とが陝北の窰洞の前で並んで撮った写真が、カラーで表紙を飾り、その後その記事は全国各地の地方新聞に転載された（写真９－８）。

また、地元米脂電視台は結婚式の模様を中継した番組を数日間にわたって繰り返し放映したほか、その後一年以上ものあいだ、ニュース番組での冒頭に結婚式のシーンが使われ続けた。メディアによるこうした反復的な報道の影響もあり、米脂県城ではその後も、伝統的な様式で結婚式を挙げようとするカップルが次々と誕生した。現在では、県城

西安晚報
XI'AN EVENING NEWS
防止禽流感向人传播
29
胡锦涛出访四国
在法国议会演讲
经济指标两位数增长 服务改善投诉下降
西安春节旅游全线飘红
日本新人窑洞前拜天地
春节日均140人献血
编辑部迁址启事

写真９－８　春節日曜版　西安の各新聞の一面トップを飾った記事
（西安晩報 2004 年 2 月 29 日）

に神輿を担ぐ伝統的結婚式を専門にする業者が軒を連ね、「文化県」を自称する米脂県の一大産業となりつつある。

この「伝統的結婚式」復興ブームが起こる前は、新郎新婦は洋風のウエディングドレスとタキシードに身を包み、花や風船をあしらった高級車に乗って街をパレードのように凱旋するといったスタイルが流行していた。このような結婚式には多額の資金も必要である一方、中国内陸部の田舎町で、一見西洋風を真似た派手な結婚式をやることのミスマッチは、誰の眼にも明らかであった。そんな中で、伝統回帰のイベントが小さな村で行われたことで、人々は自分たちが求めていたものはなんだったのかを、再度認識したのかもしれない。

ともかく、「日本人がロバを買う」という小さ

写真9－9　街でも復興した神輿にのる婚礼

2016年米脂県城で、多数の伝統的婚礼をもっぱら請け負う婚礼会社が発足し、人気を博している。（馬輪撮影）

な事件から始まったこのイベントは、この地域の人々に自分たちの文化を復興する大きなきっかけを提供することになった。その一方で、プロジェクトの目的であったはずの肝心のロバは、結婚式に脇役として登場したものの、その後も脚光を浴びることはなかった。安冨が購入したロバも、ほどなくして農家が持て余し、売り払われてしまう運命となった（写真9－10）。

以上、筆者自身が取り組んだ活動のなかから、まったく異なる展開をみせた二つのイベントを取り上げ、その違いについて検討した。前者は、「プロジェクトの予算」「枠組み」が厳然としてあり、それに振り回されるようにして人々が動き回った挙句、プロジェクトの終了後には、なんら大きな変化を引き起こさず、プロジェクトがあらかじめ区切った時間的枠組みを超えた時点で、変化の連鎖のループは切れてしまった。

一方、ひょんなことから始まった後者の事例は、誰もが思い思いに参加し、それを伝えた。その結果、伝えられた人々の中にも次々と変化が引き起こされ、興味をもった人自身が当事者

写真9－10　婚礼で着飾ったロバ
結局花嫁を迎えにゆく役は隣の村から借りてきたロバが務めた。

となって、次の変化を引き起こした。こうしてみると「因果」の連鎖のなかに、自らを投入することは、次の影響が連鎖的に起きてゆくのを、予測することもできなければ、制御することもできない。その相互作用のループが未知の結果を呼び起こす、そういう「不可知」性をあらかじめ容認することが、自然発生的な変化の連鎖を閉じ込めない戦略、と言えるのではないだろうか。これらの経験は、「予想を超える」プロジェクト展開がどのような意味を持つのか、について考える重要なきっかけとなった。

第10章

黄土高原で経験した「枠組み外し」(1)の旅

内モンゴル阿拉善盟の砂漠

本書において、第一部では日本における黄砂研究や黄砂情報がさまざまなバイアスにとらわれ、その結果砂漠化対策として行われる植林計画や、黄砂発生地に対する適切な理解が妨げられてきたこと、その背後には対象となる現象を、自己の専門性や立場、目的に沿って切り取って理解し、そのフレームの中での最適解を対象に適用しようとする認識の枠組みが存在することを指摘した。第二部では、実際に筆者がフィールドワークを行った中国黄土高原地域で、地表面の人間活動とコミュニケーションのパターンが、生態系の回復や、環境に与える影響について論じ、線形的アプローチによる問題解決策が引き起こすさまざまな問題や、目的をもって始めた行為が、予想のつかない副次的効果をもたらすことを実例をもって示した。

これらの考察を経て、本章においては、複雑さが支配するこの世界において、何らかの行為を紡ぎ出すためには、どのようなアプローチが必要か、線形的な理解をつないで得られる世界の描像は、非線形的因果関係のなかで、どのような齟齬を引き起こすのか、その齟齬を乗り越えるためにはどんなコミュニケーションが必要か、を論じてゆく。

1 住民へ働きかける有効なコミュニケーション手法

第8章で触れた「緑聖」朱序弼は、複雑さの支配する、生態系と文化の織りなす世界におい

て、人々のコミュニケーションに働きかけ、人々が緑を回復する社会的道筋を作り出す、という実験を行っていたといえる。朱の活動は、一見、明示的に理解するのは困難であった。いつも人々と冗談を言い合い、緑を増やそうと彼に教えを請いにやってくる人々とのコミュニケーションを活性化し、人々の予想に反することをやろうとする。形式化された知識や過去の業績は極力遠ざけ、大言壮語をもって語られる「正義」や「正当性」を茶化すかのように押しのけ、「私は何も持たない、だから人々は私のところにやってくる」といい、人々と冗談を交わす。朱と筆者らが立ち上げた民間組織「黄土高原国際民間緑色文化ネットワーク」の会議の際にも、会の規約をつくろうとか、組織の役割分担を明確化しようとかする動きに反発し、無意味化しようとしていた。このように、「構造化」「目的化」「規範化」を常に脱構築し、人々とのコミュニケーションを通じて、常に動きの中に自らを投じようとする朱の語りと行為は、まさにここで言う「枠組み外し」の実践そのものであった。

朱は、自身の伝記が出版された際、それを見て「ここに書いてあることはウソばかり」と自らの業績を称える同書の語りを受け入れようとしなかった。代わりに、自らの発するメッセージをわれわれの「揮毫」を通じて石碑に残そうとしたり、自らの銅像をつくろうとする人々の動きを制止しようとしたりはしなかった。それは、廟に建てられた石碑が、新たな人々にメッセージを届け、それが次の動きを引き起こす可能性を見いだしていたからかもしれない。ま

た、銅像自身は何も語らず、それを作り、そこに集まる人々が新たな語りを展開する。人々の自由な解釈や、そこからさらに展開される開かれた語りにのみメッセージを託し、「指令」「命令」「強制」といった線形的で「目的達成型」の語りには決して近づこうとしなかったのではないだろうか。さらに言えば、朱の活動は「語り」と「行動」を分けることをせず、常に行動と語りを一致させようとする。これが朱の作り出すコミュニケーションの重要な点であった。

異なる他者へのメッセージを発することにより、その相互作用が新たな行為を生み出す。そこには予見による押しつけも、他者を従わせるメッセージもない。ただ、自らが行為を紡ぎ出し、それに引き寄せられた人々が、朱とコミュニケーションを発生させ、次なる行為を生み出す連鎖のなかに語りが埋め込まれているといえる。一見、場当たり的に見える朱の行動は、その軌跡をみると驚くべき一貫性と持続性をもっているのがわかる。

朱の活動は、予見できない自然との相互作用の中で、人間間のコミュニケーションを紡ぎ出し、行為の変化を引き起こしてゆく手法として示唆的である。伝記を読む限り、朱はこのような手法を、四〇歳代の時に妻と息子を亡くし、自身が絶望の淵に押しやられ、植物とのみ会話する期間を経てようやく再生に向かうプロセスの中で獲得した。朱も、若い頃はがむしゃらに植林をし、ひたすら目標を達成する道を歩んでいた。しかし精神の淵を経験し、自分一人の力で成し遂げられることの限界を知り、植物とのコミュニケーションの中から再生する道を探る

なかで、朱自身が獲得していったのかもしれない。生前に朱からそのことを直接聞きだすことが叶わなかったが、彼のその後の活動と、言説を思い起こすと、われわれがこの地域に足を運び始めた朱の五〇代からの活動は、それまでとはまったく異なるアプローチを獲得し、実践してゆく途上にあったように思われる。その意味で、朱自身が、それまでのフレームを脱し、新たな対話の可能性と視野を実現しようとしていたプロセスをわれわれは観察していたのかもしれない。朱の行動が一見わかりにくく、動的なプロセスとしてしか理解し得なかった理由はそこにある。

ここで、朱のアプローチのもつ意味を参考に、今一度、自らがこの地域で行った調査の手法についても自省的な検証を行いたい。

一九九〇年から始められた同地域での調査は、当初は、「計画的な」聞き取り調査や参与調査を行う心づもりでスタートした。ところが当時の黄土高原陝北地域は、交通不便で外国人の活動もさまざまな制約が設けられ、外部との通信も、コンタクトを取りたい人物との連絡もままならない状況であった。二〇一〇年以降のように村の老人までもが携帯電話を持ち歩く時代とはまったく異なり、電話は、村はおろか、郷政府所在地の郵便局まで足を運ばなければかけられない状況であった。村と村のあいだの移動手段も、きわめて状況依存的で、たまたま外部の人が車で来ると、それに便乗して乗せてもらったり、村のトラクターやオート三輪などの乗

り合いの車を乗り継いだりして移動するしかなかった。そんな状況で、あらかじめ予定を決めても、決して思い通りには行かず、むしろ現場に降ってきた好機を捉えて、臨機応変に活動を展開せねばならないという学習を余儀なくされていた。インタビューも、事前に人と約束するのではなく、できるだけその場に居合わせた人どうしで会話するのが常となった。その結果、日程もあらかじめ決めることはできるだけ少なくして、流れに応じて、面白そうなところへ出向く。当時、このような手法を筆者は「確信犯的いきあたりばったり」と呼んでいた。

　こういった調査方法に行きつくまでには、心理的抵抗も葛藤もあった。村での聞き取りやデータの収集が思うように行かず、効率的な動きは一切封じられているかのような閉塞感を感じ、なんとか主体的にスケジュールをコントロールできないものかと気をもんだ。しかし、後になってわかったことだが、筆者が滞在した村で、アンケート用紙を用いた調査を試みた若い研究者は、地元の公安につまみ出され、調査はおろか村に戻ることもできなくなってしまった。また同じ村に長期に滞在した中国人の研究者は、村を構造化して描くことがあまりにも困難なため、当時の有力者を中心に政治的な力関係を描き出し、著書として出版した。そこで描かれていたのは、村の儀礼のなかで頻繁に登場する人物を中心に、村の秩序が形成されている、というものであった。しかし、村の人々はその内容に対して、こんなことはまったくない、と一蹴した。結局、一九九〇年代前半の数年間に限ってのみ、あたかもその「構造」は存

在していたかのように見えたが、当時有力者とされていたシャーマンや風水師が、数年を経ずして他界すると、そこに見えていた「構造」のようなものは跡形もなく消え去った。村において観察可能であったのは、村人同士が各々個別に展開する労働交換や情報の交換によって形成される「関係」のネットワークのみで、それは常に変化し、形を変えて存在し続ける。そこから抽出できるのは、構造そのものではなく、構造化のダイナミクスであり、動的なモデルであった。

　つまりこの地域を記述しようとしても、固定化した記述をしようとした瞬間に、何らかのストーリーの捏造が発生し、それは「時間軸」で切り取られた一瞬の描像ですらなくなる。また、そのような動きのダイナミクスとして捉えるべき社会を、文章にして表現しようとした瞬間に、別のものに置き換えられてしまう。それは、先の朱の活動もまったく同じであった。動きとしては眼前に展開しているのに、それを記述しようとすると、ある瞬間を切り出した静止画像となり、形を変えてしまう。このジレンマは、今日に至るまで、この地域を理解し、言語化する上で最も困難な課題となってきた。

　そこで一つの取り組みとして、動く構造そのものを文章化するというオープンテキストという方法を試みた。深尾・安富による『黄土高原・緑を紡ぎ出す人々――「緑聖」朱序弼をめぐる動きと語り――』[2]は朱のアプローチと同様、「語り」と「動き」を切りわけず、語りそのものが

「動き」の上に乗る、ということを企図した。日中両文で書かれた同書は、ある時点で切り取られた語りであると同時に、それ自身が地域のコミュニケーションの渦の中に投げ込まれることによって新しい語りと動きを生み出す。実際に、筆者が同書を出版した翌年、黒龍潭の廟会のメンバーが筆者の現地滞在中に訪ねてきて、同書の内容に異議を唱えた。その内容とは、過去三〇年かけて、朱が丹精こめて作り上げた植物園を、同廟会がすべて破壊し、石を敷き詰めた広場に作り替えてしまった、という同書の記述に対し、黒龍潭の廟会のメンバーが「この記述はわれわれの名誉を傷つけるものだから削除するように」と申し入れてきたのである。それについて筆者の回答は「事実と異なるのであれば、後日説明文を追加するが、事実であればこのままにする」いうもので、いったんは、彼らの主張する理由づけに耳を傾け、事態の収拾を図った。実際には、彼らは朱に対する嫌がらせを繰り返し、その結果として植物園の破壊が行われたのであるが、彼らは、「その事実はない」と、言い切ったため、「そのような事実がこれまでになく、今後もないとするならば、私の記述はまちがっていたことになる」、という文言を含む謝罪の手紙を、黒龍潭の会長に向けて送った。しかしこの手紙は、結果として、朱に対する長年の嫌がらせを封じ込めることに寄与することになる。なぜなら、彼らは「そのような事実はない」と公言し、私が、そのような記述をしたことに謝罪をしたため、「事実はなかった」ことになり、今後も起こりえない」という「事実」を作ることとなったためである。

朱と同廟会の関係は三〇年におよぶが、最後の一〇年余りは、朱の功績を廟会の功績としたいという廟会会長の意図と、朱が他の廟会に協力することを阻止したいという意図が重なり、朱にとっては多年にわたるストレスの源となっていた。朱は一つの黒龍潭ではなく、一〇の黒龍潭、さらにもっと多くの黒龍潭を作り出したい、と意欲に燃えていたため、この軋轢は長く朱を悩ませることとなっていた。それが同書の出版を契機としたコミュニケーションを機に、収束することとなったのである。そもそも同書の出版は、アカデミックな業績としてではなく、現地のコミュニケーションに新たな動きを引き起こすことを目的としていたため、このような変化は、テキストが動的構造に変化をおよぼす事例としてさらなる観察の対象となった。

このように、黄土高原における調査は、あらかじめ枠組みを決め、そこに観察した対象を投入し、再現し、記述するというアプローチをことごとく拒否され、否応なく自分自身を開いて地域に投入し、そのなかで語りを紡いでゆくというアプローチを余儀なくさせられたという点で意義があった。

一方、こうした動的プロセスに注目し、非線形的な変化を語るには、どうしても物語の手法を取らざるを得ず、動きの中で、プロセスそのものを記述するという方法へといざなわれる。筆者は二〇〇〇年前後から日本の研究者と現地に入り、現地の社会や黄砂発生のメカニズムを理解しようと試みてきたが、それは、線形的モデルでの記述に限界を感じさせる同地域の社会

の動きに必然的に導かれたものであった。本論ではこれを仮に「生命論的記述」と名付け、以下にその意義を論じたい。

「生命論的記述」とは、生命が繰り広げる複雑な因果関係のループを、いかに生きたまま記述するかという問いから生じたものである。生命現象に限らず、あらかじめフレームを定め、空間的にも時間的にもそのフレームで区切られた範囲の事象を記述するという作法に馴染まない「複雑性」と「変化」に富む現象を記述するためには、動的で可変的なパラダイムを導入し、その因果の連鎖を記述する必要性が生ずる。「客観的記述」と称して、観察者を対象社会から切り離し、観察対象のなかからいくつかの要件を取り出して、その因果関係を明らかにする、という手法は、一見、科学的な記述の作法に沿っているかに見えるが、実はそうではない。

なぜなら人為的要因と自然的要因が複雑に相互作用し、非線形性によって支配される複雑な現象を理解するには、あらかじめ「フレーム」によって対象と「時間」を区切り、限定された因果関係で理解しようとする手法は、大きな齟齬をもたらすからである。たとえ単純化したモデルを提示し、記述可能な範囲に事象の複雑性を縮減したとしても、その積み重ねが作り出す構造は真の全体像とは程遠い。

本書第1部で取りあげた黄砂研究は、黄砂の舞い上がりが非線形現象であるにもかかわらず、線形モデルでその機序を描き出そうとすることにより、多くの誤謬をもたらしてきたこと

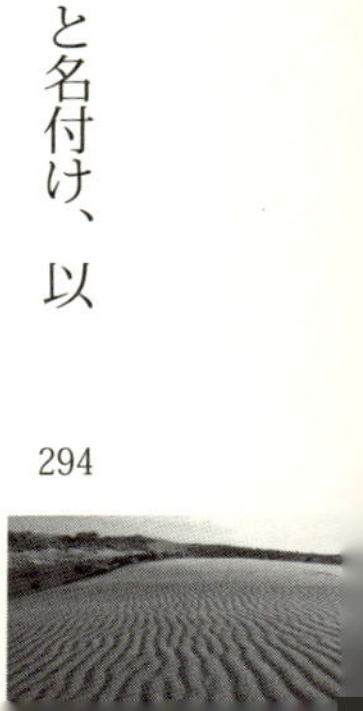

がわかった。それは、黄砂発生に関して何らかの「予測」が必要と考えられていること、また「科学的」な記述は複雑な事象を線形に置き換えて描くことによって担保される、という思考が多くの研究者に見られたこと、によるものであると考えられる。本書において、それは「フレーミング」をあてがうことによって生ずると説明してきたが、以下にさらに踏み込んで、非線形を線形に置き換える分析がどのような問題を生じさせるのか、見てゆきたい。

2 複雑なプロセスを単純なシステムに置きかえる誤謬[3]

黄砂の飛散プロセスに関しては、すでに本書第1章で述べたように、粒子の大きいものから先に落ち、軽いもの、粒子の小さいものがあとから落ちる、というモデルが当初示されていた。このモデルは、発生源に、大きさが連続的に分布する大小さまざまなサイズの砂がある、ということを前提している。それらが一斉に舞い上がり、大きいものから徐々に落ちていく、というのである。

しかし、この二つの前提は、そう簡単に成り立つものではない。

そもそもタクラマカンの砂漠は、黄砂の何百倍もの粒径の砂で覆われており、黄砂を構成するような数マイクロメートルから数十マイクロメートルといった粒子はほとんど見られない。

逆に数千キロメートル東の黄土高原や、内モンゴルのかつては草原であったゴビ砂漠では、北京や日本で観測されるような黄砂と同じ粒径の黄土粒子が地表面を覆っている。つまり砂漠の砂嵐で巻き上げられる砂と、黄砂として舞い上がり、運ばれてくる黄土とはまったく別の場所で舞い上がったものである。

舞い上がりについては現在は、以下のように複雑なモデルが、黄砂研究者の間で受け入れられている。[4]

それは、砂粒の舞い上がりが、「①重力」、「②空気力学的浮力と抵抗」、に加えて、「③砂粒が引き合う力」、という三種類の力によって決まると考え、①＋③の合算を②が上回るときに砂粒が飛び上がる、とする。言い換えれば、重力と砂粒の引き合う力との合計を、浮力が越えたときに、砂が舞い上がる、というのである。

この興味深いプロセス機構は、非常に複雑であり、非線形性が強い。黄砂研究者は一般に、砂の飛翔をこのような複雑なダイナミクスとして把握しているはずである。ここに説明した砂粒のプロセスのダイナミクスは、気象庁の黄砂研究の中心人物である三上正男の解説によるものである。ところが三上は、その著作『ここまでわかった「黄砂」の正体』のなかで次のような認識を示している。

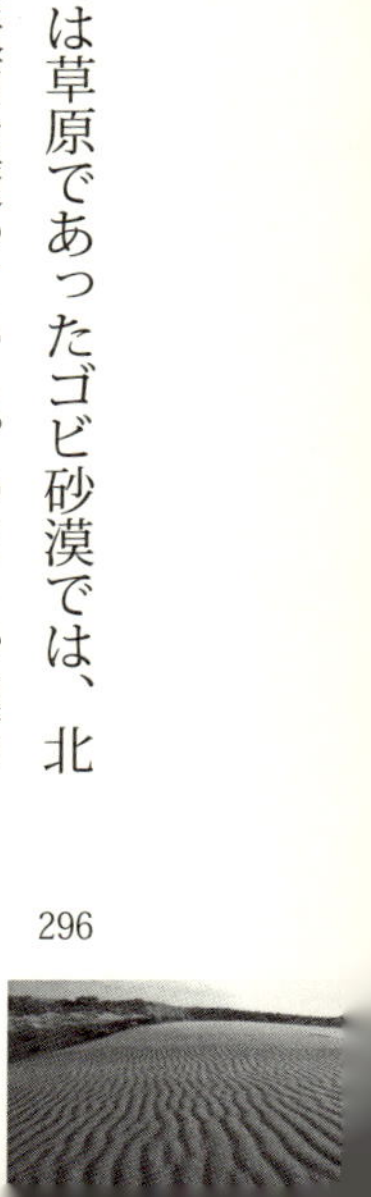

科学の世界では、風が吹いて砂塵が舞い上がる……たったこれだけの出来事の背後にあるすべての「仕組み」を客観的な科学の言葉で記述することができて、初めてその現象を「理解」したと言うことができる。どういった「強さ」の風が吹いて、どのような「状態」の地面から、どんな「大きさ」の砂塵が「どれだけの量」「舞い上がる」のか？　これらかぎ括弧で示したそれぞれの状態やそれらの因果関係を、すべて数字や客観的な科学の言葉で定義し、記述するのである。そしれそれらの間の関係を、これまでに知られた物理、化学の法則によって余すところなく記述する――これが科学の世界における「理解」なのだ。

その上で、その段落の終わりに以下のような注を付け加えている。

> 実は、このようなラプラスの決定論的な世界が成立するのは、古典力学が適用できる私たちが日常体験する世界での話だ。カオスが支配する複雑系の世界……などでは、ここで述べたようなことはもはや成り立たない[5]。

ラプラスの決定論というのは、「ある瞬間における全ての物質の力学的状態と力とを知ることができて、その上、データを解析できる知性が存在するなら、この知性にとって不確実性は

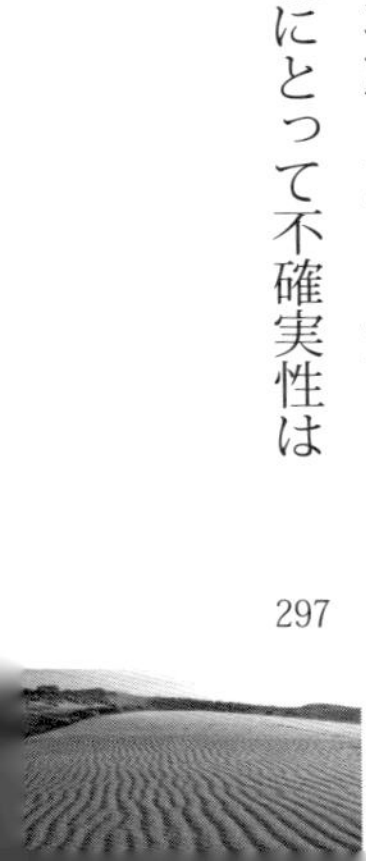

なくなり、その目には未来も過去も同様に全て見えているはずだ[6]」という考え方である。ここからうかがえるのは、黄砂の舞い上がりというような現象を、カオスに代表される非線形性とは無関係な線形的現象として理解しようとしているという驚くべき事実である。砂粒が舞い上がるメカニズムも、浮遊した砂粒が輸送される気象現象のメカニズムも強い非線形性を伴う現象である。決定論的カオスの発見者の一人であるエドワード・ローレンツが気象学者であり、彼の提案した三次元の気象モデルがその舞台であるように、気象現象は基本的に、極度に非線形の強い非常に複雑なダイナミクスであり、カオスが支配する複雑系の世界の代表例であると考えられている。このように、非線形性の強い気象現象を対象として、非線形性の強いモデルを用いながら、線形的思考どころか、最も極端な決定論であるラプラス的世界観を維持する、という不思議な現象が起きているのである。これは黄砂研究者にしばしば見られる。先の黄砂発生モデルと落下モデルを提示した岩坂はタクラマカン砂漠における継続的な超小径のダストの飛翔、「バックグラウンド黄砂」という現象を重視し、そのモデルを提示している。それは以下のようなものである。

周囲を山によって囲まれたタクラマカン砂漠では、風が渦巻くように吹く性質があり、それによっていったん巻き上げられた微小砂粒が、常に上空を漂っている状態が形成され、それが偏西風によって常時運ばれている、という。このモデルは言うまでもないが、非常に複雑で大

規模な非線形モデルである。その一方で岩坂は、本節のはじめに掲げたような、「大きいものから順に落ちていく」というような、線形思考にもとづく単純な思考で説明する。

このように、複雑で巨大な非線形現象を相手に、非線形モデルを考えながら、線形的、あるいはさらに極端にラプラスの決定論的な世界観に基づいて、自らの「科学性」を担保しようとする姿勢は、黄砂研究の混乱を引き起こしている一つの原因になっていると思われる。

3 黄土高原社会の動的変化を記述する

第6章で取り上げた黄土高原地域社会の非線形的で自律的な凝集のメカニズムについても、同様の傾向が見られる。

日本人は、「社会」を捉えるのに、しばしば「共同体」という枠組みを用いる。そして無意識のうちにこの「共同体」をその外側にある「貨幣関係」と対立的なものとして認識する。村の内部では、共同体のルールに基づいた無償労働の交換があり、その外側に商品経済が発生し、徐々に村の内部に浸透する、という共同体崩壊のモデルだ。「共同体」のルールに従わなければ、「村八分」に遭うことになり、果ては村に住み続けることができなくなる。これが日本人が思い描く共同体イメージである。これはマルクスが描いた、「商品の交換や、労働の貨

幣を介した交換は、共同体の果つるところに発生する」とする共同体論と親和性が高く、商品経済と共同体内部の互酬的交換を二元的に理解する傾向を生み出してきた。しかしながら、現実の社会は、必ずしもそうではない。ことに中国内陸部の村落社会で目にしたものは、まさに村人の共同関係の真っ只中に貨幣関係が存在し、貨幣関係の中に共同関係が生まれるような連続的な構造であった。それが本書の第6章で論じた内容である。

共同体の中枢にあるものは、村の決定に影響力を持ち、周辺に追いやられているものはその決定から疎外されている。こういった力学的な権力構造把握や、線形的で固定化された枠組みによる「共同体モデル」では、動的な作動機序によって不断に変容する同地域社会の特徴を描くことは困難である、というのが一九九〇年代からの約一〇年におよぶ調査で得られた結論であった。そこで、その後の一〇年で動的な秩序形成、コミュニケーションパターンの形成、方法論的個人主義をベースにした全体構造形成のモデルを探求し続けてきた。

実は同じ村を舞台に、力学的な権力構造による把握を試みた研究が中国人人類学者、羅紅光によって行われている。羅紅光は、われわれの紹介で村に入り、「相夥」と「雇」について分析を行った[7]。しかし羅の見方は本書第7章で述べたものとはいくつかの点で大きく異なっている。

羅はこの村を明確な「文化核心」（文化的中心）をもったひとつの「社会空間」と見なし、

各人の空間内の地位が（一）社会貢献、（二）生活の智恵、（三）伝統知識、（四）人間としての処理能力などといった「無形財富」あるいは「文化資本」によって決定されると考えている[8]。この地位の違いによって村の人々は「文化貴族」、「代表大衆勢力的中間層」、「老弱病残物及〝黒皮〟（悪魔）」という三つの階層に分類される。村のなかの物資や労働の交換は往々にして不等価交換であり、高い地位にある者に向かって富が流れて行く[9]。

しかし革命前、強大な地主勢力であった馬氏一族が毛沢東らの率いる紅軍によって排除され、人民公社期を経て、生産手段が農民に分配され、貧しさを均分する形で形成されたこの村に、そのような中心を想定することにはそもそも無理があった。深尾（一九九八）[10]および深尾他（二〇〇〇、第2章）[11]が示したように、経済的政治的側面のみならず、文化的な装置の側面からも、明瞭な中心を欠いていることがこの村の特徴なのであり、村人は常日頃、むしろその欠如を嘆いていた。

しかもこのような「社会空間」を成立させるために、羅はこの村を一つの閉じた小宇宙として描くことになった。外部との社会関係とは異質な独自の求心性を村が持つことは事実であるが、これを市場関係などから切り離し、小宇宙として取り出す手法には問題がある。たとえばYan（一九九六）[12]が示したように、共産党権力や都市との関係が農村における「礼物」（贈り物）の流れに決定的な影響を与えるが、羅の手法ではこういった外部とのつながりが意図的に

捨象されることになる。本書第6章で示したように、市場と「関係」の緊張関係のなかで人々の行動をモデル化することにより、このような求心性と開放性を矛盾なく処理することが可能となるのではないか。

また、羅（二〇〇〇、一〇六頁）は「義務＞幇工＞夥種＞夥喂＞換工＞変工＞雇工＞攬工」という労働供出および労働交換の大小関係を掲げる（＞は不等号）。この関係は上へ行くほど「人気（rénqì）」が高く、下へ行くほど「銅気（tóngqì）」が高くなるとされ、「人気」は人的紐帯《ちゅうたい》の要素、「銅気」は金銭的要素、の意味と解釈される。しかしこの関係式は羅による「相夥」と「雇」の理解に誤解があることを示している。これらは以下のごとくまったく異なった系列の概念の一部分を抽出して配列したものであり、羅の主張するような大小関係をなすものではない。

まず「義務」は主として公的な労働供出についての概念であり、たとえば村の淮漑工事のために人々に割り当てられる無償労働などのことである。それは政治権力からの呼びかけによる場合もあるし、廟会など民間組織の呼びかけに無償で応じて労働を提供する場合もある。要は見返りのない労働の拠出ということである。次に「幇工」は本書で論じている「相夥」による労働提供の一形態を指す。また「夥種」は農作業について、「夥喂」は「夥站」などとともに家畜の飼育について形成されるパートナーシップの名称である。「換工」と「変工」は同じ意

味であり、どちらも短期的な労働の相互供給を示す。たとえば、今日あなたの畑を耕すから、明日は私の畑を耕してくれ、というように、短期的にほぼ等価とみなされる労働を交換することを表す。「雇工」は本書でいう「雇」のことであり、現金によって労働の報酬が支払われる場合を指す。「攬工」は出稼ぎを主とする長期の労働契約を指す。

　このようなまったく異なった系列の概念を並列し、実際には存在しない大小関係を羅が作り出すに至ったのは、上述のような村内部の価値体系の小宇宙を想定し、市場をその小宇宙の外縁に置いたことと関係がある。価値が強く作用する中心からその作用が消滅する外縁に向けた傾斜を想定し、その上に羅の目にとまった何種類かの労働形態を配列することにより、村の価値空間を描き出そうとすることになったのであろう。

　しかも、「銅気」と「人気」という対立は、独自の文化的秩序の支配する小宇宙として村を切り出そうとする羅の視線を反映している。「銅気」に代表される市場的関係が「人気」の象徴する共同体的関係に進入する、という上述の構図である。しかしすでに何度も述べたように、人々の共同性と市場関係は中国農村においては矛盾するものでも対立するものでもない。両者は最初から渾然一体となって村の構造化の要素となっている。この世俗的な村をエキゾチックな文化的小宇宙として解釈する試みは、その出発点において、無理を抱え込むことになっている。

羅がこのような解釈に到達した背景には、都市に住む中国人が農村に対して抱く文化的枠組みが作用している可能性がある。都市には見られなくなった価値的な小宇宙が中国の村にはあって、それは人類学で描くべきエキゾチックな他者である、と。もしそうであるなら羅の著書は、中国の都市民の農村に対する視線を研究するための人類学的資料として貴重であろう。また、羅が用いた「人類学的手法」はフランスの人類学者ブルデューの文化資本の概念である。しかし、フランス社会を背景につくられた理論を村にあてがうことの有効性については、同論考のなかには見られない。

では、対象をエキゾチックな「閉じた共同体」として描き出す「他者の視線」から離脱するには何が必要とされているのであろうか。黄砂研究でも見られた通り、ここでも、描く側の描かれる側に対する「フレーミング（現実を認識する枠組み）」による「切り取り」とその固定化が生きた対象を枠組みの中に押し込め、歪めているのがわかる。

非線形的なダイナミクスを線形に落とし込む手法は、さまざまな歪みと捏造を生み出し、観察者の対象への視点の固定化をもたらす。対象が何らかの安定解にある場合は、線形的記述を用いても、さほど問題は生じない。しかし、対象が大きくゆらぎ、非平衡な動的ダイナミクスに置かれている場合、「線形モデル」で語ろうとすることは、何らかの記述的暴力を引き起こす。

筆者が初めて黄土高原に入った一九九〇年代前半の頃は、「人民公社」と「社会主義的硬直的社会システム」の束縛の中に長く留め置かれていた同地域にも改革開放の波が訪れ、人的流動性においても、人間間の秩序構造においても、人々が動き始めていた時代であった。そこで目にしたものは、雨後の筍のように各地で次々と創生する「廟会」のうねりであった。その中に、廟会を通じて緑化を達成しようとする朱序弼の波のような動きも位置づけられていた。それを支えているのは村の人々が盛んに取り交わす噂話とそれによって実現する人々の協働と互酬的関係性であった。それらすべては、人々があたかも自己組織的、自律的に集合し、離散し、その都度「構造」を作り出すかのように見える、きわめて動的な社会現象であった。それはおそらく常時見られるのではなく、社会主義化以降、移動の自由も職業選択の自由も奪われ、商業や農業の自主的決定権も奪われていた時代を経て、それらが再び農民の手に委ねられようとする時代であったからこそであるだろう。だからこそ、当時目にした動きを文字にして記述しようとすると、常に動きを止める感覚に悩まされていた。動的ダイナミクスという意味で「渦」[13]というたとえを用いたり、何者かに強制されたり命令されたりするのではなく自律的に運動が形成されることから、「自律的凝集」という表現を用いたりして記述の困難さを乗り越えようとしてきた。

一九八〇年代以降の中国の農村社会は、いったんバラバラになった人のつながりが再び凝集

先を求めて集まり、さまざまな形として結晶化する時代であった。それはあたかも細胞性粘菌のライフサイクルモデルのようにバラバラな時代と集合した時代を繰り返すかのようである。

先にも述べたように、黄土高原農村では、人民公社時期は、人的流動性は著しく抑え込まれ、人々は好むと好まざるとに関わらず、村落空間の中に閉じ込められた状態であった。しかし、その持続期間はきわめて短く、いったん人民公社の枠が外されると、人々は、猛烈なスピードで自律的な情報探索と動きを開始した。その様は、あたかも細胞性粘菌の子実体から胞子が飛び出し、発芽してアメーバ状の細胞となり、光やリズムといった情報を互いに察知して、自律的凝集を開始し、なんらかの構造を作り出す様に酷似している[14]。粘菌は細胞性粘菌で単細胞アメーバとして生きているときは、個の境界が単細胞だが、場に化学物質のらせん波ができてくると、全体が一つのパターンに引き込まれていき、単細胞アメーバの動きがパターンを変え、そこでつくられる渦のパターンがさらに動きを変えるという連動が生まれる。その連動に巻き込まれたもの達が合体して一つの多細胞体になる。自己組織化的に動く社会においても、噂話などとして流れる場の情報の変化のスピードと、行動による状況の変化のスピードが連動する時に、廟会のような、うねりを形にしたような組織が次々と誕生し、成長する。さらにそのプロセスが一定期間続くと、形成された形が全体として新たな動きを始め、形態形成に至る。その後また情報の変化が生まれると、胞子となって飛び出し、個々の単細胞アメーバに

戻る、というライフサイクルを繰り返す。黄土高原の村で筆者が目撃した社会組織は、あたかもこの粘菌のライフサイクルのように離合集散を繰り返し、固定的な境界を持たないばかりか、バラバラになったかと思うと、危機に直面すると互いに引き寄せあって結合し、組織を作り出して運動を開始するといった動きをみせた（図10－1）。

個々のバラバラなアメーバ細胞が飢餓という危機に直面すると、自己組織的に集団を形成し、危機を乗り越えると、再度単細胞アメーバに戻る、という粘菌的ライフサイクルは、まさに歴史学や社会科学全般で長く続けられてきた方法論的個人主義と集団主義の矛盾を乗り越える新しい視野を提供する。

つまり、「共同体」をベースに、まず集団の境界とメンバーを固定し、その内部での凝集力や離心力を問題とするのではなく、また一方で完全に個をベースにその戦略の相互作用としてのみ集団を論ずるのでもなく、その両者がライフサイクルによって入れ替わるイメージを、粘菌モデルは提示してくれている。粘菌アメーバが、集合期に移るときには、飢餓がトリガーとなり遺伝子のス

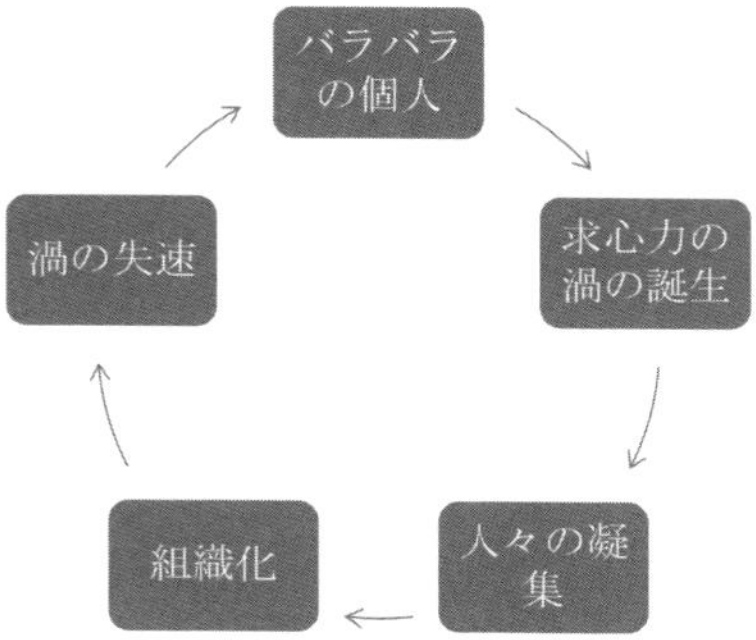

図10－1　黄土高原農村の粘菌的な凝集と離散のモデル

イッチが入り、それまでの行動ルールである餌を探して食べ、分裂する活動から抜けだし、新しいルール、つまり、細胞間コミュニケーションに従って動くようになる。つまり、利己的な活動から、集団を形成する活動へと移行する。個々の細胞をとりまく戦略のフレームが入れ替わり、異なるダイナミクスで動く。飢餓を乗り切ると、こんどはまたもとのアメーバとしての行動に戻る。

粘菌のライフサイクルのプロセス自身には、何ら「フレーミング」の変化は起きていない。ただ、それぞれのサイクルに応じて異なるダイナミクスを発動し、アメーバ状態の単細胞生物としての存在と、多細胞体制の構築という異なる位相を遷移する、という特異なパターンが、それまでの単細胞生物、多細胞生物、といった分類をしりぞける。それは中国農村社会理解にあてはめるなら、方法論的個人主義か、集団主義か、といった二元論的アプローチを相対化し、その凝集と離散の原理を連続的に理解する視座を提供する。

これが筆者が二〇余年にわたり、黄土高原地域社会でフィールドワークを続け、思考する中で得られた、動的な社会のアナロジー的描像である。すでに何度も指摘しているように、同地域社会を理解するには、ある時点で「止まった」像を描き出すのではなく、時間の変化に伴って動く軌跡を記述する以外に、その動きを捉える方法はない。さらに、同地域の集団や社会を、あらかじめ所与のものとして捉え、記述しようとすると、地域社会の全体像に歪みが生ず

る。唯一できるのは、時々刻々変容する人間社会の枠組みを、常に更新しながら、「生きる姿」として描く手法である。それは必然的に、物語の記述として描かれることとなり、常に今後起こり得る変化については、「不可知」なものとして、因果の外側にとどめるしかない。本書第二部で黄土高原を論じようとするときに、常に物語的な語りの形をとり、その動きの中に、語りを乗せたかったのは、この変化のダイナミクスを「生きる語り」として記述しようとするが所以であった(15)。

4　枠組みをはずし境界を越えるマネジメント

本論は、短期的で限定合理的な目標設定というフレームから自己を相対化し、その外側に押しやられた「非合理性」に目を向け、それを自らの行動の視野に取り込んで、新たなフレームを構築するプロセスについて、黄砂研究や黄砂をめぐる「フレーム」による「対象の切り取り」とその弊害、さらには動く地域社会を、固定化した枠組みで語ることの暴力などに着目して議論を展開してきた。そこで明らかになったのは、対象を認識する際、常に自らが認識の中に取り込んでいる「フレーミング」を問い直し、不断にフレームを変更することが必要とされているということ、それはリフレーミングと呼ばれる所作であるが、それは常にフレーミング

そのものを相対化することを前提としている、ということである。「リ」フレーミングは、再度「フレーミング」をあてがうことを指すが、その所作は常に「デ」フレーミングを基礎としている[16]。

「フレーミング」を取り外すということは、非線形的な語りの中では、常に線形的因果関係の背後に広がる非線形的な「縁起」に思いをはせるということであり、それこそが本書で「アウトフレーミング」と称する動作である。既存の「フレーム」を相対化し、「フレーム」の外部にあって、実は重要な役割を担いうるものを認識の中に取り込むこと、既知の世界で合理的であると考えられる事柄を常に相対視し、不合理であることとされていることを自己の行動や視野の中に取り込んでゆくこと、それが「アウトフレーム（フレームを凌駕）」することである。すなわちアウトフレームというのは、フレームを越えようとするプロセスそのものを指している（図10－2）。

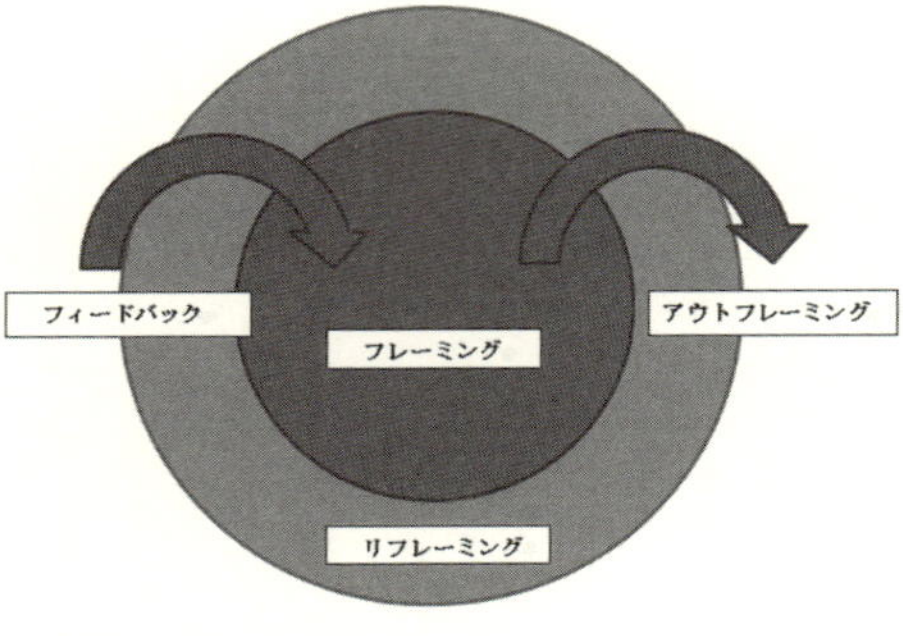

図10－2　フレーミング・リフレーミング・アウトフレーミング

黄砂についての「思い込み」を脱し、黄土についての「思い込み」を脱し、「植林」についての「思い込み」を脱すること。あらかじめ計画されたプランに沿ってプロジェクトを遂行す

るのではなく、計画の外側、あるいは実際に行ってみて予測の外にある事柄のフィードバックから常に学び、行動や枠組みの修正が行われること。また、異なる文化や社会をもつ人々との協同を前提とする場合、自己の文化的バイアスから自由になることを常に念頭におき、非対称で一方方向的な価値の押しつけではなく、「価値共創的」な環境回復メカニズムを探索すること。これらはいずれも「境界を越える」ことを含意する。

フレームの外側は、しばしば「異界」として認識されるが、「異界」に目を向けるということは、自らの「外なる異界」ばかりでなく「内なる異界」に目を向けることをも含意している。「内なる異界」とは自らが気づかずにいる自身の内面、自身の欲求、自身の行動に潜む他者性、あるいは「野生」であり、そこから学び、気づき、ともすれば、自らとらわれている既存の枠組みから自由になることが、「外なる異界」に目を向けるために必要となる。それは同時に自らの中に絶えず生起する「異界性」を排除せず、そこからエネルギーを獲得する、という生命系と生物体にとって必要不可欠な行動を日々実践することでもある(17)。

本書で論ずることができたのは、あらかじめ予見に囚われた目で見ていた黄砂、黄土、植林、環境回復のためのさまざまな手段について、予見が覆される事態に直面し、新たなフレームで観察することにより予見とは異なる理解が得られるプロセスであった。しかしながらこの「リフレーミング」もまた、新たな事態の展開により再度検討を加え、「デフレーミング」する

必要性に迫られる。今回示すことができたのは一回きりの「リフレーミング」プロセスであったが、そこで得られた方法論的示唆は、常に「フレーミング」の外側に思考と感覚をおよばせること、つねに「計画」や「目標」の外側に広がる因果の連鎖に目を向けること、であった。したがって本書で提示する「アウトフレーミング」とは、あくまでフレーミングの外側に感覚と思考をおよぼすこと、すなわち「フレーミング」を開くことを意図している。それは筆者がこれまで提示してきた「魂の脱植民地化」プロセスと重なる。常に「フレーミング」の呪縛を脱し、知らざるものへの感受性を失わないこと、これが境界を越えて発生する環境問題に取り組むうえで最も重要なことではないだろうか。

《注》

第1部

第1章

1　気象庁 http://www.jma.go.jp/jp/kosa/　環境省 https://www.env.go.jp/air/dss/
国立環境研究所 http://www-cfors.nies.go.jp/~cfors/index-j.html

2　日本での設置場所は、つくば（国立環境研究所）、富山（富山県環境科学センター）、札幌（北海道大学）、長崎（長崎県衛生公害研究所）、福江島（総合地球環境学研究所）、沖縄県辺戸岬（国立環境研究所）、新潟（日本環境衛生センター・酸性雨研究センター）、仙台（東北大学）、千葉（千葉大学）、東京（環境省）、大阪（近畿大学）、中国では、北京（日中友好環境保全センター）、合肥（安徽光学精密機械研究所）、沙坡頭（中国科学院寒区旱区環境研究所、情報通信研究機構）、韓国では、Suwon（Kyung Hee 大学）、Seoul（ソウル大学）、モンゴルでは、Ulaanbaatar, Sainshand, amyn uud（いずれもモンゴル気象水門環境監視庁）、また、タイの Phimai（二〇〇五年春に Sri Samrong から移設）（Chulalongkorn 大学、東京大学気候システム研究センター、千葉大学）で連続観測中。これらの観測データは、国立環境研究所のホームページ（URL：http://www-lidar.nies.go.jp/）で閲覧が可能（北京、Suwon は黄砂シーズン（三～五月）のみ公開。合肥、沙坡頭は現在データを公開していない）。
http://www-lidar.nies.go.jp/Niigata/index-j.html

3　人民網日本語版によれば、二〇〇四年の時点で中国北部の黄砂は過去五〇年近くの間、多少の変動はあるものの減少する傾向にあるという。ちなみに強い黄砂現象の発生がもっとも多かったのは一九五〇年代で、最少であったのは一九九〇年代であると国家気象センター研究員が発表した（人民網日本語版二〇〇四年八月一一日「黄砂現象、中国北部では減少傾向に。国家気象センター」）。

4　文部科学省科学研究費助成事業による「黄砂飛来にともなう微生物およびその遺伝子の移動に関する環境微生物学的研究」（二〇〇五～二〇〇七年　研究代表者、大阪大学大学院・薬学研究科教授　那須正夫）は、黄砂飛来による微生物の長距離移動に関する研究を黄砂発生地域の土壌、北京上空の黄砂、さらに大阪上空で採取した黄砂粒子などから、表面に付着した細菌を可視化し、分析を行った。その結果 **SEM-EDX** 法を用いて黄砂粒子と黄砂以外の非土壌粒子を区別し、各地の黄砂粒子に現存する細菌量を明らかにした。那須正夫（二〇〇九～二〇一一）「**B-0902**　黄砂現象の環境・健康リスクに関する環境科学的研究」、一一二頁。**https://www.env.go.jp/policy/kenkyu/suishin/kadai/syuryo_report/pdf/B-0902.pdf** また、金沢大学理工研究域物質科学系准教授の牧輝弥はバイオエアロゾルの舞い上がりと飛散が、アレルギー疾患や農業、水産、牧畜など広範囲な分野に影響を与えていることを実証的に研究している。またネガティブな影響ばかりではなく、黄砂に含まれている納豆菌から納豆を製造し「そらなっとう」として協力企業との企画販売なども行って注目を集めている。

5　鳥取大学農学部共同獣医学科の森田剛仁教授と麻布大学の島田章則教授（前鳥取大学教授）による研究チーム **http://www.alrc.tottori-u.ac.jp/asiandust/result/2014725-achivement.pdf** により、砂塵嵐が頻発するモンゴルで、砂塵を吸収した家畜に肺傷害（肺気腫および線維化）が見られることが明らかになった。その症状は、人における珪肺症（塵肺症の一つで結晶質シリカを扱う職場環境などで発生するもの）の病理像に類似するものであった。また、配付属リンパ節に鉱物（主として石英）が蓄積し、炎症性変化（鉱物を取り込んだことによる肉芽腫性炎症）が認められ、全身の免疫系に影響が及ぶことが示唆された。同研究は国際医学会誌である Folia Histochemica et Cytobiologica に、鳥取大学獣医学科学生の小林義実によって報告されている。Kobayashi Y., Shimada A., Nemoto M., Morita T., Adilbish A., Bayasgalan M. (2014) “Adverse effects of inhaled sand dust particles on therespiratory organs of sheep and goats exposed to severe sand storms in Mongolia”. *Folia Histochemica et Cytobiologica.* Vol.52 No.3. Gdansk: pp.244-249.

6 東アジア域の黄砂・大気汚染物質分布予測、九州大学／国立環境研究所化学天気予報システムCFORS（Chemical Weather FORecasting System）による土壌性ダスト（黄砂）の予想分布。通常は0-1km平均値の三日後までの予測が随時更新され掲載されている。http://www-cfors.nies.go.jp/~cfors/index-j.html（二〇一六年三月三〇日確認）

7 本データは国立環境研究所、環境情報部／情報整備室の環境GIS（Geographic Information System）担当の方にお願いして過去五年分のデータを春の黄砂の時期にしぼって、すべて提供していただいた。データ利用を快く許諾してくださり、また、貴重な過去のデータをお送りくださったことに関し、記して感謝申し上げたい。

8 これらのデータは、これまで上空の大気と地表面付近の大気の流れ、さらには黄砂と雲などの見分けが難しかった問題点を解決し、気象庁が提供する大気の情報と衛星画像などから送られてくる地表面情報、さらに統計などから求められる汚染物質の排出分布などを加味してつくられる三次元データＣＦＯＲＣＥ（化学天気予報システム）の開発によるところが大きい。しかし、二〇一五年七月七日に正式運用が開始されたひまわり八号は、黄砂と雲などを見分けるカラー画像が一〇分おきに送られてくることを可能にしたため、今後精度の一層の向上と実測データの蓄積が可能となる。

9 阿拉善は日本の三分の二の面積、人口約二四万人余である。http://new.als.gov.cn/contents/175/496760.

html

10　このあたりは弾道ミサイル発射基地があり、一般的に甘粛省酒泉市にあるとされてきたが、実際には内モンゴル阿拉善盟のエジン基にあるといわれ、これまで多数の人工衛星の打ち上げなどを行ってきている。当初ソ連の技術援助によってつくられた。

11　阿拉善SEE生態協会によると同地区では毎年1730ヘクタールの規模で砂漠化が進行しているという。その結果、かつて一三〇種類もあった植物は三〇種ほどに減少し、一八〇種類ほどもいた野生動物は他所に移動するか死滅した。五〇年余り前には美しい草原が広がり、人々は多数の羊やラクダを放牧して生活をしていたが、その後放牧禁止となり、羊はすべて売り払ってしまったと七五歳のある牧民は語った。

12　岩坂泰信（二〇〇六）『黄砂KOSAその謎を追う』紀伊国屋書店、一四頁。

http://www.recordchina.co.jp/b40867-s0-c30.html（二〇一七年一一月八日確認）

13　岩坂泰信、西川雅高、山田丸、洪天祥（二〇〇九）『黄砂KOSA』古今書院、五頁。

14　「沙」は日本においては、二〇一〇年には再び常用漢字に追加された。

15　岩坂泰信ほか（二〇〇九）五頁。

16　兼橋正人（二〇一〇）『日本人の砂漠に対する憧憬について』日本砂漠学会二〇周年記念懸賞論文。

17　岩坂泰信（二〇〇六）一五九頁。

18　三上正男（二〇〇七b）『ここまでわかった「黄砂」の正体―ミクロのダストから地球が見える』五月書房、四五頁。

19　岩坂泰信（二〇〇六）六〇頁。

20 Chu J. (2004) Countermeasures for miligating DSS damages in Korea, International workshop on quantative analysis and regulation measures of DSS damage in North-east Asia, 19 November 2004, Seoul, Korea, pp.75-87.

21 ゴビとは「ゴビ砂漠」のように用いられ、固有名詞のように考えられがちであるが、モンゴル語で砂漠や乾燥した大地を指す言葉である。

22 これは千葉県在住の齊藤隆が多年の活動の中で個人的に収集したもので、世界二〇数カ国の砂漠や海岸の砂二〇〇点あまりに及ぶサンプルから得られたものである。本コレクションは茨城県自然博物館に寄贈され、現在粒径、組成などの基本データを整理中。茨城県自然博物館（二〇一〇）「齊藤隆コレクション―世界の砂―」『自然博物館ニュース』Vol.165. なお、転載にあたっては本人の許諾を得ている。

23 三上（二〇〇七b）一一三頁。

24 岩坂（二〇〇六）一八七頁。

25 この上空六〇〇〇メートル付近を流れるダストを、あえて「バックグラウンド黄砂」と呼ぶことにも無理がある。サハラダスト同様、アジアダストとでも呼ぶべきであり、「黄砂」という名称を用いることはさらなる誤解を導く。

26 三上正男（二〇〇七a）「風送ダストの大気中への供給量評価と気候への影響に関する日中共同研究（ＡＤＥＣ）」『天気』No.54, pp.142-150.

27 杜明遠、米村正一郎、真木太一、山田豊、沈志宝、汪万福、川島茂人、井上聡（二〇〇二）「中国敦煌のオアシスにおけるダスト舞い上がりの特徴」『地球環境』Vol.7 No.2, 国際環境研究協会、pp.187-195.

28 岩坂ほか（二〇〇九）二二二頁。

29 杜明遠、米村正一郎、真木太一、山田豊、沈志宝、汪万福、川島茂人、井上聡（二〇〇三）「中国敦煌のオアシスにおけるダスト舞い上がりの特徴」国際環境研究協会『地球環境』Vol.7 No.2, pp.187-195.

30 朱士光、桑広書、朱立挺（編）（二〇〇九）『黄土高原』西部地表系列、上海科学技術文献出版社、一〇-一三頁。

31 歴史地理学者で北京大学の韓茂莉は二〇〇二年に甘粛省天水で開催された学会で「自然が七分で、人為が三分」と言明した。このような、要因を無理に「自然」「人為」と切り分ける思考は、土壌侵食や黄砂舞い上がりのプロセスの理解を固定的に捉えようとするものであり本稿のアプローチとは相容れない。

32 二〇〇五年から二〇一〇年にかけて亢福仁陝西省楡林学院教授らが行ったオルドスでの調査による。

33 西北、華北、東北を結ぶ緑の万里の長城と呼ばれるグリーンベルト。

34 Worster, D., (1979) *Dust Bowl: The Sourthen Plains in the 1930s,* Oxford: Oxford University Press. 304p.

35 農林水産省『そば及びなたねをめぐる状況について』（資料三-二）二〇一五年一月。www.maff.go.jp/j/council/seisaku/kikaku/syotoku/02/pdf/07_data3-2.pdf

第2章

1 セピオライトとは、凹凸棒石とも呼ばれ、含水マグネシウム珪酸塩を主成分とする鉱物粘土（$Mg_8Si_{12}O_{30}(OH_2)_4(OH)_4\ 6\sim8H_2O$）である。長繊維の$\alpha$型と短繊維の$\beta$型があり、前者は「海泡」とよばれ後者は「山皮」と呼ばれる。α型はドロマイト層にマグマが侵入した際の熱水作用でできたもので、β型は湖沼などの堆積生成物である。特に後者は木片や木の皮にも似た繊維構造をしており、柔軟で可塑性があることから、古来よりさまざまな用途に用いられている。特に「山皮」は止血剤としても用いられ、吸湿性、吸臭性にすぐれ、焼成すると多孔質セラミックとしても利用可能である。ゼオライトと同じく規則的な管状細孔（チャンネル構造）をしており、イオン交換能、触媒機能に優れている。このセピオライトを含有することが黄土の特性に大きく寄与しているものと推察される。

2 関屋麻理子ほか（二〇〇七）「FIB-TEMによる黄砂鉱物粒子の表面構造の観察」『日本岩石鉱物鉱床学会学術講演会講演要旨集』、日本鉱物学会・学術講演会、一八九頁。

3 $(K,H_3O)(Al,Mg,Fe)_2(Si,Al)_4O_{10}[(OH)_2,(H_2O)]$

4 黄土高原において作物の栽培や果樹栽培などの土地利用によって土壌成分がどのように変化するかという研究が、張衛青（二〇一四）『黄土高原土地利用変化対土壌的影響研究』（北京測絵出版社）などによってなされている。張によれば林檎園の地表面土壌では土壌の顆粒化と団粒化が促進され、分解ないし半分解された動植物性残さが多く残留するといった明らかな変化が見られるという（一五〇頁）。

5 Richthofen, F., (1877), *China*, Vol.1: Berlin, pp.70-71. 自己施肥能力とは黄土が施肥せずともその肥沃な栄養を保持し、文明を支えてきたことの謎に対して与えられた言葉である。そもそもSilk Roadという語は同書の中で初めて提示された。

6 原宗子（二〇〇五）『「農本」主義と「黄土」の発生―古代中国の開発と環境2』研文出版、五〇一頁。

7 陳天虎、謝巧勤、徐暁春（二〇一二）『中国黄土中的納米鉱物』科学出版社、一五七頁。

8　中国の砂塵天気予報については環境省の黄砂問題検討会報告書。http://www.env.go.jp/air/dss/report/01/mat03_3.pdf に次のようにまとめられている。「中国の砂塵天気予報は、従前は衛星からの画像により砂塵の動きを観測することによって行っていた。そのため、一日前にならないと予報ができなかった。中国科学院大気物理研究所では、シミュレーションモデルにより砂塵嵐の飛来を四～五日前に予測するシステムを開発し、予報への活用を目指している（チャイナネット二〇〇三年二月一〇日付）。モデルでは、現在の砂の分布、風、気温、積雪、地域の気象状況を四～五日間に渡って計算し、三時間毎の予報が可能である。中国の砂塵天気予報は、予報の精度や期間により五種類よりなる。」

9　三上（二〇〇七b）一六六－一六七頁。

10　黒崎泰典、三上正男（二〇〇二）「東アジアにおける近年のダスト多発現象とその原因」国際環境研究協会『地球環境』Vol.7 No2, pp.233-242.

11　岩坂ほか（二〇〇九）。

12　たとえば岩坂泰信、金潤奭、D・トロシキン、松本篤、山田丸、柴田隆、長谷徹志、石廣玉（2002）「黄砂粒子の長距離輸送と粒子の変質」（国際環境研究協会『地球環境』Vol.7 No.2, pp.157-200）は、「敦煌から舞い上がる黄砂は上空四〇〇〇メートルから六〇〇〇メートルを浮遊し北半球を広域的にながれてゆくいわゆるバックグラウンド黄砂の発生に敦煌の寄与が少なからずある」、としているが、地上付近の日本などへの黄砂への直接的影響が少ないことについては明確に言及していない。このため読者には日本に飛来する黄砂と、敦煌から舞い上がる砂嵐や砂塵が同じものなのか別物なのかが読み取りにくくなっている。

13 平成一二年から一四年の文部科学省による科学技術振興調整費による研究テーマと研究費をみると
その期間中だけでも総額八千億円余りが土壌性エアロゾル関連に投じられていることがわかる。ここで
は黄砂という言葉は使われずもっぱら「風送ダスト」という呼称を用いている。
http://scfdb.tokyo.jst.go.jp/pdf/20001110/2002/200011102002rr.pdf

第3章

1　四手井綱彦（二〇〇六）『森林は森や林ではない―私の森林論』ナカニシヤ出版、二七七頁。

2　四手井（二〇〇六）同上書、三九―四〇頁。

3　四手井がいう「水の不足した地帯」という表現も実は砂漠において正しいとはいえないかもしれな
い。なぜなら砂漠は通常多くの湖沼を湛え、地表面ギリギリまで清浄な地下水が蓄えられていることが
多いからだ。問題は循環する水ではない地下資源のような地下水をどんどん汲み上げて灌漑農業を行っ
たり植林を行ったりすることで環境を改善したと勘違いすることにある。

4　槌田敦（一九八九）「砂漠に木を植えるな！」『地球環境・読本 あるいは地球の病いについて、あな
たが間違って信じていること（別冊宝島 一〇一）』別冊宝島編集部、宝島社、二一〇―二一七頁。

5　前田満には銀川派遣当時、一九九六年春節直後に現地でお会いし、その後二〇年近い歳月を経て
二〇一五年六月一日、大阪大学豊中キャンパスにおいて東アジア環境マネジメントの経済学研究科大
学院向け授業で詳しく話を聞く機会を得た。在任当時は聞けなかったJICAプロジェクトの問題点な
どについて新たな視点から聞くことができた。

6　前田満、絵・文（二〇一四）『空とぶカエル―中国・内モンゴルの民話』手稲山・発寒川編集室、
三六頁。

7　これについてはかつて筆者が雲南省の南端シーサンパンナで漢族のゴム農園の調査を行った際、同様の結論を得た。現地では、焼き畑をする少数民族や、山間地に住む人々が破壊行為をするためである、と語られるが、実際には、漢族の移民の流入、ゴム園の開発、ゴム国営農場の労働者の流入といった要因が熱帯林破壊の主たる要因であった。深尾葉子（二〇〇四）「ゴムが変えた盆地世界―雲南・西双版納の漢族移民とその周辺―」『東南アジア研究』Vol.42 No.3, pp.294-327.

8　モンゴル、内モンゴルの砂金採掘労働者がニンジャと呼ばれるのは、工具を背にかついで砂金を掘る姿が、映画『ミュータント・ニンジャ・タートルズ』に似ていることからそのように呼ばれるようになったという（外務省広報部、ＯＤＡメールマガジン）。

http://www.mofa.go.jp/mofaj/gaiko/oda/mail/bn_130.html#01

9　富田啓一（二〇〇九）「内モンゴル日本人植林活動の硬直化過程～使命感という呪縛とその破壊性～」『東洋文化』No.89, 東京大学東洋文化研究所、二九九－三二二頁。

10　これについては二〇〇二年一〇月一一日西善寺住職小武正教（備後靖国問題を考える念仏者の会）がＮＨＫに宛てて以下のような申し入れを行っている。「一〇月一五日ＮＨＫ放送予定の番組・プロジェクトＸ「中国砂漠　執念の緑化」の企画について申し入れいたします。ＮＨＫの番組情報誌「ステラ」で一〇月一五日のプロジェクトXに、上記のタイトルにて、日本砂漠緑化協会会長の遠山正瑛・鳥取大学名誉教授が取り上げられることを知り大変驚いております。なぜならば、遠山氏の砂漠緑化の活動が、戦前の「大東亜共栄圏構想」の延長線であり、日中間の歴史認識からすれば、戦前の日本の国家体制のものそのものの発想で活動を行っておられることに大変な疑問をもっております。同封いたしました遠山氏の講演録は、二〇〇〇年三月一七日に浄土真宗本願寺（西本願寺）の会場で行われたものです。ご自身の口から、「砂漠の緑化」は「大東亜共栄圏」の実践であり、「満州国建国・『北支事変』」は「仕方なかったもの」とし、さらには「慰安婦問題、南京虐殺問題」の否定、「靖国公式参拝」への肯定と、問題性は枚挙にいとまありません。そして、問題はこうした戦前と全く同じ思想を持って、中国において「砂漠緑化運動」をすすめていく欺瞞的態度であります。」http://www009.upp.so-net.ne.jp/kobako/mouri05.html

11　深尾葉子（二〇一〇）「雑草を抜かない抵抗」総合地球環境学研究所『天地人』No.9, p.12.

12　同ＮＰＯの活動については認定特定非営利活動法人、緑の地球ネットワーク「中国黄土高原における緑化協力　そのなかでわかったこと」二〇〇五年六月に詳細な報告がなされている。

第2部

1　もっとも広い範囲としては、山西、陝西、内モンゴル、河南、寧夏、甘粛、青海の七つの省に及び、都市部を含む人口は一億八百万人、うち農村部が七千万人強とされている。（『黄土高原地区综合治理规划大纲』国家发展改革委、水利部、农业部、国家林业局　二〇一〇年八月　一一頁）。

2　ここで用いる「事後観察的」という用語は水越康介（二〇一一）『企業と市場の観察者―マーケティング方法論研究の新地平』（有斐閣）において用いられている。同書二八六頁。

第4章

1　水による崩落が多いことから「浸食」とする場合もある。英語のGullyより、ガリ、又はガリーと表記する場合もある。深さ数十メートルから一〇〇メートルにおよぶものもある。ちなみに中国語では沟《ゴウ》（溝）gouと表記されるが、その字から日本語で解釈される「溝」（みぞ）とはおよそ似ても似つかぬサイズであって、誤解を招きやすい。

2　ここで用いる「里山」の概念は、昆虫写真家であり数多くの里山に関する映像作品をてがけている今堀光彦の用いる概念、つまり「人の気配のする自然」という意味である。里山における自然は、人間の生産や生活の活動が、他の動植物の再生産に深く影響を与え、その結果創りだされている人間活動を含みこんだ概念である。ＮＨＫ（二〇〇四）『今森光彦の里山日記～田んぼと雑木林の四季』小学館。

3　その後二〇一〇年頃から子供の「借読費」（戸籍のある場所以外で子供が就学する場合、別途徴収される費用。かつては人口流動を抑制する意図があった）が撤廃され、子供を持つ世帯はことごとく近隣の街に出てしまい、村の人口は四分の一程度に激減する。どの村も同じような状況となり、黄土高原の陝西省北部地域では、二〇一〇年頃を境に、小学校が次々と閉鎖されている。

4　史念海、曹爾琴、朱士光（一九八五）『黄土高原森林与草原的変遷』陝西人民出版社、二七五頁。

5　深尾葉子（一九九八）「中国西北部黄土高原における廟会をめぐる社会交換と自律的凝集」『国立民族学博物館研究報告』Vol.23 No.2, pp.321-357.

第5章

1　現在の同地域の「公路」はほとんど侵食谷の谷筋にそって作られているため、より一層その傾向が強められているが、現在のような道路が整備されるまでは尾根づたいに歩く道もしばしば利用されていた。

2　Geertz, C., (1973) *Thick Description: Toward an Interpretive Theory of Culture, The Interpretation of Cultures: Selected Essays.* New York: Basic Books, Inc., Publishers. 470p.

3　Skinner, W., (1964-5), "Marketing and Social Structure in Rural China", *Journal of Asian Studies,* Vol.24 No.1-3, pp.22-23.（今井清一・中村哲夫・原田良雄（訳）（一九七九）『中国農村の市場・社会構

造』法律文化社、二二二頁)。

4　鉄山博(一九九九)『清代農業経済史研究―構造と周辺の視角から―』御茶の水書房、二三七頁。

5　楡林地区地方誌指導小組(一九九四)『楡林地区誌』西北大学出版社、三〇三－三〇五頁。

6　妹尾達彦(二〇〇二)「中国の五つの都―ユーラシア東部の歴史を投影する都の変遷」『月刊しにか』Vol.13 No.8 pp.16-21は、砂漠、草原、農耕地の入り混じった境界がユーラシアの中央部を貫き、ある種の文化交雑帯を作り出しているという視点から歴史を俯瞰している。

7　この地域の渠道建設は一九五〇年代より集中的に行われ、一九三〇年代から引き継がれた米脂県の績女渠の拡充や楡恵渠、定恵渠、雲恵渠などが次々と竣工された。また現在稲作が行われている地域では、表土の入れ替えなども行われ、現在に至っている(米脂县志编纂委员会(一九九三)『米脂县志』陕西人民出版社、一四六－一四九頁)。

8　筆者が調査に通い始めた九〇年代は随所にこの「土路」が数多く残されていたが、二〇一五年現在、各都市は高速道路網で結ばれ、県城から街へも舗装道路が通り、様相は一変しつつある。

9　深尾葉子、井口淳子、栗原伸治(二〇〇〇)『黄土高原の村―音・空間・社会―』古今書院、二〇九頁。

10　中国農村で普遍的に見られる信仰の場で、この地域では主として道教の神々や、在地の民間宗教の神々などが、祀られる。雨乞いや子授けなどを司る廟もあり、中国農村社会の精神生活や社会生活に大きな影響を与えている。本論では、朱序弼の緑化戦略の中で詳しく論ずる。

11　深尾葉子(一九九三)「中国西北部黄土高原における廟会をめぐる社会交換と自立的凝集」『国立民族学博物館研究報告』Vol.23 No.2, pp.321-357.

12 戸籍外の地域で就学する際には、別途費用を負担せねばならず、農村戸籍を持つ子供たちが親の出稼ぎなどとともに都市に出てゆき、就学するのを阻むシステムとして機能していた。

第6章

1 本章は、深尾葉子、安冨歩（二〇〇三）「中国陝西省北部農村の人間関係形成機構―〈相夥〉と〈雇〉―」『東洋文化研究所紀要』第一四四冊として発表したものを加筆修正したものである。

2 Yan Yunxiang., (1996) *The flow of Gifts*, Stanford: Stanford University Press. 280p.

3 ここでいう「関係」とは中国語の guanxi という語であり、中国における人間関係を構成する重要な概念として、社会学的なネットワーク分析や中国社会の一般的概説書などで論じられる。通常はコネなど中国社会において戦略的に構築される人間関係のことをさすが、本稿ではより広い概念としてこの「関係」を捉えている。

4 Geertz, C., (1979) "Suq: The Bazaar Economy in Sefrou", in Geertz, C., Geertz, H. and Rosen, L., *Meaning and Order in Moroccan Society: Three Essays in Cultural Analysis*, New York: Cambridge University Press. pp.123-264.

5 「窰洞」は通常、いくつかの部屋が横に並んだ形で作られる。内部を通路でつないだものもあるが、構造上は独立した小部屋の連なりである。

6 中国農村で普遍的に見られる宗教活動の場。通常、「寺（si）」が仏教系であるのに対して、「廟（miào）」は道教の神々を祀る場とされるが、祀られる神々は地域によってまちまちでローカルな地域神も多い。通常、廟の祀る神の誕生日などに廟の祭りが行われ、芝居の奉納が行われたり、物資の交易会が併設されたりする。北方中国農村では、きわめて広く分布し、盛んに行われる活動。

7 深尾葉子、井口淳子、栗原伸治（二〇〇〇）『黄土高原の村から——音・空間・社会——』、古今書院、一一七頁。

8 Yan Yunxiang (1996) *The flow of Gifts*, Stanford University Press, pp.218-219.
Carrier, James G. 1992, "Occidentalism: The world Turned Upside-Down.", *American Ethnology* 19(2), p.202.

9 Yan Yunxiang (1996), *The flow of Gifts*, Stanford University Press, pp.98-121.

10 Yan Yunxiang (1996), *The flow of Gifts*, Stanford University Press, Stanford, pp.64-65.

第7章

1 深尾葉子、安冨歩編著（二〇一〇）『黄土高原・緑を紡ぎだす人々——「緑聖」朱序弼をめぐる動きと語り』風響社、三五二頁。

2 楡林市鎮川誌編纂委員会（二〇〇〇）「商貿篇・第五章」『鎮川誌』陝西省地方誌叢書、一五二頁。

3 陳江鵬（二〇〇四）『地球的再生従這裏開始——「緑聖」朱序弼紀実録』香港天馬図書有限公司、一七五頁。同書の日本語訳は、深尾葉子、安冨歩編著（二〇一〇）『黄土高原・緑を紡ぎだす人々——「緑聖」朱序弼をめぐる動きと語り』風響社、に収録されている（石田慎介訳）。

4 深尾、安冨編著（二〇一〇）同上書、五六頁。

5 それぞれの草の学名など詳しい情報については深尾、安冨編著（二〇一〇）同上書、五六頁を参照されたい。

6 深尾葉子（二〇〇五）「市場と共同体——中国農村社会論再考——」『歴史と地理　世界史の研究』第五八一号、山川出版社、五三－五七頁。

7　互酬性と交換の相互浸透については、先に挙げた深尾葉子、安冨歩（二〇〇三）「中国陝西省北部農村の人間関係形成機構：〈相夥〉と〈雇〉」『東洋文化研究所紀要』No.144、東京大学東洋文化研究所、三五八－三一九頁。本論文第6章。

8　以下は、深尾葉子（一九九八）「中国西北部黄土高原における廟会をめぐる社会交換と自律的凝集」『国立民族学博物館研究報告』第二三巻二号の一部抜粋に加筆修正したものである。

9　深尾葉子（一九九六）「地域と呼吸する中国のＮＧＯ―廟の祭りを通しての植林活動―ＮＧＯのリーダー・王克華氏に聞く」『世界』総六二九号、特集「アジア環境報告」岩波書店、一二〇－一二三頁。黒龍潭に関しては羅紅光（二〇〇〇）『黒龍潭―ある中国農村の財と富―』行路社、三一八頁。に詳しい。

10　Ａ・Ｈ・スミス（一九四一）『支那の村落生活』（塩谷夫、仙波泰雄訳）生活社、六七－六八頁。

第8章

1　深尾葉子（一九九六）「地域と呼吸する中国のＮＧＯ―廟の祭りを通しての植林活動―ＮＧＯのリーダー・王克華氏に聞く」『世界』総六二九号、特集「アジア環境報告」、一二〇－一二三頁。

2　横山清涼管委会（二〇一三）『清涼聖境―清涼寺珍稀瀕危植物园』、三六頁。

3　富樫智（二〇一一）「内蒙古阿拉善砂漠における住民参加型砂漠化防止の研究と実践」東洋文化研究所紀要第 Vol.159 pp.239(122)-286(75).

4　鹿児島の焼酎メーカー、濱田酒造が「金山来福酒」として販売を開始した。http://shop-kinzangura.com/products/detail.php?product_id=39

5　阿拉善盟エゼネ旗における生態移民と文化変容の問題をとりあつかったものに児玉香菜子（二〇一一）「「国境」からみた中国内モンゴル自治区エゼネ旗の六〇年」『ヒマラヤ学誌』一二号、

二二三―二三一頁がある。また、同氏は緑化思想を現地の人々の視点から問いなおすという視点も提示している（児玉香菜子（二〇〇九）「「緑化思想」とその解体―中国内モンゴルの緑化の現場から」『日本緑化工学会誌』Vol.34 No.4, pp.610-612）。

6 http://www.smhric.org/Japanese_201.htm　原文は http://www.smhric.org/news_536.htm

7 楊小妹、陳瑾、郭暁斌（二〇一五）「新一代治沙人――記神木県全国労模張応龍」『陝西日報』二〇一五年六月三日。http://www.sxsm.gov.cn/bmfw/laodongjiuye/201506/t20150603_209727.html

8 それは育苗ビジネスが巨大な利権を生んでいることと無関係ではない。

9 それを張は「从〝防沙治沙〟到〝护沙用沙〟」（「砂漠化を防ぎ砂漠を抑える」から「砂漠を護り砂漠を利用する」）への転換であると主張している。

10 有限会社バンベン HP. http://banben.jp/

第9章

1 なお本章は深尾葉子、安富歩（二〇〇五）「黄土高原生態文化回復活動の理念と実践」『東洋文化研究所紀要』第一四七号をもとに加筆修正している。

2 矢野修一（二〇〇四）『可能性の政治経済学―ハーシュマンの研究序説』法政大学出版局。Hirschman, A.O. (1971) *A Bias for Hope: Essays on Development and Latin America.* New Heaven: Yale University Press.

3 Hirschman, A.O. (1977). *The Passion and the Interests:Political Arguments for Capitalism before Its Triumph,* Princeton: Princeton University Press.

4 Hirschman（一九七一）三五四頁。

5　矢野（二〇〇四）六一頁。

6　矢野（二〇〇四）五九頁。また、その系譜はＧ・ヴィーコやＢ・マンデヴィル、スコットランド学派の流れを受けていると矢野は指摘する。

7　国際開発高等教育機構（二〇〇一）『ＰＣＭ手法の理論と活用』四頁。

8　たとえば開発コンサルタント会社、日本工営グループが、プロジェクト・マネージャー研修で使用したテキストをもとに編纂された『国際開発コンサルタントのプロジェクト・マネジメント』（コーエイ総合研究所　二〇〇三、丸善）は、開発プロジェクトの現場を知るうえで非常に優れた内容となっているが、ＯＤＡスキームと援助対象となる地域社会の狭間で、プロジェクト・マネジャーがどのように、両者の溝を埋め合わせる努力をしているか、プロジェクトの説明責任と現実との調整にどのような手法を駆使しているかが随所にうかがえる。

9　グレゴリー・ベイトソン（一九九〇）『精神の生態学』（佐藤良明訳）思索社、五九二頁。

10　野田直人（二〇〇〇）『開発フィールドワーカー』築地書館、一三六－一三七頁。

11　ロバート・チェンバース（二〇〇〇）『参加型開発と国際協力』明石ライブラリー、二四九頁。

12　本案件は二〇〇〇年前後に、当時大阪外国語大学外国語学部スペイン語の千葉泉准教授がＪＩＣＡプロジェクトに外部評価委員として関わった際に経験したものである。

13　野田直人（二〇〇三）「「参加型開発」をめぐる手法と理念」佐藤寛編『参加型開発の再検討』日本貿易振興会アジア経済研究所、六一－八六頁。

14　藤本悦子、土肥祐子（二〇〇四）「中国黄土高原農村地帯の水質汚染」『大妻女子大学家政系研究紀要』四〇号、二九－三七頁。

15「草の根無償」とは正式名称を「草の根・人間の安全保障無償資金協力」と呼ばれ、平成一一年より今日まで、世界一四一ヶ国において援助実績を持つ外務省所管の援助のスキームである。
http://www.mofa.go.jp/mofaj/gaiko/oda/shimin/oda_ngo/kaigai/human_ah/

16 定方正毅（二〇〇〇）『中国で環境問題にとりくむ』岩波新書、一八二頁。

第10章

1 この「枠組み外しの旅」というフレーズは、魂の脱植民地化叢書第二集として刊行された竹端寛『枠組み外しの旅――「個性化」が変える福祉社会』（青灯社　二〇一二）からの借用である。

2 風響社二〇一〇年。

3 本節は、複雑系によって社会を読み解く研究を続けてきた安冨歩と、細胞性粘菌の形態形成および自律性の創発現象の解明が専門であった田原真人との対話を通じて検討し、文章化したものであり、現在共著論文として投稿予定のものの一部を採録した。

4 岩坂泰信、西川雅高、山田丸、洪天祥（編）（二〇〇九）『黄砂ＫＯＳＡ』古今書院、三八－三九頁。

5 三上正男（二〇〇七）『ここまでわかった「黄砂」の正体―ミクロのダストから地球が見える』五月書店　一〇七頁。

6 P.S.LAPLACE（一九八六）『ラプラスの確率論―確率の解析的理論―』（現代数学の系譜一二）共立出版株式会社（吉田洋一、正田建次郎監修　伊藤清翻訳）。

7 羅紅光（二〇〇〇）『不等価交換―圍繞財富的労働與消費』浙江人民出版社。「相夥」の発見については、羅が、村を歩く人に、どこへ行くのか？　と尋ねたところ「相夥に行く」という答えを得たことに端を発した。その後当時村を訪れていた調査グループで、「相夥」をめぐる労働交換のありようについて聞き取りを重ね、概念を精緻化させていった。

8 この「文化資本」で説明しようとする手法はフランスの社会学者ピエール・ブルデューの影響を受けていると思われるが、まったく異なる背景の社会でつくられた同理論が、この地域に適用可能であるかどうかの議論は同書には見られない。

9 羅（二〇〇〇）一八七－二〇六頁。

10 深尾葉子（一九九八）「陝比農村における雨乞いを通じた社会的実践—黄土高原農村における環境と歴史的文脈」『現代中国研究』中国現代研究会二号、三二－五三頁。

11 深尾葉子（二〇〇〇）『黄土高原の村—音・空間・社会—』古今書院、二〇九頁。

12 Yan Yunxiang (1996), *The flow of Gifts*, Stanford University Press, Stanford, pp.64-65.

13 深尾葉子（一九九三）「中国西北部黄土高原における廟会をめぐる社会交換と自律的凝集」『国立民族学博物館研究報告』Vol.23 No.2, pp.321-357.

14 中垣俊之（二〇一〇）『粘菌—その驚くべき知性』ＰＨＰサイエンス・ワールド新書、一九八頁。

15 実はこの議論を先駆的に論じた先行研究に松行康夫（一九九八）「生命論パラダイムとしての自己組織化理論の新展開」『経営論集』四七号、一二三－一三三頁がある。同論は経営学において還元主義的な機械論的世界観から脱出し、生命論的なパラダイムで構造が開放的に進化する組織の論理を解明する道筋を展望している。

16 Dunbar R. Garud R., Raghuram S.,（1996）, "A Frame for Deframing in Strategic Analysis", *Journal of Management Inquiry*, March 1996, Vol.5 No.1, pp.23-34.

17 「外なる異界」への排除と攻撃は、同時に「内なる異界」を封殺することとなり、結果として自らの魂の自由を奪い取るという論点は深尾葉子（二〇一五）「大神から害獣へ：ニホンオオカミの絶滅と「異界」の喪失・魂の植民地化という視点から」『東洋文化』No.95，東京大学東洋文化研究所、五九－九八頁において提示した。

ロバート・チェンバース（2000）『参加型開発と国際協力』明石ライブラリー，p.573.

エアロゾル標準物質（CJ2）の鉱物組成」，『地球環境』国際環境研究協会，vol.7，No2，pp.171-179.

山本伸裕（2013）『他力の思想～仏陀から植木等まで』叢書　魂の脱植民地化（4），青灯社，p.220.

有限会社バンベン「オルドスの風『バンベン』」http://banben.jp/（2016 年 4 月 21 日確認）.

楡林市鎮川誌編纂委員会（2000）「商貿篇・第五章」『鎮川誌』陝西省地方誌叢書，p.516.

楡林地区地方誌指導小組（1994）『楡林地区誌』西北大学出版社，pp.303-305.

楊海英「日本の 100 億円緑化事業が遊牧民の自然を破壊する」ニューズウイーク日本語版 2015 年 12 月 28 日（月）17 時 30 分，http://www.newsweekjapan.jp/stories/world/2015/12/100-5.php（2016 年 3 月 24 日確認）

楊小妹，陳瑾，郭暁斌（2015）「新一代治沙人―記神木県全国労模張応龍」，『陝西日報』，2015 年 6 月 3 日.
http://www.sxsm.gov.cn/bmfw/laodongjiuye/201506/t20150603_209727.html（2016 年 4 月 21 日確認）.

横山清涼寺管委会（2013）『清涼聖境―清涼寺珍稀瀕危植物園』，p.36.

羅紅光（2000）『不等価交換―圍繞財富的労働與消費』浙江人民出版社，p.287.

P. S. Laplace（著）吉田洋一，正田建次郎（監修），伊藤清（訳）（1986）『ラプラスの確率論―確率の解析的理論』現代数学の系譜 12，共立出版株式会社.

Record china（2009）「＜黄砂＞タクラマカン砂漠から被害は中国全土へ―新疆ウイグル自治区」http://recordchina.co.jp/a32189.html（配信日時：2009 年 6 月 8 日（月）19 時 50 分）

レスター・ブラウン（2003）「前進する砂漠との戦いに敗れつつある中国」http://www.worldwatch-japan.org/NEWS/ecoeconomyupdate2003-6.html（2016 年 4 月 25 日確認）

女子大学家政系研究紀要』40 号，pp.29-37.
米脂県誌編纂委員会（1993）『米脂県誌』陝西人民出版社，p.810.
坊さんの小箱「靖念会より本願寺と NHK への申し入れ書」
http://www009.upp.so-net.ne.jp/kobako/mouri05.html（2016 年 4 月 21 日確認）.
前田満（絵・文），尹燕燕（中国語訳）（2014）『空とぶカエル―中国・内モンゴルの民話（飞天的青蛙）』手稲山・発寒川編集室，p.36.
松行康夫（1998）「生命論パラダイムとしての自己組織化理論の新展開」，『経営論集』47 号，pp.123-133.
三上正男（2007a）「風送ダストの大気中への供給量評価と気候への影響に関する日中共同研究」（ADEC），『天気』No.54，pp.142-150.
三上正男（2007b）『ここまでわかった「黄砂」の正体―ミクロのダストから地球が見える』五月書店，p.250.
水越康介（2011）『企業と市場の観察者―マーケティング方法論研究の新地平』有斐閣，p.286.
緑の地球ネットワーク（2005）「中国黄土高原における緑化協力　そのなかでわかったこと」，p.140.
村松潤一（2015）『価値共創とマーケティング論』同文館出版，p.272.
矢口良一（採集），齋藤隆（撮影・解説）「タクラマカン砂漠（中国北西部）」
http://www5f.biglobe.ne.jp/~storm/Link_02.html（2016 年 4 月 25 日確認）.
安冨歩（2006）『複雑さを生きる―やわらかな制御〈フォーラム共通知をひらく〉』岩波書店，p.222.
安冨歩（2009）「第 13 章 中国農村社会論の再検討」，安冨歩・深尾葉子（編）『「満洲」の成立』名古屋大学出版会，pp.457-527.
安冨歩，本多雅人，佐野明弘（2013）『親鸞ルネサンス―他力による自立』明石書店，p.216.
矢野修一（2004）『可能性の政治経済学―ハーシュマンの研究序説』法政大学出版局，p.375.
矢吹貞代，金山晋司，本多将俊（2002）「黄土標準物質（CJ1）及び黄砂環境報告」，総 629 号，岩波書店，pp.120-123.
深尾葉子（1998）「陝比農村における雨乞いを通じた社会的実践―黄土高原農村における環境と歴史的文脈」，『現代中国研究』中国現代研究会 2 号，pp.32-53.
深尾葉子（1998）「中国西北部黄土高原における廟会をめぐる社会交換と自律的凝集」，『国立民族学博物館研究報告』vol.23，No.2，pp.321-357.
深尾葉子（2004）「ゴムが変えた盆地世界―雲南・西双版納の漢族移民とその周辺」，『東南アジア研究』京都大学東南アジア研究センター，vol.42，No.3，pp.294-327.
深尾葉子（2005）「市場と共同体―中国農村社会論再考」，『歴史と地理　世界史の研究』山川出版社，第 581 号，pp.53-57.
深尾葉子（2010）「雑草を抜かない抵抗」，『天地人』総合地球環境学研究所，No.9，p.12.
深尾葉子（2012）『魂の脱植民地化とは何か』叢書　魂の脱植民地化（1），青灯社，p.310.
深尾葉子（2015）「大神から害獣へ：ニホンオオカミの絶滅と「異界」の喪失・魂の植民地化という視点から」，『東洋文化」東京大学東洋文化研究所，No.95，pp.59-98.
深尾葉子，井口淳子，栗原伸治（2000）『黄土高原の村―音・空間・社会』古今書院，p.209.
深尾葉子，安冨歩（2003）「中国陝西省北部農村の人間関係形成機構：〈相夥〉と〈雇〉」，『東洋文化研究所紀要』東京大学東洋文化研究所，No.144，pp.358-319.
深尾葉子，安冨歩（2005）「黄土高原生態文化回復活動の理念と実践」，『東洋文化研究所紀要』東京大学東洋文化研究所，No.147，pp.402-342.
深尾葉子，安冨歩（編）（2010）『黄土高原・緑を紡ぎだす人々―「緑聖」朱序弼をめぐる動きと語り』風響社，p.352.
藤本悦子，土肥祐子（2004）「中国黄土高原農村地帯の水質汚染」，『大妻

分かりました（2014 年 7 月 25 日）http://www.alrc.tottori-u.ac.jp/asiandust/result/2014725-achivement.pdf（2016 年 4 月 20 日確認）.

富田啓一（2009）「内モンゴル日本人植林活動の硬直化過程～使命感という呪縛とその破壊性～」，『東洋文化』No.89，東京大学東洋文化研究所，pp.299-322.

杜明遠，米村正一郎，真木太一，山田豊，沈志宝，汪万福，川島茂人，井上聡（2002）「中国敦煌のオアシスにおけるダスト舞い上がりの特徴」，『地球環境』vol.7，No.2，国際環境研究協会，pp.187-195.

中垣俊之（2010）『粘菌―その驚くべき知性』PHP サイエンス・ワールド新書，p.198.

那須正夫（2009-2011）文部科学研究費助成事業「黄砂現象の環境・健康リスクに関する環境科学的研究」，p.112.
https://www.env.go.jp/policy/kenkyu/suishin/kadai/syuryo_report/pdf/B-0902.pdf

ニクラス・ルーマン（著），大庭健，正村俊之（訳）（1990）『信頼―社会的な複雑性の縮減メカニズム』勁草書房，p.290.

農林水産省（2015）「そば及びなたねをめぐる状況について」，経営所得安定対策小委員会第 2 回配布資料一覧（資料 3-2）p.8.
https://www.maff.go.jp/j/council/seisaku/kikaku/syotoku/02/pdf/07_data3-2.pdf（2016 年 4 月 20 日確認）.

野田直人（2000）『開発フィールドワーカー』築地書館，pp.136-137.

野田直人（2003）「「参加型開発」をめぐる手法と理念」，佐藤寛（編）『参加型開発の再検討』日本貿易振興会アジア経済研究所，pp.61-86.

原宗子（2005）『「農本」主義と「黄土」の発生―古代中国の開発と環境 2』研文出版，p.501.

深尾葉子（1993）「中国西北部黄土高原における廟会をめぐる社会交換と自立的凝集」，『国立民族学博物館研究報告』vol.23，No.2，pp.321-357.

深尾葉子（1996）「地域と呼吸する中国の NGO―廟の祭りを通しての植林活動―NGO のリーダー・王克華氏に聞く」，『世界』特集「アジア

p.189.
陝西師範大学地理系（1987）陝西省楡林地区地理誌編写組『陝西省楡林地区地理誌』陝西人民出版社.
陝西地図出版社（1987）『陝西省地図冊』，p.260.
総務省統計局「平成 25 年（2013）日本の貿易相手国別輸出入額」総務省統計局ホームページ http://www.stat.go.jp/data/nihon/g3315.htm（2015 年 12 月 13 日確認）.
竹端寛（2012）『枠組み外しの旅―「個性化」が変える福祉社会』叢書魂の脱植民地化（2），青灯社，p.232.
中国科学院遥感応用研究所・中国科学院水利部西北水土保持研究所（1991）『陝北黄土高原地区遥感応用研究』科学出版社.
中央気象台　http://news.xinhuanet.com/life/2009-04/25/content_11253385.htm
張衛青（2014）『黄土高原土地利用変化対土壌的影響研究』北京測絵出版社，p.150.
陳江鵬（2004）『地球的再生従這裏開始―「緑聖」朱序弼紀実録』香港天馬図書有限公司，p.175.
鎮川鎮（編）（2000）『鎮川誌』，p.516.
陳天虎，謝巧勤，徐暁春（2012）『中国黄土中的納米鉱物』科学出版社，p.157.
槌田敦（1989）「砂漠に木を植えるな！」『地球環境・読本 あるいは地球の病いについて，あなたが間違って信じていること』別冊宝島 101，宝島社，pp.210-217.
鉄山博（1999）『清代農業経済史研究―構造と周辺の視角から』御茶の水書房，p.237.
冨樫智（2011）「内蒙古阿拉善砂漠における住民参加型砂漠化防止の研究と実践」『東洋文化研究所紀要』第 159，pp.239（122）-286（75）.
文部科学省特別経費事業「東アジア砂漠化地域における黄砂発生源対策と人間・環境への影響評価」ホームページ，世界初！砂塵嵐の頻発するモンゴルで，家畜が砂塵を吸収することにより健康被害が出ることが

http://shop-kinzangura.com/products/detail.php?product_id=39（2016年4月21日確認）.
佐藤鋼一（メンブレン化学総合研究所）（2003）「ゼオライト触媒のメソポアによる機能向上」，『Aist Today』vol.3　No.9，独立行政法人産業総合研究所.
http://www.aist.go.jp/Portals/0/resource_images/aist_j/aistinfo/aist_today/vol03_09/vol03_09_full.pdf（2016年4月25日確認）.
四手井綱彦（2006）『森林は森や林ではない―私の森林論』ナカニシヤ出版，p.277.
史念海，曹爾琴，朱士光（1985）『黄土高原森林与草原的変遷』陝西人民出版社，p.275.
朱士光，桑広書，朱立挺（編）（2009）『黄土高原』西部地標系列，上海科学技術文献出版社，p.173.
新華新聞「2009年4月23日-24日全国沙塵天気実況図」2009年4月25日.
http://news.xinhuanet.com/life/2009-04/25/content_11253385.htm（2015年12月13日確認）.
新華社電，2004年8月22日.
人民日報，2002年6月24日，p.11.
人民網（日本語版）2003年7月13日.
人民網（日本語版）「黄砂現象，中国北部では減少傾向に.国家気象センター」2004年8月11日.
人民網（日本語版）2006年7月11日.
スミス．A．H（著），塩谷安夫，仙波泰雄（訳）（1941）『支那の村落生活』生活社，pp.67-68.
西安晩報，2004年2月29日.
妹尾達彦（2002）「中国の五つの都―ユーラシア東部の歴史を投影する都の変遷」，『月刊しにか』vol.13，No.8，大修館書店，pp.16-21.
関屋麻理子，亀田純，猿渡和子，小暮敏博（2007）「FIB-TEMによる黄砂鉱物粒子の表面構造の観察」，『日本鉱物科学会年会講演要旨集』，その原因」，『地球環境』vol.7，No.2，pp.233-242.
兼橋正人（2010）「日本人の砂漠に対する憧憬について」（創立20周年記念懸賞論文），日本沙漠学会.
コーエイ総合研究所（2003）『国際開発コンサルタントのプロジェクト・マネジメント』，国際開発ジャーナル社，p.343.
国際開発高等教育機構（2001）『PCM手法の理論と活用』国際開発高等教育機構，p.228.
国立環境研究所（2008）「大気エアロゾルの計測手法とその環境影響評価手法に関する研究」の概要，『環境儀』，No.8，pp.10-13.（日中友好環境保全センターとの共同研究によるもの）
国立環境研究所「NIESライダーネットワークの各地の観測状況」
http://www-lidar.nies.go.jp/（2016年4月20日確認).
国立環境研究所「環境情報部／情報整備室の環境GIS（Geographic Information System)」
国立環境研究所「東アジア域の黄砂・大気汚染物質分布予測」
http://www-cfors.nies.go.jp/~cfors/index-j.html（2016年4月20日確認).
独立行政法人国際協力機構評価部（2016）『JICA事業ハンドブック』ver.1.1，p.104.
https://www.jica.go.jp/activities/evaluation/guideline/ku57pq00001pln38-att/handbook_ver01.pdf（2017年12月19日確認).
児玉香菜子（2009）「「緑化思想」とその解体―中国内モンゴルの緑化の現場から」，『日本緑化工学会誌」vol.34，No.4，pp.610-612.
児玉香菜子（2011）「「国境」からみた中国内モンゴル自治区エゼネ旗の60年」，『ヒマラヤ学誌」，12号，pp.223-231.
細胞性粘菌のライフサイクル1（Hatakeyama, K., and Ohmachi, T., Hirosaki University）
http://nature.cc.hirosaki-u.ac.jp/lab/2/celltech/nenkin/lifecycle1.html
定方正毅（2000）『中国で環境問題にとりくむ』岩波新書，p.182.
薩摩金山蔵オンラインショップ「金山来福酒900ml」

力センター，pp.179-181.
気象庁「黄砂現象」http://www.data.kishou.go.jp/obs-env/cdrom/report/html/4_2bis.html（2013 年 1 月 12 日確認）.
気象庁「黄砂情報（実況図）」http://www.jma.go.jp/jp/kosa/（2016 年 4 月 20 日確認）.
気象庁「各種データ・資料」のうちの「地球環境・気候」の項目にある「黄砂観測日数の経年変化」http://www.data.jma.go.jp/gmd/env/kosahp/kosa_shindan.htm（2015 年 12 月 13 日確認）.
九州大学・国立環境研究所「化学天気予報システム CFORS（Chemical Weather FORecasting System）」http://www-cfors.nies.go.jp/~cfors/index-j.html（2016 年 3 月 30 日確認）.
九州大学・国立環境研究所「土壌性エアロゾルの予想分布（高度 0-1㎞平均値），東アジア域の黄砂・大気汚染物質分布予測」九州大学・国立環境研究所による化学天気予報システム（CFORS）http://www-cfors.nies.go.jp/~cfors/index-j.html（2015 年 12 月 13 日確認）.
九州大学・国立環境研究所「硫酸塩エアロゾル（大気汚染物質）の予想分布（高度 0-1㎞平均値）」http://www-cfors.nies.go.jp/~cfors/index-j.html（2015 年 12 月 13 日確認）.
グレゴリー・ベイトソン（著），佐藤良明（訳）（1990）『精神の生態学』思索社，p.669.
黒崎泰典（2009～2012）「広域の風食評価のための，地表面状態とダスト発生臨界風速の関係解明」日本学術振興会科学研究費補助金 若手研究（B）研究成果報告書，p.5.
https://kaken.nii.ac.jp/pdf/2012/seika/C-19_1/15101/21710031seika.pdf（2016 年 4 月 21 日確認）.
黒崎泰典の作成「1990 年代（1990-1999 年）から 2000 年代（2000-2009 年）にかけての黄砂発生頻度の変化とその原因」
http://www.alrc.tottori-u.ac.jp/japanese/organization/integrated-desertcon.html（2016 年 4 月 25 日確認）.
黒崎泰典，三上正男（2002）「東アジアにおける近年のダスト多発現象と岩坂泰信，林史尚，皆巳幸也（2010）「黄砂バイオエアロゾル学：大気中を浮遊する微生物」『エアロゾル研究』vol.25，No.1，pp.4-12.

エドガール・モラン（1993）『複雑性とは何か』ポリロゴス叢書，p.191.

NHK（2004）『今森光彦の里山日記―田んぼと雑木林の四季』［DVD］，小学館.

NHK「地球でイチバン荒れ地と闘う人たち―中国・黄土高原」NHK シリーズ『地球イチバン』2012 年 11 月 8 日放映.

大阪大学大学院経済学研究科・経済学部オープン・ファカルティセンター（2008）『OFC NEWSLETTER』第 8 号，p.8.

外務省「草の根・人間の安全保障無償資金協力」 http://www.mofa.go.jp/mofaj/gaiko/oda/shimin/oda_ngo/kaigai/human_ah/

外務省広報部「ODA メールマガジン」 http://www.mofa.go.jp/mofaj/gaiko/oda/mail/bn_130.html#01（2016 年 4 月 21 日確認）.

環境省「黄砂（Dust and sandstorm：DSS）」https://www.env.go.jp/air/dss/（2016 年 4 月 20 日確認）.

環境省「黄砂問題検討会報告書」http://www.env.go.jp/air/dss/report/01/mat03_3.pdf（2016 年 4 月 20 日確認）.

環境省パンフレット『黄砂』http://www.env.go.jp/air/dss/pamph/index.html（2015 年 12 月 14 日確認）.

環境省ホームページ. 環境省黄砂飛来情報（Dust and Sandstorm）「ライダー黄砂観測データ提供ページ」http://soramame.taiki.go.jp/dss/kosa/（2015 年 12 月 13 日確認）.

環境省水・大気環境局大気環境課（2005）「黄砂の記録・被害」『黄砂問題検討会報告書』p.7.

環境省水・大気環境局大気環境課，黄砂問題検討会，座長岩坂泰信（2004）『黄砂問題検討会中間報告書』

気象庁（2003）「日本に飛来する黄砂と東アジアの大気の流れとの関連」平成 14 年度環境省委託，黄砂問題調査検討事業報告書，海外環境協

2014 年 8 月 8 日.http://www.smhric.org/Japanese_201.htm（原文 http://www.smhric.org/news_536.htm）（2016 年 4 月 21 日確認）.

Worster, D.（1979）*Dust Bowl: The Sourthen Plains in the 1930s,* Oxford: Oxford University Press, p.304.

Yan Yunxiang.（1996）*The flow of Gifts,* Stanford: Stanford University Press, p.280.

Zhang, Xiao-Ye, *et al.*（2003）"Sources of Asian dust and role of climate change versus desertification in Asian dust emission". *Geophysical Research Letters.* vol.30, No.24. DOI:10.1029/2003GL018206

（日本語・中国語文献）五十音順

青木英明（採集），齋藤隆（撮影・解説）「敦煌西方（中国北西部）の砂」http://www5f.biglobe.ne.jp/~storm/Link_02.html（2016 年 4 月 25 日確認）.

阿拉善盟行政公署「2015 年阿拉善盟 1％人口抽様調査主要数拠公報」http://new.als.gov.cn/contents/175/496760.html（2016 年 4 月 22 日確認）.

飯島博（2010）「動的ネットワークで地域を活性化する―物語が生まれる場をつくる線―」『交通問題のグローバル・マネジメント―高槻・市民による交通まちづくり政策の提案―』大阪大学サステイナビリティ科学技術開発工房プロジェクト「交通政策の観点からみた環境都市づくりに関する研究」報告書，pp.12-15.

茨城県自然博物館（2010）「齋藤隆コレクション―世界の砂―」『自然博物館ニュース』vol.65，p.6.

岩坂泰信，金潤奭，D. トロシキン，松本篤，山田丸，柴田隆，長谷徹志，石廣玉（2002）「黄砂粒子の長距離輸送と粒子の変質」『地球環境』vol.7，No2，国際環境研究協会，pp.157-200.

岩坂泰信（2006）『黄砂 KOSA その謎を追う』紀伊国屋書店，p.228.

岩坂泰信，西川雅高，山田丸，洪天祥（編）（2009）『黄砂 KOSA』古今書院，342p.

Hirschman, A.O.（1977）*The Passion and the Interests: Political Arguments for Capitalism before Its Triumph*, Princeton: Princeton University Press, p.192.

Kahneman, D., Krueger A., Schkade. D., Schwarz. N., Stone, A.（2006）"Would You Be Happier If You Were Richer? A Focusing Illusion." *Science*, vol.312, No.5782, pp.1908-1910.

Kahneman, D., Slovic, P., Tversky, A.（Eds.）（1982）*Judgment Under Uncertainty: Heuristics and Biases*. New York: Cambridge University Press, p.544.

Kahneman, D., Twersky, A.（Eds.）（2000）*Choices, Values, Frames.* Cambridge: Cambridge University Press, p.860.

Kobayashi, Y., Shimada, A., Nemoto, M., Morita, T., Adilbish, A., Bayasgalan, M.（2014）"Adverse effects of inhaled sand dust particles on therespiratory organs of sheep and goats exposed to severe sand storms in Mongolia". *Folia Histochemica et Cytobiologica.* vol.52, No.3. Gdansk: pp.244-249.

Ramaswamy, W. Gouillart, F.（2010）*The Power of Co-Creation: Build It with Them to Boost Growth, Productivity, and Profits,* Free Press, p.288.

Richthofen, F.（1877）*China,* vol.1: Berlin, pp.70-71.

Shapiro, J.（2001）*Mao's War Against Nature: Politics and the Environment in Revolutionary China.* Cambridge: Cambridge University Press, p.287.

Simon, H.（1945）*Administrative Behavior: A Study of Decision-Making Process in Administrative Organizations.* The Free Press, p.368.

Simon, H.（1956）"Rational Choice and the Structure of the Environment". *Psychological Review,* vol.63, No.2. pp.129-138.

Skinner, W.（1964-5）"Marketing and Social Structure in Rural China". *Journal of Asian Studies,* vol.24, No.1-3, pp.22-23.（今井清一，中村哲夫，原田良雄（訳）（1979）『中国農村の市場・社会構造』法律文化社，p.222）.

Southern Mongolian（2014）「南モンゴルでロケットの爆発が目撃される」

参考文献

（英語文献）A-Z 順

Bandler, R. Grinder, J.（1982）*Reframing: Neuro-Linguistic Programming and the Transformation of Meaning*, Real People Press, p.207.

Gregory, B.（1972）*Steps to an Ecology of Mind.* The University of Chicago Press, p.492.

Carrier, James G.（1992）"Occidentalism: The world Turned Upside-Down". *American Ethnology*, 19(2), p.202.

Dunbar, R. Garud R., Raghuram S.（1996）"A Frame for Deframing in Strategic Analysis, *Journal of Management Inquiry*". March 1996, vol.5, No.1, pp.23-34.

Franklin D. Roosevelt Presidential Library & Museum, Photo ID: 59455 http://www.fdrlibrary.marist.edu/archives/collections/franklin/index.php?p=digitallibrary/digitalcontent&id=3366

NASA World Wind screenshot. 中国内陸部の砂漠化 2005 年 5 月 15 日（日）11:28 {{PD-USGov-NASA}} Category:Maps of China. China 100.78713E 35.63718N.jpg

Geertz, C.,（1973）*Thick Description: Toward an Interpretive Theory of Culture, The Interpretation of Cultures: Selected Essays.* New York: Basic Books, Inc., Publishers. p.470.

Geertz, C.,（1979）"Suq: The Bazaar Economy in Sefrou", in Geertz , C., Geertz, H. and Rosen, L., *Meaning and Order in Moroccan Society: Three Essays in Cultural Analysis*, New York: Cambridge University Press. pp.123-264.

Hirschman, A.O.（1971）*A Bias for Hope: Essays on Development and Latin America.* New Heaven: Yale University Press, p.384.

謝辞

本研究は主として以下の科学研究費補助金および民間財団による研究助成および調査研究助成を受けて行われたものです。多年にわたる黄土高原における調査と研究はこれら助成金の支援なくしては実現および継続が困難でした。ここに記して感謝の意を表します。

二〇一四年～　科学研究費補助金基盤研究（B）
『黄砂発生地域における表層土壌回復のための社会的経済的アプローチ』（代表者　深尾葉子）
二〇〇九年～二〇一三年　科学研究費補助金基盤研究（B）（一般）
『黄砂のグローバル・マネジメント～地域研究による環境問題への実践的対処の試み～』（代表者　深尾葉子）・同研究成果報告書（二〇一三年三月三一日）
二〇〇七年～二〇〇八年　科学研究費補助金基盤研究（C）（一般）
『黄砂発生の社会的機構』（代表者　深尾葉子）
二〇〇七年　全国銀行学術研究振興財団
『マーケットからバーザールへ―多文化経済学の試み』（代表者　安冨歩）

二〇〇五年〜二〇〇七年　科学研究費補助金基盤研究（C）
『中国東北・華北・黄土高原の農村市場構造の地域差と、その歴史的含意』（代表者　安富歩）
二〇〇五年〜二〇〇六年　科学研究費　学術図書出版助成
『黄土高原的村荘』（代表者　深尾葉子・井口淳子）
二〇〇四年〜二〇〇七年　トヨタ財団研究助成（A）
「内モンゴルアルカリ土壌の改良と乾式脱硫プロセスの普及」（代表者　定方正毅）
二〇〇三年〜二〇〇六年　三菱財団研究助成
『中国農村社会機構の研究─歴史学とフィールドワークの手法による黄土高原・華北・満洲の比較─』（代表者　安富歩）
二〇〇三年〜　平和中島財団
『糞尿液肥化技術とバイオブリケットによる黄土高原の環境回復』（代表者　安富歩）
二〇〇二年〜二〇〇三年　三菱銀行国際財団
『黄土高原生態回復研究組』（代表者　深尾葉子）
一九九六年〜一九九九年　三菱銀行国際財団助成
『日中共同華北農村調査団』（代表者　深尾葉子）
一九九四年〜一九九六年　三菱銀行国際財団助成

『日中共同華北農村調査団』（代表者　深尾葉子）
一九九二年〜一九九四年　三菱銀行国際財団助成
『日中共同華北農村調査団』（代表者　深尾葉子）

また、本研究をともに作り上げてきた村の調査拠点の故馬智慧氏と常菊芳氏およびその家族の皆さん、村の友人の皆さん、黄土高原国際民間緑色文化ネットワークの友人の皆さん、そして黄土高原で緑を増やすプロセスについて多くを学んだ故朱序弼氏とその御家族、さまざまな面から現地学術協力を行ってくださった楡林学院の亢福仁氏、ノリブ・セレン氏始め多くのスタッフや先生方、そして調査をともに行ってきた楡林学院生態文化回復中心の皆さん、ともに調査を行い、多くの共著論文を執筆し、その論文の採録に快く応じてくださった安富歩氏、黄砂プロジェクトでともに研究や調査を行ってきた、宇山浩氏、中澤慶久氏、冨樫智氏、張応龍氏をはじめとするプロジェクトのメンバーの皆さん、また論文執筆にあたって議論をともにしてきた竹端寛氏、田原真人氏、大阪大学、大阪外国語大学から楡林学院に留学した学生の皆さん、天津日中大学院大学の関係者の皆さん、ＪＩＣＡ北京事務所や在中国日本国大使館の関係者の皆さん、二〇〇四年にＪＩＣＡシニアボランティアとして天津に派遣された際お世話になった皆さん、ここに書ききれない数多くの方々の協力を得て初めて本書を執筆することができました。ここに感謝の意を表したいと思います。

本書は、大阪大学大学院経済学研究科、経営学専攻に提出された博士論文『環境問題のグローバル・マネジメントに関する民族誌的研究─黄砂・黄土・植林を読みかえる─』(二〇一七年一二月)をもとに加筆修正したものです。論文作成にあたって、助言及び審査して下さった大阪大学経済学研究科の先生方に感謝致します。また何年も先のばしになっていた出版に向けて入念なチェックをしてくださった大阪大学出版会の栗原佐智子氏、また入力作業や印刷作業でお世話になった佐藤佳子氏、伊藤茜氏、庵地圭子氏、出張時の会計処理や科研申請でお世話になった大阪大学経済学研究科事務の皆さまにも感謝の意を表したいと思います。

二〇一八年八月

深尾葉子

深尾　葉子（ふかお・ようこ）

大阪大学大学院言語文化研究科准教授

1963年大阪府生まれ。1985年大阪外国語大学卒業。1987年大阪市立大学大学院東洋史専攻修了後、大阪外国語大学助手、講師、准教授。2007年より大阪大学大学院経済学研究科准教授を経て2018年より現職。経営学博士。専門は中国の社会生態学的分析、中国内陸農村部における環境問題、里山経済のマネジメント等。単著に『魂の脱植民地化とは何か』青灯社（2012）、共編著に『現代中国の底流』行路社（1990）、『黄土高原の村』古今書院（2000）、『満州の成立』名古屋大学出版会（2009）、『黄土高原・緑を紡ぎだす人々』風響社（2010）、『香港バリケード』明石書店（2015）等がある。

阪大リーブル64

黄砂の越境マネジメント

—黄土・植林・援助を問いなおす—

発行日　2018年9月9日　初版第1刷発行

著　者　深　尾　葉　子

装　幀　坂野公一（welle design）

発行所　大阪大学出版会

代表者　三成賢次

〒565-0871

大阪府吹田市山田丘2-7　大阪大学ウエストフロント

電話06-6877-1614（直通）FAX06-6877-1617

URL：http://www.osaka-up.or.jp

印刷・製本　尼崎印刷株式会社

ISBN978-4-87259-446-1　C1336

HANDAI Live

阪大リーブル

001 ピアノはいつピアノになったか？ 〈付録CD「歴史的ピアノの音」〉 伊東信宏 編 定価 本体1700円+税

002 日本文学 二重の顔 〈成る〉ことの詩学へ 荒木浩 著 定価 本体2000円+税

003 超高齢社会は高齢者が支える 年齢差別《エイジズム》を超えて創造的老い《プロダクティブ・エイジング》へ 藤田綾子 著 定価 本体1600円+税

004 ドイツ文化史への招待 芸術と社会のあいだ 三谷研爾 編 定価 本体2000円+税

005 猫に紅茶を 生活に刻まれたオーストラリアの歴史 藤川隆男 著 定価 本体1700円+税

006 失われた風景を求めて 災害と復興、そして景観 鳴海邦碩・小浦久子 著 定価 本体1800円+税

007 医学がヒーローであった頃 ポリオとの闘いにみるアメリカと日本 小野啓郎 著 定価 本体1700円+税

008 歴史学のフロンティア 地域から問い直す国民国家史観 秋田茂・桃木至朗 編 定価 本体2000円+税

009 懐徳堂 墨の道 印の宇宙 懐徳堂の美と学問 湯浅邦弘 著 定価 本体1700円+税

010 ロシア 祈りの大地 津久井定雄・有宗昌子 編 定価 本体2100円+税

011 懐徳堂 江戸時代の親孝行 湯浅邦弘 編著 定価 本体1800円+税

012 能苑逍遥(上) 世阿弥を歩く 天野文雄 著 定価 本体2100円+税

013 わかる歴史・面白い歴史・役に立つ歴史 歴史学と歴史教育の再生をめざして 桃木至朗 著 定価 本体2000円+税

014 芸術と福祉 アーティストとしての人間 藤田治彦 編 定価 本体2200円+税

015 主婦になったパリのブルジョワ女性たち 一〇〇年前の新聞・雑誌から読み解く 松田祐子 著 定価 本体2100円+税

016 医療技術と器具の社会史 聴診器と顕微鏡をめぐる文化 山中浩司 著 定価 本体2200円+税

017 能苑逍遥(中) 能という演劇を歩く 天野文雄 著 定価 本体2100円+税

018 太陽光が育む地球のエネルギー 光合成から光発電へ 濱川圭弘・太和田善久 編著 定価 本体1600円+税

019 能苑逍遥(下) 能の歴史を歩く 天野文雄 著 定価 本体2100円+税

020 懐徳堂 市民大学の誕生 大坂学問所懐徳堂の再興 竹田健二 著 定価 本体2000円+税

021 古代語の謎を解く 蜂矢真郷 著 定価 本体2300円+税

022 地球人として誇れる日本をめざして 日米関係からの洞察と提言 松田武 著 定価 本体1800円+税

023 フランス表象文化史 美のモニュメント 和田章男 著 定価 本体2000円+税

024 懐徳堂 漢学と洋学 伝統と新知識のはざまで 岸田知子 著 定価 本体1700円+税

025 ベルリン・歴史の旅 都市空間に刻まれた変容の歴史 平田達治 著 定価 本体2200円+税

026 下痢、ストレスは腸にくる 石蔵文信 著 定価 本体1300円+税

027 セルフメディケーションのための くすりの話 那須正夫 著 定価 本体1100円+税

028 格差をこえる学校づくり 関西の挑戦 志水宏吉 編 定価 本体2000円+税

029 リン資源枯渇危機とはなにか リンはいのちの元素 大竹久夫 編著 定価 本体1700円+税

030 実況《ライブ》・料理生物学 小倉明彦 著 定価 本体1700円+税

031 夫源病
こんなアタシに誰がした
石蔵文信 著
定価 本体1300円+税

032 ああ、誰がシャガールを理解したでしょうか?
二つの世界間を生き延びたイディッシュ文化の末裔
圀府寺司 編著　CD付
定価 本体2000円+税

033 懐徳堂 懐徳堂ゆかりの絵画
奥平俊六 編著
定価 本体2000円+税

034 試練と成熟
自己変容の哲学
中岡成文 著
定価 本体1900円+税

035 ひとり親家庭を支援するために
その現実から支援策を学ぶ
神原文子 編著
定価 本体1900円+税

036 知財インテリジェンス
知識経済社会を生き抜く基本教養
玉井誠一郎 著
定価 本体2000円+税

037 幕末鼓笛隊
土着化する西洋音楽
奥中康人 著
定価 本体1900円+税

038 ヨーゼフ・ラスカと宝塚交響楽団
(付録CD「ヨーゼフ・ラスカの音楽」)
根岸一美 著
定価 本体2000円+税

039 上田秋成
絆としての文芸
飯倉洋一 著
定価 本体2000円+税

040 フランス児童文学のファンタジー
石澤小枝子・高岡厚子・竹田順子 著
定価 本体2200円+税

041 東アジア新世紀
リゾーム型システムの生成
河森正人 著
定価 本体1900円+税

042 芸術と脳
絵画と文学、時間と空間の脳科学
近藤寿人 編
定価 本体2200円+税

043 グローバル社会のコミュニティ防災
多文化共生のさきに
吉富志津代 著
定価 本体1700円+税

044 グローバルヒストリーと帝国
秋田茂・桃木至朗 編
定価 本体2100円+税

045 屛風をひらくとき
どこからでも読める日本絵画史入門
奥平俊六 著
定価 本体2100円+税

046 アメリカ文化のサプリメント
多面国家のイメージと現実
森岡裕一 著
定価 本体2100円+税

047 ヘラクレスは繰り返し現われる
夢と不安のギリシア神話
内田次信 著
定価 本体1800円+税

048 アーカイブ・ボランティア
国内の被災地で、そして海外の難民資料を
大西 愛 編
定価 本体1700円+税

049 サッカーボールひとつで社会を変える
スポーツを通じた社会開発の現場から
岡田千あき 著
定価 本体2000円+税

050 女たちの満洲
多民族空間を生きて
生田美智子 編
定価 本体2100円+税

051 隕石でわかる宇宙惑星科学
松田准一 著
定価 本体1600円+税

052 むかしの家に学ぶ
登録文化財からの発信
畑田耕一 編著
定価 本体1600円+税

053 奇想天外だから史実
天神伝承を読み解く
髙島幸次 著
定価 本体1800円+税

054 とまどう男たち—生き方編
伊藤公雄・山中浩司 編著
定価 本体1600円+税

055 とまどう男たち—死に方編
大村英昭・山中浩司 編著
定価 本体1500円+税

056 グローバルヒストリーと戦争
秋田茂・桃木至朗 編著
定価 本体2300円+税

057 世阿弥を学び、世阿弥に学ぶ
大槻文藏監修 天野文雄 編集
定価 本体2300円+税

058 古代語の謎を解くII
蜂矢真郷 著
定価 本体2100円+税

059 地震・火山や生物でわかる地球の科学
松田准一 著
定価 本体1600円+税

060 こう読めば面白い! フランス流日本文学
—子規から太宰まで—
柏木隆雄 著
定価 本体2100円+税

061
歯周病なんか怖くない
歯学部教授が書いたやさしい歯と歯ぐきの本
村上伸也 編
定価 本体1300円+税

062
みんなの体をまもる免疫学のはなし
対話で学ぶ役立つ講義
坂野上淳 著
定価 本体1600円+税

063
フランスの歌いつがれる子ども歌
石澤小枝子・高岡厚子・竹田順子 著
定価 本体1800円+税

(四六判並製カバー装。定価は本体価格+税。以下続刊)